Reimund Stewen

Biologisch Renovieren

Bildnachweis

Die im folgenden aufgeführten Firmen und Verbände stellten freundlicherweise Abbildungsmaterial zur Verfügung, wofür wir uns an dieser Stelle herzlich bedanken. Die in Klammern angegebenen Zahlen beziehen sich auf die entsprechenden Seiten.

Arbeitsgemeinschaft Holz e.V., Füllenbachstr. 6, 4000 Düsseldorf 30 (91, 116—19, 206)

Arbeitsgemeinschaft Naturfarben, Radlkoferstr. 26, 8000 München 70 (120)

Auro GmbH, Postfach 1220, 3300 Braunschweig (162, 163)

Cortex, Fürther Str. 22, 8500 Nürnberg 80 (206)

Deutsche Linoleum Werke, Postfach 140, 7120 Bietigheim-Bissingen (196, 197, 207, 208)

Fels-Werke, Postfach 1460, 3380 Goslar 1 (109)

Livos-Pflanzenfarben, Neustädter Str. 23, 3123 Bodenteich (131—134, 136)

Ökologische Bautechnik Hirschhagen GmbH, 3436 Hess. Lichtenau (96, 97)

Top Therm, Heidebergenstr. 40, 5300 Bonn 3 (68, 69)

Trip-Trap, 9560 Hadsund, Dänemark (199)

Variotherm-Heizleisten, Ettenreichgasse 16, 1100 Wien, Österreich (204, 221)

Wanpan, Billedskärevej 8, 5230 Odense, Dänemark (205, 220)

Reimund Stewen

Biologisch Renovieren

Handbuch der praktischen Baubiologie

Volksblatt Verlag

Die Arbeits- und Anwendungsempfehlungen
erfolgen nach bestem Wissen. Da kein Einfluß
auf die Ausführung besteht, lassen sich jedoch
aus den Empfehlungen keine Ansprüche ableiten.

Satz: Fotosatz Böhm GmbH, Köln
Druck: Plambeck & Co., Neuss
Printed in Germany
ISBN 3-923243-65-0
2 3 4 5 93 92 91 90

Inhalt

Einleitung

»**Wohnen Sie gesund ?**« — Durch die moderne Bauweise und deren Wechselwirkung auf den Menschen werden heute zahlreiche Zivilisationskrankheiten verursacht, deren Folgen sich teilweise erst in der nächsten Generation herausstellen.

In unseren Wohnungen sind heute große Mengen giftiger Chemikalien eingebaut. Gift ist sozusagen unsichtbarer Wohnpartner geworden.

Zahlreiche, teils qualifizierte, größtenteils jedoch unqualifizierte Felder, Strahlen und Strömungen wirken auf den Bewohner ein, der in solch belasteter Umwelt 75 bis 90 % seiner Lebenszeit verbringt.

Ein die Lebensvorgänge betreffender, grundsätzlicher Nachteil, der dem umbauten Raum anhaftet, ist, daß die biologisch wichtige Strahlung der natürlichen Umgebung gemildert wird.

Kein anderes Lebewesen ist einer vergleichbaren Konzentration und Kombination psychosomatischer Belastungen ausgesetzt wie der Mensch in seiner Wohnumwelt. Er überfordert ständig seine Abwehr, Regeneration und Anpassungskräfte. Immundefekte, Allergien oder Krebs sind die Folgen.

Die Weltgesundheitsorganisation hat festgestellt, daß die Luftverschmutzung im Rauminneren meist wesentlich höher ist, als die der Außenwelt.

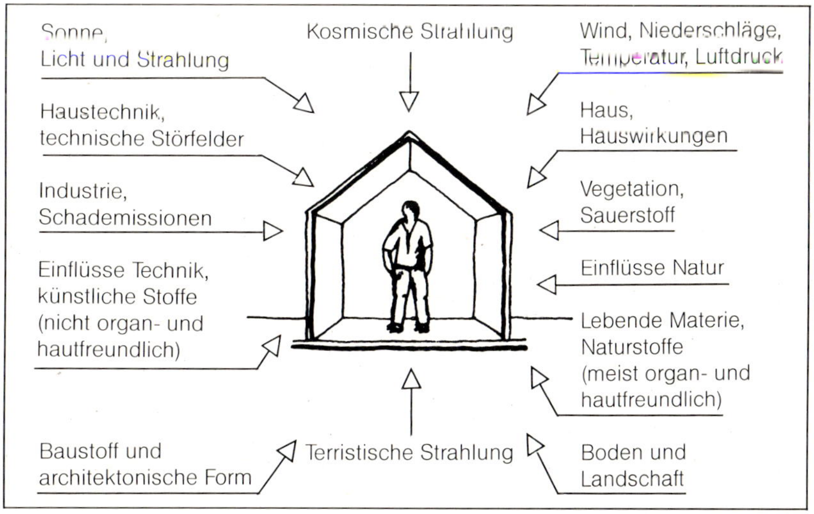

Unsere Häuser und Wohnungen sind eingebettet in einen Regelkreis klimatischer, kosmischer, ökologischer, biologischer, sozialer und technischer Beziehungen und Rhythmen.

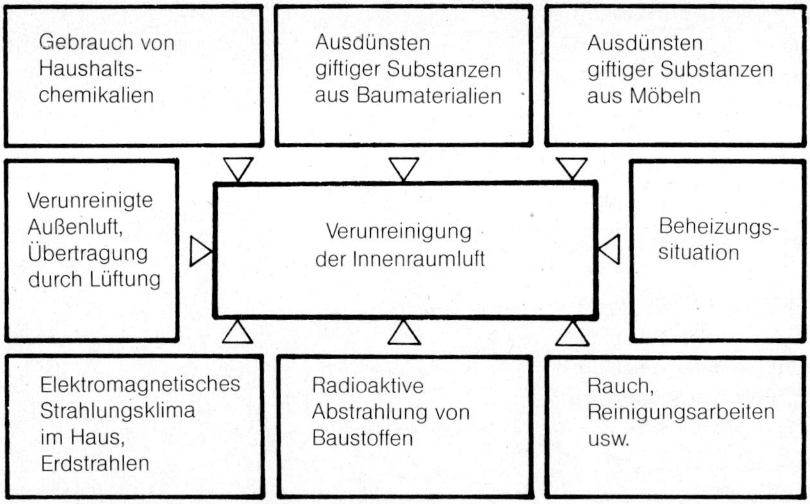

Die Werte der Schadstoffbelastung der Raumluft liegen im Vergleich zur Außenluft meist wesentlich darüber, bedingt durch Ausdünstungen und Abstrahlungen.

Ursachen sind die künstlichen Isolierstoffe, die Farben und Lacke, Verdünnungs- und Imprägniermittel, sowie die synthetischen Wand- und Deckenbeläge.

Erst nach jahrelanger Einwirkzeit treten Krankheiten auf, die sich aber in den seltensten Fällen den Wohnumweltgiften direkt zuordnen lassen.

Diese Innenraum-Luftverschmutzung führt zusammen mit der modernen Bauweise zu einem schwerwiegenden Eingriff in das biologische System, das aus einer Menge von Elementen, Eigenschaften und Beziehungen besteht. Diese Menge wieder miteinander zu vernetzen ist die Aufgabe, der sich die in den letzten Jahren entwickelte Fachdisziplin »Baubiologie« annimmt. In der Baubiologie vergleicht man bildhaft die raumumschließenden Flächen mit der Haut. Das gesunde Haus ist wie eine »dritte Haut« des Menschen.

Die Gebäudehülle beziehungsweise die Baustoffe, aus der sie hergestellt wird, ist als Bauorganismus zu betrachten.

Ein Organismus zeichnet sich durch Wechselbeziehungen und Austausch mit der Umgebung aus.

Heutige, undurchlässige Konstruktionen haben ein Eindämmen und Abgrenzen der natürlichen Umwelt zum Hauptthema. Hierbei wird gänzlich mißachtet, daß alles Leben auf Erden, seine Energie und seine Anregungen nur der standortbedingten Umgebung entnehmen kann. In der natürlichen Umwelt läßt sich nichts voneinander isolieren.

Der Schlüssel zur Wiederherstellung einer natürlichen Lebensumwelt ist also das Verhältnis von Behausung und Umwelt.

Undurchlässige Baustoffe verhindern diesen Effekt. Durchlässige und aufnahmefähige Baustoffe mit »Hautqualitäten« definieren diese Beziehung und sorgen für positive Luftqualität und wohltuendes Raumklima.

Diese Baustoffe bewirken, ähnlich wie die Stoffe, die wir als Nahrung in den Körper aufnehmen, daß wir uns wohl oder unwohl fühlen, schwer oder leicht, krank oder gesund. Sie sollten lebensfördernde Impulse geben.

Obwohl das Gefährdungspotential heute meist nicht abschließend beurteilt werden kann, steht fest, daß immer mehr Menschen auf Wohnschadstoffe empfindlich reagieren, sie ihre Gesundheit gefährdet und ihr Wohlbefinden beeinträchtigt sehen.

Da sich Menschen in einem ständigen Belastungsgeflecht befinden, löst auch eine Einengung der sogenannten Grenzkonzentrationen (Grenzwerte) das Problem nicht.

Untere Grenzen garantieren nicht, daß der Stoff ungefährlich ist. Sie können zu Summationseffekten beitragen, die Immundefekte nach sich ziehen.

Völlig unerforscht ist das Zusammenwirken von giftigen Stoffen, deren Kombinationswirkungen daher unbekannt sind.

Würden weitere gesetzliche Regelungen getroffen, um die gesundheitlichen Belastungen des Menschen einzuschränken, wäre eine spürbare Abhilfe erst in Jahrzehnten geschaffen.

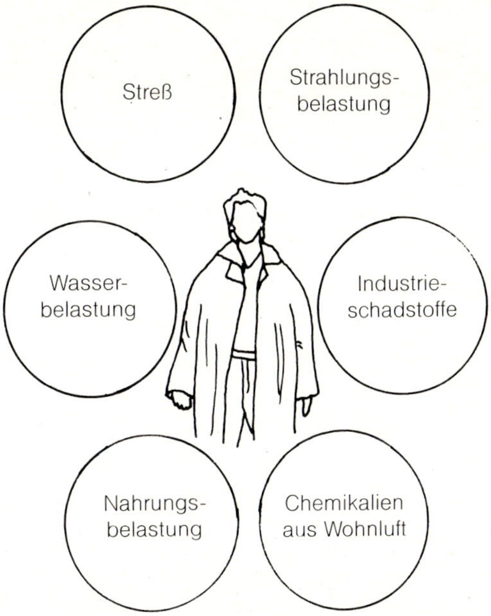

Durch das Belastungsgeflecht, dem wir ausgesetzt sind, ist eine Zuweisung bei Krankheit und Immundefekt auf einen bestimmten Schadstoff kaum möglich.

Eine Abhilfe im Sinne eines gesünderen Wohnens ist nur möglich, wenn weniger Schadstoffe verbaut und vorhandene entfernt werden.

Es ist also die Eigenverantwortlichkeit des Verbrauchers und Bewohners gefordert, den vermeidbaren Teil der gesundheitlichen Gesamtbelastung zu reduzieren.

Dieses Buch wendet sich an diejenigen, die diese Zusammenhänge erkannt haben und Änderungen in ihren vier Wänden vornehmen wollen.

Es ist als konkrete Handlungsanweisung für eine biologische Renovierung konzipiert.

Neben dem Entfernen schädlicher Stoffe und der Verwendung verträglicher Materialien, die die natürliche Umgebungsstrahlung so wenig wie möglich vermindern, ist ein weiteres Ziel der Renovierung die Pflege, die Reparatur, die Veredlung und die Ergänzung der vorhandenen Bausubstanz.

Um biologische Renovierungsmaßnahmen festlegen zu können, müssen Emissionsquellen, Emissionsstoffe und deren Bedingungen bekannt sein.

Hierzu liefert der erste Teil des Buches, in der die Prüfung der Bausubstanz mit anschließender Bewertung und Beschreibung der Symptome auf die Bewohner abgehandelt wird, die Grundlage.

Ein Kapitel zu den allgemeinen Auswirkungen und dem Wohnverhalten leitet zum dritten Teil des Buches über, in dem die praktischen Renovierarbeiten dargestellt werden.

Dieser Teil zeigt systematisch die unterschiedlichen Möglichkeiten und dient somit auch als Auswahlkatalog.

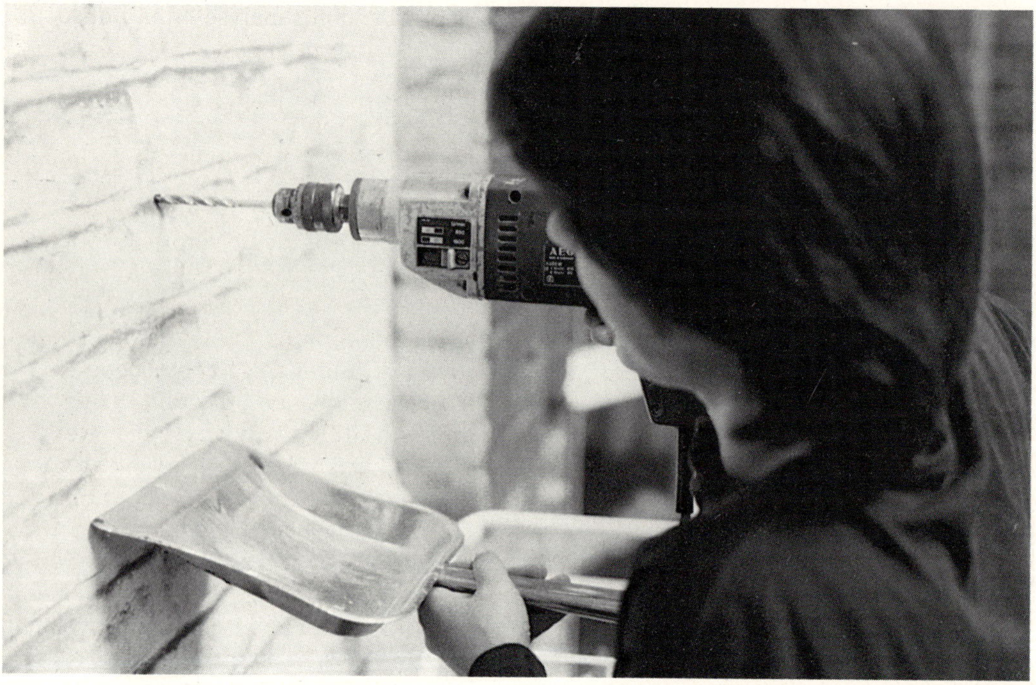

Jede Energie und Liebe,
die durch menschliche Arbeit
in das Material investiert wird,
jeder Dialog zwischen dem Bearbeiter
und dem Werkstoff,
bleibt als Reflexion,
als immerwährende Strahlung
im Material zurück,
und wirkt so positiv
auf den späteren Nutzer.
(Hassan Fathy)

Prüfmöglichkeiten der vorhandenen Bausubstanz

Mit einer Renovierung unter baubiologischen Aspekten wollen wir uns dem Ziel eines giftfreien, atmungsaktiven und strahlendurchlässigen Wohnumfeldes soweit wie möglich nähern.

Hierfür müssen wir als erstes feststellen, was für eine Wohnqualität die vorhandenen Baumaterialien haben, um so beurteilen zu können, wo wir bei der Renovierung die Gewichtungen setzen müssen.

Diese Bestandsanalyse kann um so schneller gefertigt werden, je mehr über die »Geschichte« des Hauses beziehungsweise der Wohnung in Erfahrung gebracht wird.

Für diese Hinterfragung sind der Architekt, Vorbesitzer, Vormieter oder Vermieter die geeigneten Ansprechpartner.

Über sie könnten die verbauten Materialien der tragenden Konstruktionen, der Zwischenwände oder der Außendämmung in Erfahrung gebracht werden, wie auch stattgefundene Modernisierungs- oder Sanierungsmaßnahmen.

Vorhandene Grundriß- und Schnittzeichnungen lassen die tragenden Konstruktionen des Hauses erkennen, aus denen ebenso Schlüsse zum verbauten Material gezogen werden können.

Jedoch sollte man sich nicht nur auf diese Auskünfte allein stützen.

Vor allem bei der Materialbestimmung im Inneren der Hauses sind eigene Untersuchungen wichtig, denn Wände, Decken und Böden können schon durch einen einzigen »Hautbelag« für unsere Zielintention eines biologischen Wohnumfeldes unbrauchbar gemacht worden sein.

Prüfkriterien

Zur Beurteilung der vorhandenen Bausubstanzen und Materialien legen wir als Prüfkriterien fest:

Giftigkeit des Materials. Hier integrieren wir Stoffe, die durch ihre Ausdünstungen gesundheitsschädlich wirken, sowie auch Stoffe, die Feinstäube freisetzen, die sich in den Atemwegen festsetzen.

Radioaktivität des Materials. Hierbei orientieren wir uns in erster Linie an den natürlichen Werten, die bei 0,02 mR Strahlung in einer Stunde liegen.

Die zur Zeit offiziellen Höchstwerte, die einem in einer Stunde als Strahlung zugemutet werden, liegen bei 2,00 mR, also dem Hundertfachen einer natürlichen Strahlung.

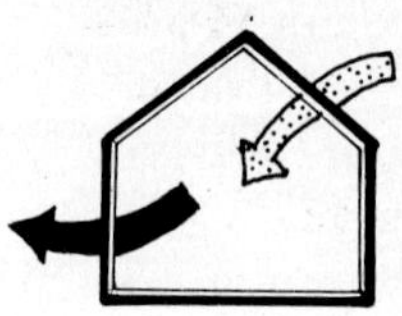

Atmungsaktivität des Materials. Kriterium hierfür ist die Fähigkeit des Austauschens, des Aufnehmens und Wiederabgebens. Das ist sowohl Feuchte, wie auch Luft, Wärme und Elektrostatik. Damit die baubiologische Forderung, die gesamte Raumluft mindestens innerhalb einer Stunde auszutauschen, erfüllt werden kann, ist hierfür eine hohe Atmungsaktivität der Baukonstruktion erforderlich.

Strahlendurchlässigkeit des Materials. So wie der Austausch der »greifbaren« Materie funktionieren muß, sollen auch Strahlen das Material durchdringen können.

Erdstrahlen und kosmische Strahlen gehören zur natürlichen Umwelt. Unter baubiologischen Aspekten soll diese Umwelt im Wohnbereich ungemindert fortgeführt werden, Strahlen also eingeschlossen. Als »sichtbarer« Vorteil sei hier bemerkt, daß bei strahlendurchlässigen Dächern Antennenanlagen unter das Dach und nicht mit aufwendigen Konstruktionen auf das Dach montiert werden können.

Bevor wir uns nun an die Bestandsanalyse heranmachen, gilt es, dafür ein Organisationsschema zu finden, das uns nachher die einzelnen Ergebnisse unserer Untersuchungen überschaubar zusammenführt.

Das ist vor allem vonnöten, wenn wir auf die unterschiedlichsten Materialien und damit verschiedensten Werte unserer Beurteilungskriterien stoßen. Und

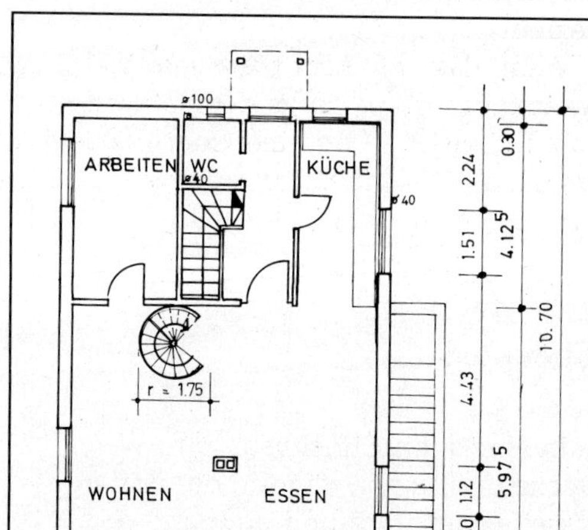

Die Grundrißzeichnung gibt die Länge und Breite mit allen Vor- und Rücksprüngen wieder.

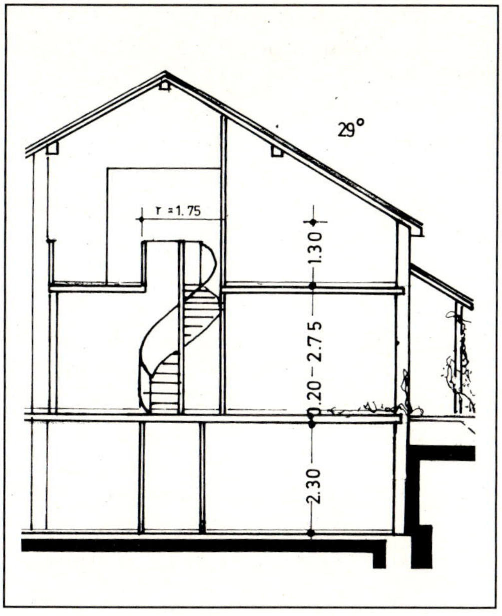

Die Schnittzeichnung markiert die jeweiligen Höhen.

ebenso, wenn sich die Bestandsanalyse auf Großwohnungen oder Häuser bezieht.

Wenn das vielleicht auch sehr aufwendig erscheint, ist es dennoch sinnvoll, für jeden Raum eine Checkliste zu erstellen und eine Grundriß- und Schnittzeichnung zu fertigen.

Checklisten

In einzelnen Checklisten pro Wand, Decke und Boden werden die Prüfergebnisse festgehalten und dann auf der Grundriß- und Schnittzeichnung grafisch umgesetzt.

Für eine grafische Umsetzung sind dann nur die Bausubstanzen mit negativen Eigenschaften wichtig und Bausubstanzen, die sich nicht identifizieren beziehungsweise zuordnen lassen.

Entsprechend unseren Prüfkriterien können mit vier Farben schädliche Wirkungen einzelner Schichten des Bodens, der Decke oder Wand in die Zeichnungen dann in der Reihenfolge des festgestellten Aufbaus übertragen werden.

Dadurch werden die Schwachstellen unter baubiologischen Aspekten klar erkennbar und die Rangordnung der unbedingten Renovierarbeiten deutlich.

Das können Konzentrationen von nichtbiologischen Materialien sein, die in den Schichten der Wand, des Bodens oder der Decke verbaut wurden und dort eine schädliche Gift- und Strahlungsgemeinschaft bilden. Oder Räume, die infolge atmungsunfähiger Oberflächen bei Raumfeuchtigkeit zur Tropfsteinhöhle werden können. Oder durch die Kabelführungen der Elektroanlagen wird im Zusammenwirken mit dem Bodenbelag klar, wieso es in diesem Zimmer zu extremen elektrostatischen Aufladungen kommt.

Die Beispiele ließen sich beliebig fortführen, da die Kombinationen von Materialien, Baukonstruktionen und Leitungsführungen mit giftigen und radioaktiven Werten und Mangel an Atmungs- und Strahlenaktivität unendlich sind.

Durch das eben vorgeschlagene Organisationsschema werden diese Kombinationen und Schadstellen jedoch in jedem individuellen Fall erkennbar und können aufgrund der nachfolgenden Einzelbeschreibungen interpretiert und Abhilfen gefunden werden.

Die Checklisten und Zeichnungen müssen für jeden Raum einzeln gefertigt werden. Für alle Wohnräume bis hin zu Sanitärräumen und Dielen können nach gleichem Schema Listen für Wand, Decke und Boden angelegt werden.

Wand

Raum: ....

Art der Wandkonstruktion:

Material des Wandkerns:
Wertung Giftigkeit:
Wertung Radioaktivität:
Wertung Atmungsaktivität:
Wertung Strahlendurchlässigkeit:

Schichtenaufbau:
(Die erste Schicht in der Reihenfolge ist die, die dem Wandkern am nächsten ist.)

1. Schicht:
Wertung Giftigkeit:
Wertung Radioaktivität:
Wertung Atmungsaktivität:
Wertung Strahlendurchlässigkeit:

2. Schicht:
Wertung Giftigkeit:
Wertung Radioaktivität:
Wertung Atmungsaktivität:
Wertung Strahlendurchlässigkeit:

3. Schicht: ... *und so weiter.*
(Eine Wand kann durchaus bis zu zehn verschiedene Schichten haben, diverse Wandanstriche und Tapetenlagen nicht mitgerechnet!)

Fenster — Konstruktion, Verglasung:
Wertung Giftigkeit:
Wertung Atmungsaktivität:
Wertung Strahlendurchlässigkeit:

Balkontür — Konstruktion, Verglasung:
Wertung Giftigkeit:
Wertung Atmungsaktivität:
Wertung Strahlendurchlässigkeit:

Innentür:
Wertung Giftigkeit:
Wertung Radioaktivität:
Wertung Atmungsaktivität:
Wertung Strahlendurchlässigkeit:

Elektroinstallation:
Wertung Elektroklima:

Heizung:
Wertung Raumklima:

Decke

Raum: ....

Art der Deckenkonstruktion:

Material des Deckenkerns:
Wertung Giftigkeit:
Wertung Radioaktivität:
Wertung Atmungsaktivität:
Wertung Strahlendurchlässigkeit:

Füllungen bei Holzbalkendecken:
Wertung Giftigkeit:
Wertung Radioaktivität:
Wertung Atmungsaktivität:
Wertung Strahlendurchlässigkeit:

Schichtenaufbau:
(Die erste Schicht in der Reihenfolge ist die, die dem Deckenkern am nächsten ist.)

1. Schicht:
Wertung Giftigkeit:
Wertung Radioaktivität:
Wertung Atmungsaktivität:
Wertung Strahlendurchlässigkeit:

2. Schicht:
Wertung Giftigkeit:
Wertung Radioaktivität:
Wertung Atmungsaktivität:
Wertung Strahlendurchlässigkeit:

3. Schicht:
Wertung Giftigkeit:
Wertung Radioaktivität:
Wertung Atmungsaktivität:
Wertung Strahlendurchlässigkeit:

4. Schicht:
Wertung Giftigkeit:
Wertung Radioaktivität:
Wertung Atmungsaktivität:
Wertung Strahlendurchlässigkeit:

5. Schicht:
Wertung Giftigkeit:
Wertung Radioaktivität:
Wertung Atmungsaktivität:
Wertung Strahlendurchlässigkeit:

6. Schicht:
... und so weiter

Elektroinstallation:
Wertung Elektroklima:

Boden

Raum: ....
(Wenn nicht identisch mit Deckenkonstruktion.)

Bodenkonstruktion:

Material des Bodenkerns:
Wertung Giftigkeit:
Wertung Radioaktivität:
Wertung Atmungsaktivität:
Wertung Strahlendurchlässigkeit:

Füllungen bei Holzbalkenböden:
Wertung Giftigkeit:
Wertung Radioaktivität:
Wertung Atmungsaktivität:
Wertung Strahlendurchlässigkeit:

1. Schicht:
Wertung Giftigkeit:
Wertung Radioaktivität:
Wertung Atmungsaktivität:
Wertung Strahlendurchlässigkeit:

2. Schicht:
Wertung Giftigkeit:
Wertung Radioaktivität:
Wertung Atmungsaktivität:
Wertung Strahlendurchlässigkeit:

3. Schicht:
Wertung Giftigkeit:
Wertung Radioaktivität:
Wertung Atmungsaktivität:
Wertung Strahlendurchlässigkeit:

4. Schicht:
Wertung Giftigkeit:
Wertung Radioaktivität:
Wertung Atmungsaktivität:
Wertung Strahlendurchlässigkeit:

5. Schicht:
Wertung Giftigkeit:
Wertung Radioaktivität:
Wertung Atmungsaktivität:
Wertung Strahlendurchlässigkeit:

6. Schicht:
... und so weiter

Leitungsführungen im Boden:
Wertung Elektroklima:

Prüfmethoden für Wände

Entsprechend ihrer Funktion gibt es zwei Arten von Wänden: Wände, die Lasten tragen müssen und Wände, die nur die Funktion der Raumteilung übernehmen. Diese müssen keine Lasten tragen.

Tragende Wände haben einen massiven Wandkern. Dieser kann aus Ziegel-, Bims- oder Kalksandsteinen, Fertigbetonelementen oder Stahlbeton bestehen.

Diese Baustoffe können jedoch in unterschiedlichen Versionen angetroffen werden. So können Dämmstoffe, wie zum Beispiel Polystyrolkügelchen, beigemischt sein oder die Bausteine enthalten Hohlkammern.

Tragende Wände übernehmen die Lasten des Daches und der Decken mit allen darauf befindlichen Aufbauten und leiten sie gleichmäßig in das Fundament ab. So finden wir neben den Außenwänden auch innerhalb des Hauses tragende Wände.

Während wir bei den tragenden Wänden davon ausgehen können, daß wir bei unseren Untersuchungen einen massiven Wandkern vorfinden, ist das bei den nichttragenden Wänden nicht gegeben.

Nichttragende Innenwände sind im Prinzip in zwei Versionen konstruiert: Mit massivem Wandkern sind sie deutlich dünner als tragende Wände. Sie haben dann mindestens ein Drittel weniger Umfang, meist sogar noch viel weniger. Ohne massiven Wandkern könnten sie unter Umständen das Volumen einer tragenden Wand erreichen, klingen dann

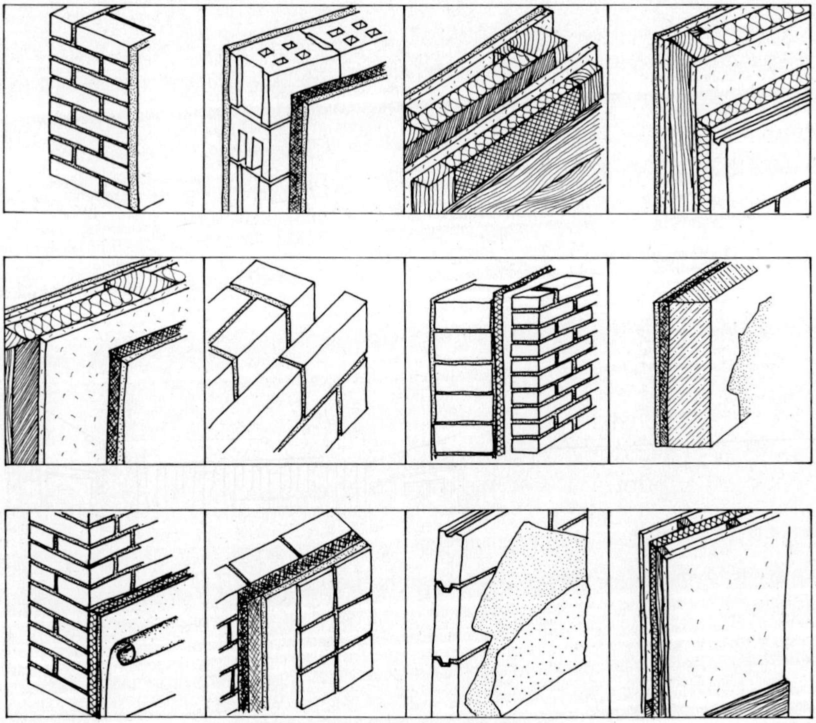

Tragende Innenwände sind, bei gleicher Baustoffausführung wie die Außenwände, dikker als die anderen Innenwände. Mit wenigen Ausnahmen bei Fertighauskonstruktionen stehen tragende Innenwände auf einer senkrechten Linie vom Dachstuhl bis zum Keller.
Bei gleicher Dicke von tragenden und nichttragenden Wänden können diese durch Abklopfen unterschieden werden, da gleiche Baustoffe beim Abklopfen auch gleich klingen.

beim Abklopfen jedoch recht hohl. Das ist bedingt durch den Konstruktionsaufbau dieser Leichtbauwände.

Ihr Kern kann aus Gipsbausteinen bestehen oder aus irgendwelchen Dämmstoffen, die zwischen einzelnen senkrecht verlaufenden Trägern aus Holz oder Metall eingelegt sind.

Der Schichtaufbau einer solchen Leichtbauwand wird in den meisten Fällen Materialien zur Wärmedämmung enthalten, die auch einen zusätzlichen Schallschutz erzielen. Darüber hinaus können auch zwischen den Außenschichten und der Wandplatte Vorrichtungen zum Feuchtigkeitsschutz aufgeklebt sein.

Derartige Aufbauten können im Zuge irgendwelcher früherer Renoviermaßnahmen auch vor einer Massivwand errichtet worden sein.

Diese Erkenntnisse über Wandkonstruktionen und mögliche Vorbauten sind für uns aber nur wichtig, um in etwa die erforderliche Tiefe zu ermitteln, bis wohin wir bei unseren Nachforschungen vordringen müssen.

Bei Massivwänden, tragend wie nichttragend, reicht es aus, wenn wir den massiven Wandkern berühren. Das kann je nach den Vorschichten schon schnell der Fall sein.

Wenn bei Leichtbauwänden nach etwa 5 bis 6 cm immer noch kein eigentlicher Wandkern angetroffen wird, können wir sicher sein, daß diese Leichtbauwand aus Holz- oder Metallträgern konstruiert ist und sich zwischen diesen Ständern nur flexibles Dämmaterial befindet.

Probebohrung

Als einfache Prüfmethode zur ersten Bestandsanalyse empfiehlt sich eine »Probebohrung« mit Hilfe einer Bohrmaschine. Unter das Bohrloch wird eine Schaufel gehalten oder eine Pappe geklebt, die so gefaltet ist, daß der Bohrstaub sich darauf sammeln kann. Die Konsistenz und Färbung der einzelnen Staubfolgen lassen auf die Materialien der jeweiligen Schichten schließen.

Bei den Bewertungen der jeweiligen Baustoffe und Ausbaumaterialien werden diese entsprechenden Staubkonsistenzen und Färbungen mit angegeben.

Ein anfänglich grauer Staub zum Beispiel zeigt Zementputz an, weißer Staub einen Gipsputz oder Gipskartonplatte. Ist hinter der Putzschicht Ziegelmauerwerk, so wird die anzeigende Staubschicht rot sein.

Bei der Bohrprobe geht die Art der Leicht- beziehungsweise Schwergängigkeit des Bohrens mit der jeweiligen Staubfolge konform, so daß bei den meisten Putzen und Bausteinen hier eine sehr zuverlässige Interpretation möglich ist.

Ein ständiger Wechsel von zähem Durchdringen und schnellem Eintauchen beim Bohren läßt auf Hohlkammersteine schließen.

Die grau schraffierten Felder deuten geeignete Bohrstellen an.
Durch Schalter, Steckdosen und Verteilerbuchsen kann in etwa der Verlauf der elektrischen Leitungen lokalisiert werden, da diese bei fachgerechter Verlegung stets senkrecht und waagerecht verlaufen.

Arbeitet sich der Bohrer nur sehr mühsam in die Wand und fördert dabei grauen Staub zu Tage, so läßt diese Kombination auf eine Betonkonstruktion schließen.

Bei leichter Bohrgängigkeit und ebenfalls grauem Staub ist es Zementputz.

Anfängliche Unsicherheiten bei der Bestimmung durch die Staubspuren lassen sich meist durch weitere Probebohrungen minimieren.

Mehrere Bohrstellen sind auch zu empfehlen, wenn die Möglichkeit besteht, daß auf der Wand unterschiedliche Schichtaufbauten in Abschnitten vorgenommen wurden.

Ein Indiz dafür kann sein, wenn beim Abklopfen der Wand diese unterschiedlich klingt.

Problematisch und nicht ausreichend ist diese Probebohrung, wenn durch leichtes Eindringen in die Wand Hohlräume angezeigt werden.

Denn hier kann nicht ausgeschlossen werden, daß der vermeintliche Hohlraum eine Dämmschicht ist.

Styropor, Mineral- oder Glasfaserwolle haben neben den später erläuterten unangenehmen Eigenschaften auch den Haken, daß sie selbst bei kleinster Umdrehungsgeschwindigkeit des Bohrers keine erkennbaren Staubfahnen abgeben.

Hier müssen wir uns dann mittels Ausstemmen einen Weg zum Mauerwerk der Wand bahnen.

Dafür ist es, unabhängig der Beschaffenheit der Wand, sinnvoll, sich die unauffälligsten Stellen für die Stemmlöcher zu suchen.

Die auszustemmende Öffnung sollte auch nicht größer sein, als daß man gerade mit zwei Fingern hineingreifen kann.

Mangels Staubspur müssen wir Partikel der einzelnen Materialien herausholen. Je nach Konsistenz klappt das schon mit einer Pinzette. Sonst müßte vorsichtig und schrittweise die Öffnung erweitert werden.

Bei einer Leichtbauwand, die durch die ersten Staubspuren schon als Gipskarton- oder Spanholzplattenkonstruktion identifiziert werden konnte, wird das spätere Beiputzen der Öffnung schwierig sein. Hier kann eine zweckentfremdete Elektroverteilerdose das Problem gut lösen: zunächst für die Untersuchung ein Loch mit dem Durchmesser der Dose bohren und später diese Öffnung mit der Verteilerdose schließen.

Die dankbarsten Stellen sind bereits vorhandene, aber nicht mehr gebrauchte Dübellöcher. Hier reicht meist eine geringfügige Erweiterung des Loches aus.

Ferner sind für Stemmlöcher Stellen zu empfehlen, die durch Fußbodenleisten, Tür- oder Fenstereinfassungen verdeckt sind, sofern diese nur mit der Wand verschraubt sind.

Gegebenenfalls kann auch eine Türeinfassung entfernt werden, um Aufschluß über das Innenleben der Wand zu erhalten. Generell sollten Sie bedenken, daß unabhängig des Ergebnisses das Stemmloch wieder geschlossen werden muß und je größer das Volumen, um so aufwendiger wird es sich durchführen lassen.

Mit den Bohr- und Stemmlöchern läßt sich die Unterkonstruktion, sprich die Schichten bis zum eigentlichen Mauerwerk der Wand, recht gut definieren.

Für die Oberschichten, also Anstriche und Tapeten ist die Analyse einfacher: durch Ablösen kleiner Flächen dieser Schichten kann die Materialbestimmung der Tapeten und sonstigen geklebten Schichten vorgenommen werden.

Auch hierfür sind unauffällige Stellen an der Wand zu empfehlen. Als erstes sollte versucht werden, mit einer scharfen Klinge ein Stück herauszuschneiden.

Sollte sich nach dem Schnitt die Schicht nicht lösen, muß mit einem Spachtel nachgeholfen werden.

Zeigt sich der Belag auch dann noch renitent, hilft ein Einweichen der Stelle. Zunächst mit Wasser, sonst mit Reinigungsbenzin oder Balsam-Terpentinöl. Für die Wandanstriche gibt es die Ritz- und Abrißprobe.

Hierfür wird mit scharfer Klinge die Wand angeritzt, darauf ein Klebeband gedrückt und dann mit kräftigem Ruck abgezogen.

Auf dem Klebeband bleiben Rückstände des Anstrichs an den Ritzstellen. Aufgrund der Konsistenz und der Quantität können Rückschlüsse auf das verwendete Material des Anstrichs gezogen werden.

Als alternierende Methode kann der Anstrich auch einfach abgekratzt werden. Der Nachweis des Kunststoffanteils ist dann über das Verhalten bei der Berührung mit Wasser möglich.

Prüfmethoden bei Decken

Geschoßdecken und Böden sind im Prinzip das gleiche. Die Unterscheidung wollen wir hier auch nur aufrecht erhalten unter dem Aspekt, daß vom Zimmer aus gesehen, unterschiedliche Methoden zur Materialanalyse notwendig sind. Bei der Decke bestimmen wir neben den Belagmaterialien auch die eigentliche Deckenkonstruktion.

Bei der Untersuchung des Bodens müssen wir uns dann nach der entsprechenden Decken- und damit Bodenkonstruktion richten.

Im Wohnungsbau können wir davon ausgehen, daß nur Decken- und damit

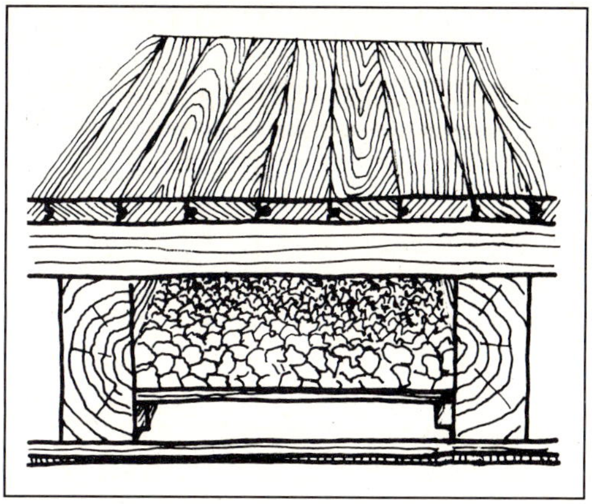

Hier die klassische Konstruktion der Holzbalkendecke. Als gelegentliche Variante können die Bretter, die die Füllung halten, durch Platten ersetzt worden sein. Dann besteht kein Hohlraum mehr. Oder die Füllung wurde entfernt, dann sind die Holzträger jedoch sichtbar.

Bodenkonstruktionen aus Holzbalken, Beton und Stahlbeton verwendet werden.

Eine Holzbalkendecke ist eine Trägerkonstruktion.

Zwischen den Holzbalken liegt eine Füllung, deren Funktion in erster Linie die Schalldämmung ist. Die Füllung wird

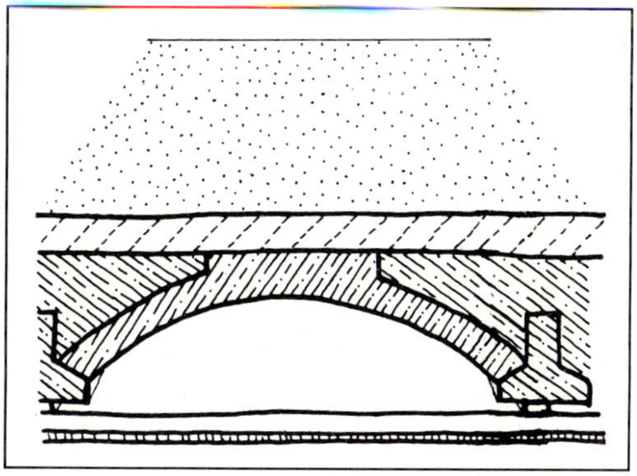

Durch entsprechende Ausformungen des Betons können zwischen der sichtbaren Zimmerdecke und der Betondecke Hohlräume sein.

von unten durch Bretter, die auf Holzleisten liegen, gehalten.

Durch diese Ausführung entsteht ein Hohlraum zwischen dem unteren Teil der Holzträgerbalken und der sichtbaren Zimmerdecke.

Betondecken können auch in Trägerkonstruktion als Fertigteilbetondecke ausgeführt werden. Hier übernehmen dann Fertigteile die tragende Konstruktion, die mit Hohlkörpern überspannt werden und mit Aufbeton das Konstruktionssystem ergeben. In älteren Bauten übernahmen Stahlträger die heutige Funktion der Fertigteile, der Beton war dann jedoch als Stahlbeton ausgerüstet.

Decken als Plattenkonstruktion werden nur mit Stahlbeton gebaut.

Jedoch in beiden Betrachtungsweisen, Boden oder Decke, ist diese Tragkonstruktion, die Urdecke, nur in den seltensten Fällen sichtbar.

Bei unseren Probeverfahren ist es jedoch weder nötig noch empfehlenswert, diese tragende Konstruktion freizulegen.

Teilweise könnte der Versuch bei der Bodenuntersuchung sogar zu Schäden führen, die dann nur mit erheblichem Kostenaufwand wieder zu beheben sind.

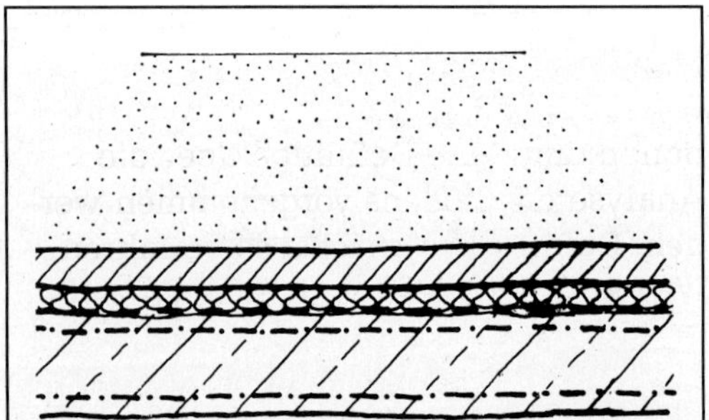

In den Beton werden Stahlstäbe gitterweise zur Armierung eingelegt. In den meisten Fällen dient die Stahlbetondecke auch gleichzeitig als sichtbare Zimmerdecke.

So könnte schon durch eine einzige, falsche Probebohrung eine schützende Konstruktion gegen Feuchtigkeit oder gegen Übertragung von Schall zerstört werden.

Unsere praktischen Untersuchungen beim Fußboden müssen daher auf die entsprechende Deckenkonstruktion abgestimmt werden. Aber die äußeren Schichten, wie Bodenbelag, darunterliegende Unterkonstruktionen oder Isoliermaterialien werden für Renovierungsmaßnahmen die einzigen Möglichkeiten zur Qualitätsverbesserung bieten, da bestehende Deckentragkonstruktionen nicht beseitigt werden können.

Bei der Betrachtung als Decke besteht nicht die Gefahr, daß Schutzkonstruktionen gegen Schall und Feuchtigkeit zerstört werden. Hier ist daher die beste Möglichkeit, Aufschlüsse über die Art der Konstruktion zu erhalten.

Dennoch ist auch hier ein vorsichtiges Arbeiten erforderlich, da auf den ersten Blick nicht erkennbar ist, ob nicht unter der eigentlichen Decke eine abgehangene, zusätzliche Deckenkonstruktion angebracht wurde.

Ebenso kann bei Holzbalkendecken die Füllung zwischen den Balken von unten nur durch dünne Platten gehalten sein. Bei Probebohrungen mit größerem Durchmesser rieselt diese Füllung dann heraus. Das Loch dann so zu verputzen, daß es mit dem übrigen Deckenniveau absolut identisch ist, ist nur bei handwerklichem Geschick und Erfahrung möglich.

Da im Prinzip davon ausgegangen werden kann, daß mit Ausnahme von Kellerdecke und Dachstuhl alle Decken in der gleichen Weise konstruiert sind, führen unsere Teiluntersuchungen an Decke und Boden zu einer schlüssigen Bestimmung dieser Konstruktion.

Mit unserem Prüfverfahren beginnen wir zunächst mit der Decke.

Hier bringen wir, wie bei der Wand, aber mit kleinstem Bohrdurchmesser, eine Probebohrung im Bereich der dunkelsten Ecke an. Problem dabei dürfte das Darunterhalten der Auffangvorrichtung für die Staubspuren sein.

Wie bei den Wänden werden Staubspuren Hinweise auf die Baumaterialien geben. Im Schichtaufbau werden die gleichen Anstriche und Putze verwendet. Darüber hinaus gibt die Leicht- beziehungsweise Schwergängigkeit des Bohrens Aufschlüsse über die Deckenkonstruktion.

Beton- und Stahlbetondecken

Nach den Belagschichten wird das Bohren schwergängig und eine graue Staubfahne erscheint.

Holzbalkendecken

Nach den Belagschichten ist eine deutliche Leichtgängigkeit beim Bohren festzustellen. Als Staubspur kommen Holzfasern. Diese Holzfasern stammen von der unter den Holzbalken angebrachten Holzverschalung.

Hohlräume

zwischen Zimmerdecke und tragender Deckenkonstruktion: Nach ersten Staubspuren ist eine völlige Leichtgängigkeit des Bohrens zu verzeichnen. Greift danach der Bohrer wieder mit verminderter Leichtgängigkeit, schließt das auf eine Holzbalkendecke.

Geht das Bohren nach Überbrückung des Hohlraumes jedoch recht schwer, handelt es sich um eine Betonkonstruktion. Wenn Hohlräume dazwischen liegen, bestehen nur geringe Chancen, daß Staubspuren noch erkennbar werden.

Bei abgehangenen Zwischendecken:

Nach ersten meist weißen bis hellgrauen Staubspuren geht das Bohren total leicht und es passiert nichts mehr, sofern nicht Bohrer mit Überlänge verwendet werden.

Dämmstoffe

Um sicher zu gehen, daß in Hohlräumen keine Dämmstoffe eingefüllt sind, die sich ja nicht durch Staubspuren verraten, kann eine zum Haken gebogene Büroklammer in das Bohrloch geführt werden. Stößt die Klammer auf Widerstand, gilt es, Materialpartikel vorsichtigt herauszuholen. Im Idealfall bleiben bereits Fasern an der Klammer haften. Sonst muß vorsichtig das Loch erweitert werden, um mit Pinzette oder vergleichbarem die Materialpartikel herauszuholen.

Prüfmethoden bei Böden

Mit Abschluß unserer Analyse ist die Konstruktions- und Materialart der Decke definiert.

Bei Geschoßdecken kann damit davon ausgegangen werden, daß die begangene Decke, also der Boden in gleicher Weise ausgeführt ist.

Ausnahmen bestehen jetzt nur noch bei drei Umständen, sofern nicht durch einen Holzdielenbelag eine Holzbalkendecke angezeigt ist:

Bei abgehangenen Deckenkonstruktionen muß eine Definition über die Analyse des Bodens vorgenommen werden. Dafür muß zunächst so verfahren werden, als handle es sich um eine Stahlbetonplattenkonstruktion.

Bei Dachgeschoßwohnungen muß genauso verfahren werden, daß zunächst auf Stahlbetondecken die Bodenuntersuchung abhebt.

Für die unter Stahlbetonböden geschilderten Prüfstellen ist hier zu beachten, daß dafür nur Stellen an den gemauerten Wänden infrage kommen, also nicht die Dachseiten.

Bei Kellerdecken genügt ein Blick vom Keller aus auf die Decke, um eine Betondecke zu definieren, da diese in Kellerräumen nicht verkleidet ist.

In Altbauten kann die Kellerdecke auch gemauert sein, dann liegt in der Wohnung darüber entweder ein Steinboden oder eine Holzbalkenkonstruktion, sofern nicht im Zuge einer Renovierung ein Betonbelag eingegossen wurde.

Bei nicht unterkellerten Fußböden gilt es, wieder Vorsicht walten zu lassen und zunächst eine Stahlbetonkonstruktion zu vermuten.

Bodenaufbau

Bei unserer Prüfung des Bodens gilt es in erster Linie, die einzelnen Belagschichten des Bodenaufbaus zu definieren.

Dabei brauchen wir uns mit der obersten Schicht erst bei der Beurteilung der vorgefundenen Materialien zu beschäftigen.

Die Unterkonstruktionen dienen in erster Linie zur Schaffung einer ebenen Bodenfläche und können aus Leichtbeton, Zementestrich, Hartschaum oder Verlegeplatten, aus Gipskarton, Hartfaser oder Holzspan, aus Füllungen mit Blähton und anderem gekörntem Material bestehen.

Ferner sind meistens Dämmstoffe ausgelegt, die gegen Feuchtigkeit und Schallübertragungen schützen sollen,

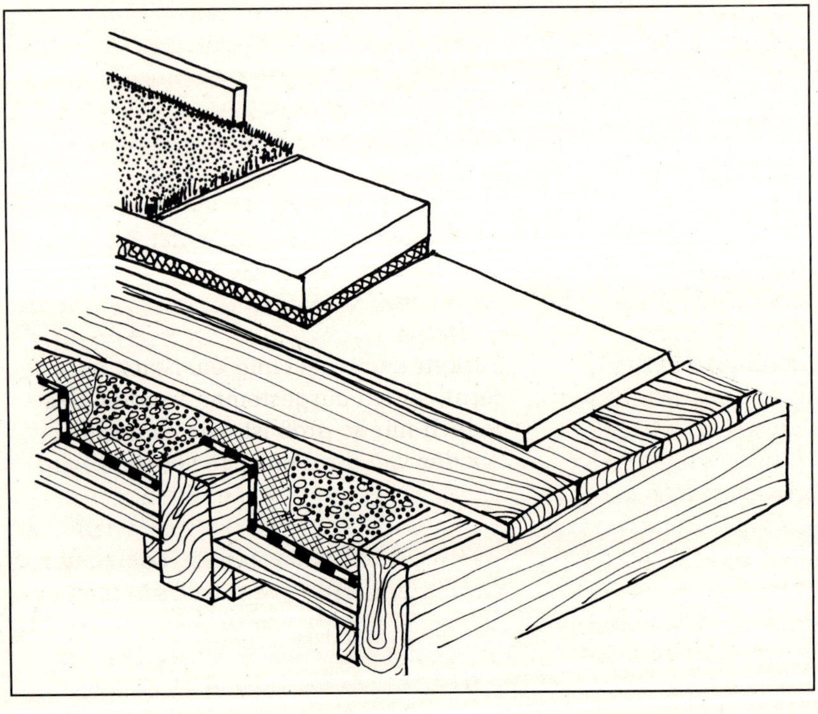

Alle Bodenbeläge von Teppich- über PVC-, Dielen- und Parkett- bis hin zu Fliesen- oder Steinbelägen können auf den unterschiedlichsten Unterkonstruktionen und Materialien liegen.

Durch Feuchtigkeitssperren und meist schwimmende Estrichverlegung ist bei unseren Prüfmaßnahmen Vorsicht geboten.

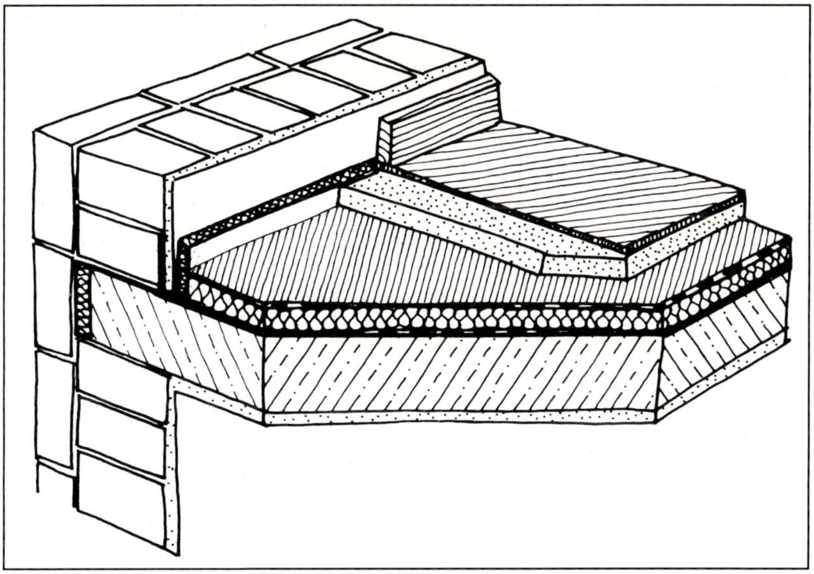

beziehungsweise der Wärmedämmung dienen. Auch diese Dämmungen bestehen aus den unterschiedlichsten Materialien.

Um möglichst alle Schichten auf die verwendeten Materialien untersuchen zu können, werden wir je nach Aufbau an mehreren Stellen prüfen müssen und das entsprechend der ermittelten Dekken- gleich Bodenkonstruktion.

Generell eignen sich besonders die Stellen unter den Fußbodenleisten im Umfeld einer Tür oder eines Durchgangs. Dort muß dann die Fußleiste entfernt werden.

Im Prinzip sind Fußleisten an der Wand befestigt, aber Ausnahmen bestätigen diese Regel. Fußleisten werden zur Befestigung verschraubt, genagelt oder auch geklebt. Wenn man einen kräftigen Spachtel als Hebel mißbraucht, lösen sich die Leisten meist schon. Wenn nicht, deutet das auf Verschraubung hin.

Mit etwas Geduld lassen sich die verdeckten Schraubköpfe auffinden und herausdrehen.

Ist die Fußleiste entfernt, ist bei neueren Unterkonstruktionen nun ein Spalt von mindestens 1 cm zwischen Wand und Fußboden zu erkennen.

Beton- und Stahlbetondecken

Unsere Prüfung beginnen wir am Wandanschluß in unmittelbarer Nähe einer Tür mit der Demontage der Fußleiste. Danach werden flexible Bodenbeläge wie Teppich oder PVC vorsichtig angehoben oder ein schmaler Streifen herausgeschnitten. Wenn noch eine Pappe darunterliegt, gilt das auch für sie.

Bei starren Belägen, wie Fliesen oder Parkett muß vorsichtig ein Stück entfernt, sprich ausgestemmt werden, das jedoch nur so groß ist, wie es nachher wieder von der Fußleiste verdeckt wird.

Nun müßte das Auflager erkennbar sein. Wenn diese Schicht grau gefärbt ist und bei einer Kratzprobe kaum Partikel abgibt und sich auch nicht mit einem Schraubenzieher eindrücken läßt, ist das das sichere Zeichen für einen Zementestrich.

Dann gilt es nur noch, mit einer Pinzette in den Spalt zu fahren und Partikel des in aller Regel bis zur Wand geführten Dämmaterials herauszuziehen.

Unter diesem Dämmaterial liegt dann erfahrungsgemäß eine hauchdünne Folie, die den Zweck hat, den Bodenaufbau vor Feuchtigkeit zu schützen.

Zum Teil ist diese Folie ein Stück die Wand hochgezogen, so daß sie bei Wegdrücken des Dämmaterials erkennbar wird. Diese Folie darf aber nicht beschädigt werden, da sonst die Sperre gegen Feuchtigkeit nicht mehr intakt ist.

Gibt die Schicht des Auflagers dem Druck eines Schraubenziehers nach, und zeigen Materialpartikel holzspanartige Substanz oder hellgrauen bis weißen Staub, kann davon ausgegangen werden, daß hier Verlegeplatten verwendet wurden.

In diesem Fall müssen wir versuchen herauszufinden, auf was diese Platten aufliegen.

Sofern der Spalt noch genügend Spielraum bietet, können wir mit irgendwelchen gebogenen Gegenständen unter die Unterkante der Platte fahren. Dort können wir entweder Dämmstoffe direkt vorfinden oder auf Kanthölzer treffen.

Bei Dämmstoffen gilt es nur noch eine Probe zu nehmen. Bei Kanthölzern ist das Dämmaterial meist auch eingelegt. Um es definieren zu können, müssen wir

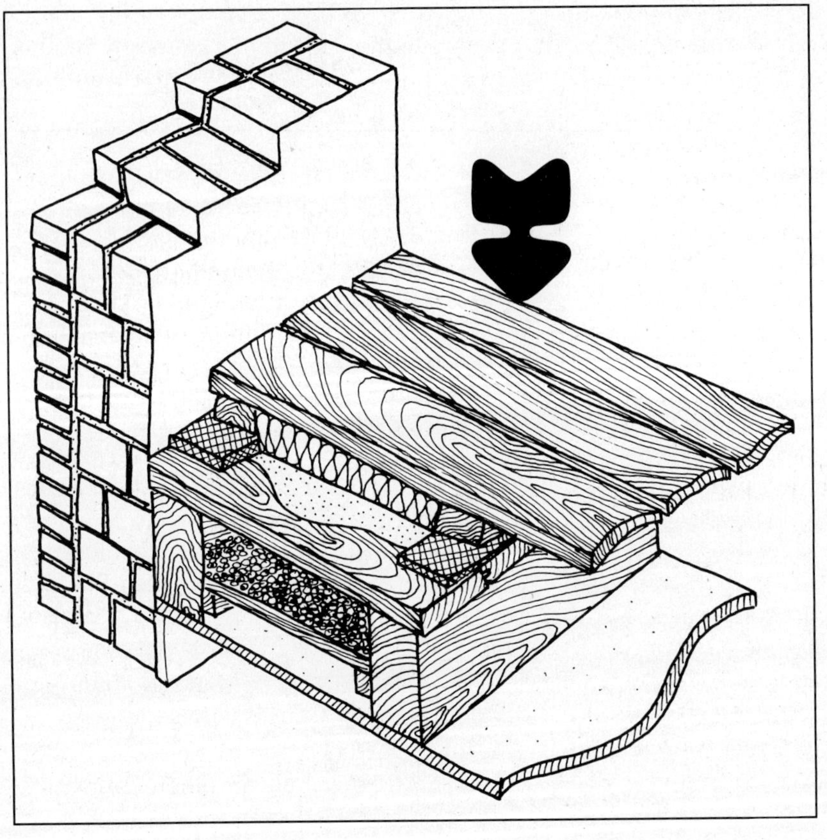

In Altbauten kann auch (zur Verbesserung der Trittschalldämmung) ein weiterer Dielenbelag aufgelegt sein. Um hier bis zur Füllung zwischen den Trägerbalken vorzudringen, muß ein Loch in die alte Diele gebohrt oder gestemmt werden.

Probebohrungen im Fliesenbelag sollten nur an den Kreuzfugen, wie hier markiert, vorgenommen werden.

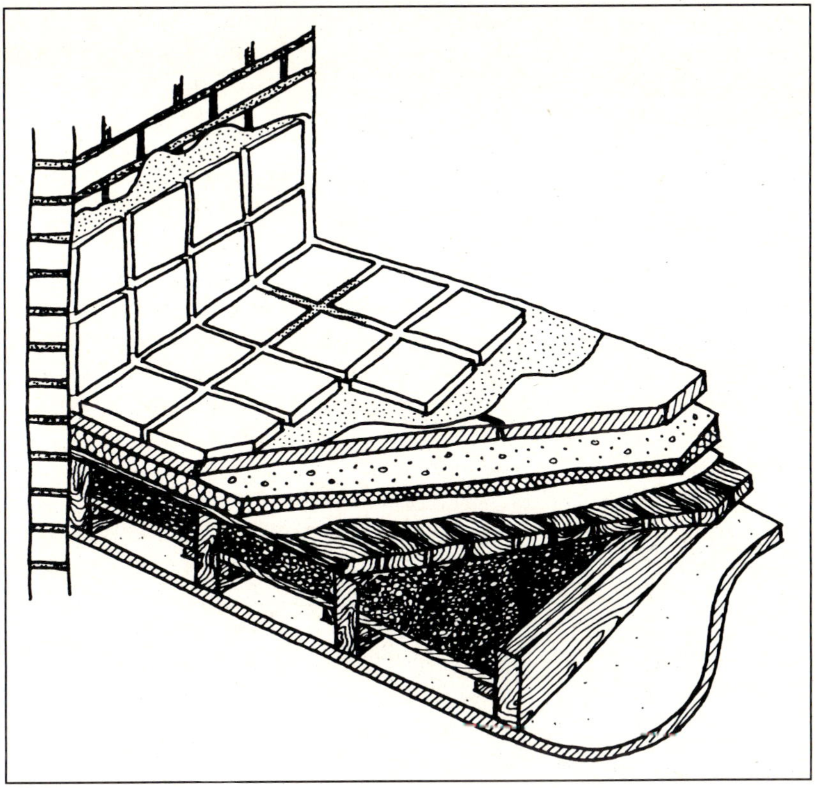

im Abstand von ca. 8 bis 10 cm von der Wand aus gemessen in den Raum hinein, ein Loch vorsichtig durch die Platte bohren.

Wenn das durch den Bodenbelag nicht möglich ist, müssen wir an der angrenzenden Wand die Leiste lösen und die Prozedur wiederholen. Hierbei aber auch in dem Abstand von ca. 10 cm von der Ecke weg.

Holzbalkendecken

Liegen noch die ursprünglichen Dielenbretter auf, brauchen wir nur in Erfahrung zu bringen, aus welchem Material die zwischen den Holzträgern eingebrachte Füllung besteht. Haben sich Dielen verworfen, so daß dadurch natürliche Fugen entstanden sind, kann dort eine Probeentnahme erfolgen. Sonst muß am ersten Dielenbrett an einer Wand, nach Entfernung der Fußleiste, eine Probe entnommen werden.

Liegt das Dielenbrett so dicht an der Wand, daß das nicht möglich ist, muß ein Stück des Brettes ausgestemmt werden. Dabei möglichst an der unauffälligsten Ecke, im Bereich, der später von der Fußleiste überdeckt wird.

Die Füllung besteht meist aus losem, körnigem Material. Bei neueren Bauten oder im Zuge einer Renovierung können aber auch feste Stoffe vorgefunden werden. Dies ist dann Leichtbeton oder Dämmaterial.

Ist der alte Dielenbelag nicht erkennbar, kann davon ausgegangen werden, daß eine zusätzliche Bodenkonstruktion auf den alten Dielen beziehungsweise Holzträgerbalken liegt.

Diese Bodenkonstruktionen bestehen meist als erste Schicht unter dem verlegten Fußbodenbelag aus Verlegeplatten.

Unter diesen Verlegeplatten können sich dann weitere Schichten, die die Funktion der Wärme- und Schalldämmung oder des Bodenniveauausgleiches haben, befinden.

Auch hier liegen die besten Prüfstellen im Bereich unter der Fußleiste. Die Vorgehensweise ist identisch mit der der Beton- und Stahlbetondecken. Jedoch sind bei Holzbalkendecken keine Feuchtigkeit sperrende Folien zu erwarten.

Fliesenbeläge

Hier haben wir keine Fußleisten und Fugen im Wandanschluß. Daher sind Probebohrungen erforderlich, um die Unterkonstruktion in Erfahrung zu bringen.

Für diese Bohrungen eignen sich die Kreuzungspunkte der Längs- und Querfugen. Vorsicht ist bei notwendigen Erweiterungen der Bohrlöcher geboten. Es muß versucht werden, nur möglichst kleine Partikel der Fliesenkanten, die das Bohrloch umgeben, mit Hilfe des Bohrers abzubrechen.

Geht man zu robust heran, besteht die Gefahr, daß die Fliese bricht.

Stemmt man eine Fliese aus dem Belag, wird diese nur in den seltensten Fällen die Prozedur ohne Bruch überstehen.

Unter dem Fliesenbelag werden wir zuerst auf die Befestigungsschicht für die Fliesen stoßen. Das kann eine Kleberschicht, meist aber eine Mörtelschicht von einigen Millimetern Dicke sein.

Darunter können Verlegeplatten oder auch, wie bei den Beton- und Stahlbetondecken, schwimmende Estrichkonstruktionen liegen. Wärmedämmschichten darunter sind wahrscheinlich. Ziemlich sicher ist bei Fliesenbelägen, daß wir in der Unterkonstruktion auf eine Feuchtigkeitssperre stoßen.

Der gesamte Aufbau, der auf der Urdecke aufliegt, kann gut 15 cm und mehr ausmachen.

Bei der nun folgenden Bewertung der Eigenschaften der verbauten Materialien werden wir erkennen, wo ein Austausch in baubiologische Materialien notwendig und sinnvoll ist.

Aber auch, wo sich dieser Austausch nicht lohnt oder gar die beabsichtigte Wirkung ins Gegenteil umschlägt.

Bei unserer Renovierung müssen wir davon ausgehen, daß die statischen, tragenden Bauteile nicht entfernt werden können.

So kann es sein, daß ein Bauteil vom Material her toxische Gase ausdünstet. Diese giftigen Ausdünstungen waren bislang durch Beläge, die keine Atmungsaktivität zuließen, gut abgesperrt.

Entfernt man nun diesen Belag und ersetzt ihn durch einen baubiologisch atmungsaktiven, können damit dann die Ausgasungen des Bauteils ungehindert die Raumluft verunreinigen.

Um hier einen Überblick zu gewinnen und nicht aus Unkenntnis der Materialbeschaffenheit der Kernschichten, zu falschen Einschätzungen zu kommen, ist wirklich eine sehr gründliche Durchführung dieser Prüfungen der vorhandenen Bausubstanz notwendig.

Bewertung der vorhandenen Bausubstanz

Eine Mauer oder Wand, hochbefrachtet mit Kunststoffen im Außen- und Innenputz, mit luftdichten Isolierschichten, mit Dämmplatten und kunstharzbeschichteten Wärmedämmtapeten, unterbindet jeglichen Austausch von innen nach außen und umgekehrt.

Eine derartige Befrachtung mag übertrieben klingen, doch traurige Realität ist, daß heutige Wände zu 90 bis 100 % aus künstlichen, natur- und körperfremden Baumaterialien bestehen. Und nicht nur die Wände. Auch bei Boden- und Deckenaufbauten sieht es ähnlich aus.

Je gründlicher die Prüfungen vorgenommen werden, um so besser können die einzelnen verbauten Substanzen erkannt und in ihrem Zusammenwirken beurteilt werden. Hier stellt sich die Boden-/Deckengestaltung optisch als Holzkonstruktion dar, von der man ausgehen kann, daß sie atmungsaktiv, strahlendurchlässig und vom Material her unbedenklich sein könnte. Bei entsprechend gründlich durchgeführten Prüfungen werden wir jedoch die eigentliche Deckensubstanz, eine Stahlbetondecke, genauso erkennen wie die unterschiedlichen Baumaterialien der Außenwände im unteren und oberen Geschoß.

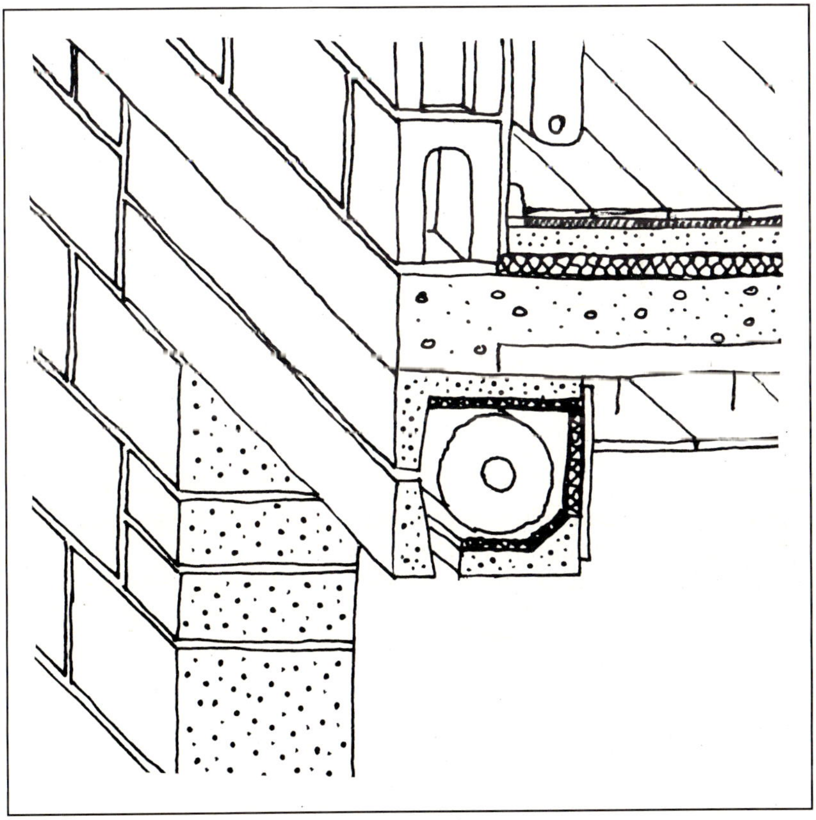

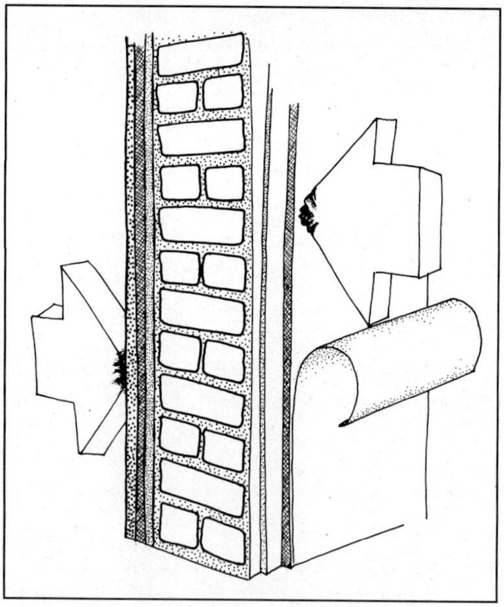

Diese neuen Stoffe blockieren nicht nur den Austausch, sie setzen auch schädliche Gase und radioaktive Strahlungen frei. Daß sie zudem auch das Einbringen atmosphärischer Strahlungsfelder verhindern, fällt dabei fast schon garnicht mehr ins Gewicht.

In der nun folgenden Beurteilung werde ich versuchen, eine möglichst systematische Darstellung der einzelnen verbauten Baustoffe zu geben. Diese Systematik orientiert sich an der Reihenfolge der von uns vorgenommenen Prüfungen an Wand, Decke und Boden. In der Aufreihung der Bewertung nach baubiologischen Aspekten werde ich jedoch zu den einzelnen Substanzen nur die Eigenschaften hervorheben, die als besonders positiv oder negativ anzusehen sind.

Ist zu den Themen Giftigkeit, Radioaktivität, Atmungsaktivität oder Strahlendurchlässigkeit nichts anzumerken, so fehlt hier dann der Kommentar.

Eine recht große Anzahl an Substanzen läßt sich schon durch die optische Bestimmung nach Staubspuren oder Fasern definieren. Bei einigen Baustoffen versagt diese Methode. Hier kann dann nur Klarheit durch weitere Prüfverfahren, die im Anschluß an der Bewertung beschrieben werden, erzielt werden.

Links außen ein weißer Gasbetonstein; rechts daneben zwei Versionen von gelblich roten Hohlkammerziegeln; weiter rechts, leider nicht gut erkennbar, ein roter Vollziegel.

Ziegel

wird aus Lehm gebrannt. Im Prinzip verfügen Ziegel nur über eine natürliche Radioaktivität (0,02 mR). Bei einigen Ziegelgruppen kann jedoch eine im Vergleich dazu erhöhte Radioaktivität nachgewiesen werden. Ziegel haben eine gute Atmungsfähigkeit. Ihr Staub hat eine rote Farbe und eine feine Mehlkonsistenz.

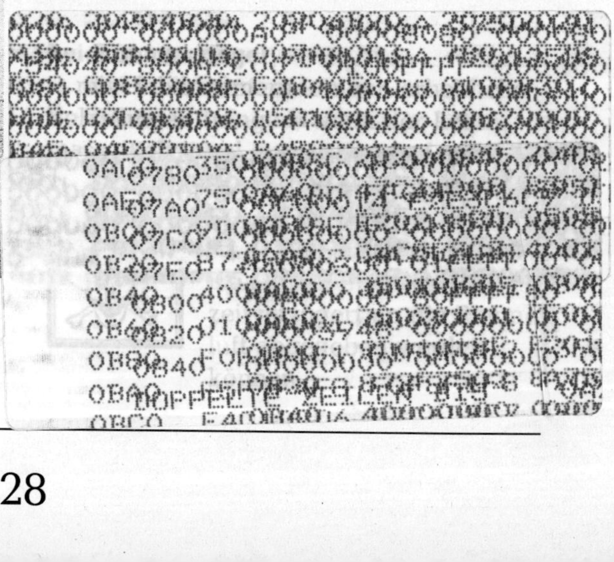

Der Staub ist rötlichgelb bei mittelgrober Beschaffenheit, Spurenelemente weißer Kleinstpartikel deuten auf Polystyrol.

Gipsbausteine

können aus Naturgips oder aus Chemiegips oder beidem hergestellt werden. Während gegen reinen Naturgips im sogenannten Trockenbau (das ist Bauen ohne feuchte oder nasse Baumaterialien) nichts auszusetzen ist, sieht das bei

Chemiegips

anders aus. Da dieser Gips im Zuge der Rauchgasentschwefelung (z.B. von Kraftwerken) gewonnen wird, weist er eine erhöhte Radioaktivität auf.

Zudem besitzt er ein schlechtes Wasserdampfaufnahmevermögen, das heißt, daß einmal aufgenommene Feuchtigkeit nur sehr schlecht wieder abgegeben wird.

Zudem ist die feinstoffliche Wirkung von Chemiegips strahlenundurchlässig.

Der Staub hat eine weiße Feinmehligkeit, Natur- und Chemiegips können jedoch nur mit einem Geigerzähler voneinander unterschieden werden.

Bims

besteht aus vulkanischem Gestein, das mit Zement umhüllt wird. Bims gibt es in Form von Schwemm- und Hohlblocksteinen, sowie als Bauplatten.

Bims verfügt häufig über eine so hohe Radioaktivität, die es ratsam erscheinen läßt, Bims zu meiden. In Verbindung mit sogenannten

Kerndämmschichten,

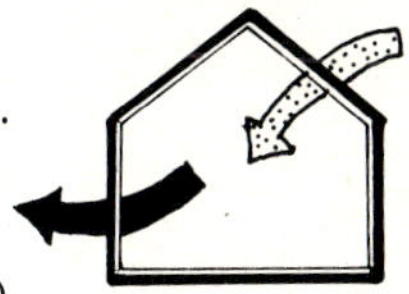

bei denen Polystyrol in den Hohlräumen der Blocksteine angeordnet ist, wird der Baustoff zudem noch giftig, da hier Styrol in die Raumluft ausgasen kann. Bims ist nur sehr bedingt atmungsaktiv und hat einen schlechten Feuchtehaushalt.

Der grobkörnige Staub ist entweder grauweiß oder rötlichbraun.

Polystyroldämmstoffe zeigen sich durch weiße Kleinstfasern an, die diesem Staub beigemischt sind. Die verschiedenen Bimsarten können in Bezug auf Radioaktivität nur mit einem Geigerzähler definiert werden.

Kalksandsteine

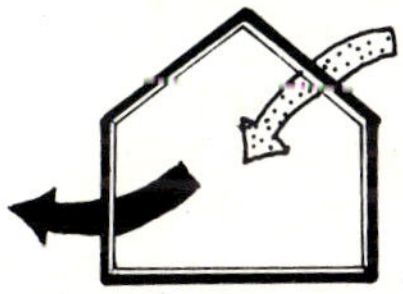

bestehen aus Feinsand und Kalk, die unter Dampfdruck gepreßt werden. Durch diese hohe Verdichtung fehlen dem Baustoff jegliche feuchtigkeitsregulierenden Eigenschaften.

Strahlungen werden von Kalksandsteinen gebrochen, so daß sich in der Wohnung unruhige biologische Felder formieren.

Dieser Staub hat eine altweiße Farbe bei mittelfeiner Beschaffenheit.

Hüttensteine

werden aus granulierter Hochofenschlacke und Zement hergestellt. Sie sind daher hochgradig radioaktiv.

Heute werden kaum noch Hüttensteine produ-

Im Hintergrund eine Leichtmauerwand aus Hohlkammerziegeln, der große Stein im Vordergrund ist ein grauer Bimsstein, darauf hochkant gestellt ein weißer Kalksandstein.

ziert, im Altbau sind sie aber noch oft vertreten. Neben der hohen radioaktiven Strahlung fehlt den Hüttensteinen jegliche Atmungsaktivität.

Hier ist der Staub grobkörnig und regelmäßig bei blaugrünlich schwarzer Farbe.

Gasbetonsteine

sind eine Mischung aus Kalk, Zement, Wasser und Aluminiumpulver. Den Steinen kann als sogenannter Zuschlag Quarzsand oder Flugasche beigemischt sein.

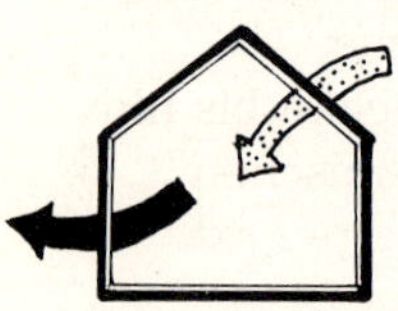

Dieser Baustoff hat ein sehr mangelhaftes Feuchteverhalten. Er nimmt Feuchtigkeit sehr schnell auf und gibt sie in Form von Wasserdampf nach außen sehr schlecht ab. In diesem Zustand haben sie eine schlechte Atmungsfähigkeit und auch eine geringere Wärmedämmung.

Für die Bildung von Luftporen in den Steinen können alkylhaltige Sulfate und andere Tenside verwendet worden sein, die bei Hautkontakt zu Reizungen, Rötungen und Ekzemen führen können.

Die Prüfbohrung zeigt weißen unregelmäßigen, mittelfeinen Staub.

Beton

Ob gegossen, als Platten oder Bausteine, besteht Beton aus Bindemitteln und Zuschlagstoffen, die mit Wasser verbunden werden. Als Bindemittel wird in erster Linie Zement verwendet, als Zuschlagstoffe für »Schwerbeton« Eisenerz und Stahlschrott, für normalen Beton Sand, Kies oder Schlacke, für den »Leichtbeton« Bims oder Blähton.

Mittlerweile hat sich zu den Bezeichnungen Schwer, Normal und Leicht noch der »Bio-Beton« gesellt. Bei dem Bio-

Beton wird als Bindemittel, statt Zement, Kalk verwendet.

Bei Zement als Bindemittel kann Beton, je nach Zementart, in den Werten über denen der natürlichen Strahlung (0,02 mR) liegen.

Merkmal für alle Betonarten ist eine schlechte Dampfdiffusionsfähigkeit. Einmal aufgenommenes Wasser wird nur langsam abgegeben.

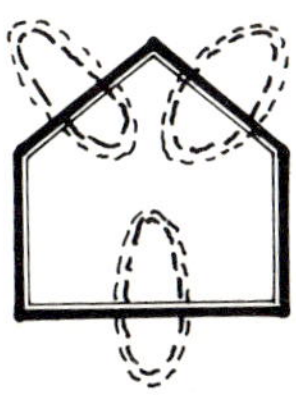

Beton ist für Strahlen undurchdringbar und somit auch für das natürliche, elektromagnetische Strahlungsfeld. Dadurch entsteht im Raum ein Nullfeld, das sich auswirkt in Antriebsschwächen bis hin zu starken organischen Beeinträchtigungen.

Die Staubprobe ist gräulich und mittelgrob.

Stahlbeton

hat die gleichen Merkmale wie Beton. In Stahlbeton sind zur Bewehrung Eisenstäbe meist gitterförmig eingelassen. Es kommt so zur Bildung eines

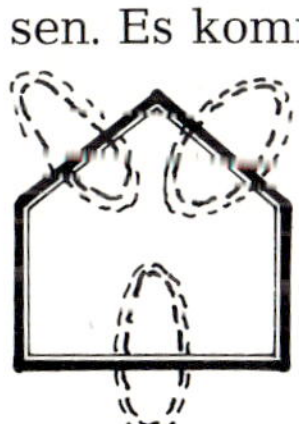

Faradaykäfigs mit umgekehrtem Effekt, der eine negative Feldwirkung erzeugt. Vom elektrischen Hausnebel werden sogenannte Induktionswirkungen am Eisengitter ausgeübt, deren Kombinationswirkungen heute noch nicht voll erforscht sind.

Fertigbeton

wird erst direkt an der Baustelle in Schalungen eingegossen und erhärtet sich beim Austrocknen. Die Merkmale sind mit den anderen Betonarten identisch. Eine üble Version stellt hier eine Schalungsmethode dar, bei der statt der Bretterverschalung, die später wieder entfernt wird,

Polystyrol-Schalungssteine

verwendet werden. Diese Schalungssteine sind hohle Formen mit einer ca. 2 cm dicken Polystyrol-Wand. In diese Formsteine wird dann der Beton gegossen, die Schalungssteine werden zur Ummantelung. Bei dieser Art des Wandaufbaus trifft alles zusammen: war bislang Polystyrol »nur« irgendwelchen Baustoffen beigemischt oder von diesen abgeschirmt, treffen wir ihn hier massiv an der Oberfläche an.

Die Ausgasung des Styrols in die Raumluft steht in Verdacht, die Toxizität um ein Vielfaches zu erhöhen. In der Ausführung als Schalungsstein enthält das Polystyrol auch in hohem Anteil Elemente aus Vinyl,

das aus ungesättigtem Kohlenwasserstoff besteht. Dieses Vinyl ist hochgradig radioaktiv. Beton weist,

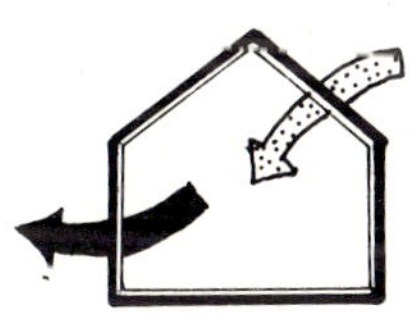

einzeln betrachtet, schon keinerlei Atmungsaktivität auf, in Kombination mit Polystyrol muß ein neuer Superlativ von Atmungsinaktivität gefunden werden.

Durch die Strahlenundurchlässigkeit von Beton entstehen zudem Nullfelder. Antriebsschwächen bis hin zu starken organischen Beeinträchtigungen sind die Folgen.

Der gräuliche, mit weißen Spurenelementen durchsetzte Staub hat eine mittelgrobe Struktur. Eine definitive Klarheit über den Betonwandaufbau mit Polystyrol-Schalungssteinen schafft jedoch nur eine Prüfung mit Gasspürpumpe und Geigerzähler. Dies ist auch dringend angeraten, da bei dieser Materialzusammensetzung eine Renovierung unter baubiologischen Aspekten nicht durchgeführt werden kann.

Leichtbauwände

Leichtbauwände bestehen aus einem Rahmen, genannt Ständerwerk, sowie Füllmaterial, das der Wärme- und Schalldämmung dienen soll, und meist einem Schutz gegen Feuchtigkeit, einer sogenannten Dampfsperre.

Dieses »Innenleben« wird verdeckt durch die Beplankung. Das können Platten oder Paneelen sein.

Das Ständerwerk, das den tragenden Rahmen durch Pfosten und Schwelle bildet, kann aus Holz oder Metall sein.

Holzständerwerke

können mit hochgradig giftigen Holzschutzmitteln behandelt sein (siehe hierzu Seite 43).

Ständer aus Holz klingen beim Abklopfen der Wand massiv.

Metallständerwerke

bilden mit ihrer Pfosten- und Schwellenkonstruktion einen Gitterrahmen, der zu einem elektromagnetischen Störfaktor wird.

Sind gleich mehrere Metallständerwände im Raum und sind in diesen Wänden auch noch Elektroleitungen verlegt, kommt es vom elektrischen Hausnebel her zu Induktionswirkungen.

Das Metallständerwerk klingt beim Beklopfen klirrend fest, aber nicht massiv.

Dämmstoffe

In Leichtbauwänden sind die Dämmstoffe nur durch die dünne Beplankung und vielleicht noch durch Putz und Tapete verdeckt.

Schademittenden dieser Dämmaterialien wirken daher direkt auf uns ein.

Daher will ich die Gruppe Dämmstoffe auch hier erfassen, obwohl wir die gleichen Dämmaterialien auch an Decken und Bodenaufbauten vorfinden.

Dämmende Materialien haben verschiedene Funktionen:

Eine Wärmedämmung der Außenwände verhindert, daß die Innenseiten im Winter kalt und unbehaglich sind und schützt so unsere Gesundheit. (Aber nur, wenn die Dämmung mit den richtigen Materialien an den richtigen Stellen angebracht ist. Näheres dazu unter Renovierung, ab Seite 95).

Eine Schalldämmung, für die die gleichen Dämmstoffe verwendet werden, vermindert den Tritt-, Schwingungs- und Körperschall und schützt uns so vor Lärm- und Geräuschbelästigung.

In dem Buch »Wohngifte« werden die heute üblichen Wärmedämmstoffe beschrieben als Materialien, deren gesundheitsschädigende Wirkung sicherer erwiesen ist als ihre energiesparende.

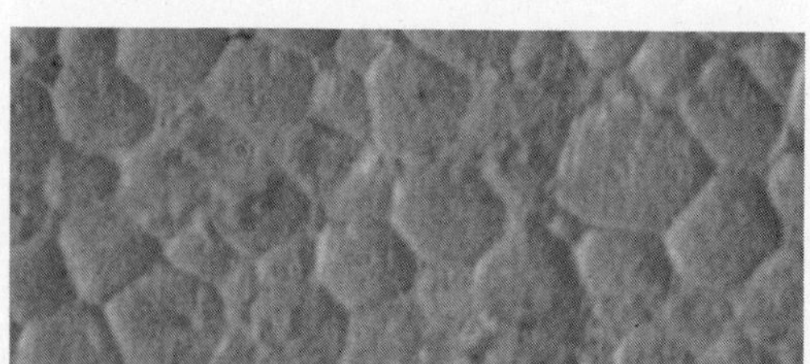

So sieht aufgeschäumtes Polystyrol aus.

Polystyrol

Die üblichen Polystyroldämmungen werden durch Polymerisation aus Styrol hergestellt, deren ungebundene Restmengen äußerst giftig wirken können.

Es steht in Verdacht, Haut- und Schleimhautreizungen auszulösen und kann narkotisierend wirken. Auch Verhaltens- und Sehstörungen sind nicht ausgeschlossen.

Gesundheitliche Schäden am Zentralnervensystem und am Verdauungstrakt sind bei Personen festgestellt worden, die mit dem Stoff häufig in Berührung kamen.

Polystyrol verfügt über keinerlei Atmungsaktivität. Daher finden wir Polystyrol außer in der Funktion als Wärmedämmstoff auch als Dampfsperre vor.

Extrudierte Polystyrolplatten werden mit Treibgasen geschäumt, von denen man vermutet, daß sie zur Zerstörung des Ozonschutzschildes der Atmosphäre mit beitragen.

Polystyrol hinterläßt bei Kratzproben kleine, weiße Feinstfaser. Die Energie des Bohrens läßt das Polystyrolmaterial verschmelzen. Es kommt zur Geruchsbildung und zur Verkohlung an der Bohrerspitze.

> *Das deutsche Krebsforschungszentrum führt hierzu aus: »Styrol ist mutagen, d.h. Erbmaterial wird irreversibel geschädigt. Die Mehrzahl der gentoxischen Verbindungen wirken im Tierversuch kanzerogen.« (= krebserzeugend)*

Unter dem Aspekt der biologischen Renovierung ist eine solche Dämmung zu entfernen.

Mineralfaser

Eine Mineralfaserdämmung wird aus Mineralfasern, wie zum Beispiel Glas- oder Steinwolle hergestellt. Steinwolle kann aus verschiedenen Mineralen, bis hin zu Basaltsteinen bestehen. Aber auch Schlackenwolle als Mineralfaser ist üblich.

Gebunden werden die Mineralfasern mit Phenolharzen oder Formaldehyd.

Bei der Mineralfaserdämmung bilden sich Feinststäube, die auch durch Verkleidungen dringen.

Diese Feinststäube werden schon bei geringen Erschütterungen durch den Trittschall aufgewirbelt und rieseln dann durch Decken, Böden und Wände in die Raumluft.

Hier haben wir Polystyrol als extrudierten Schaum.

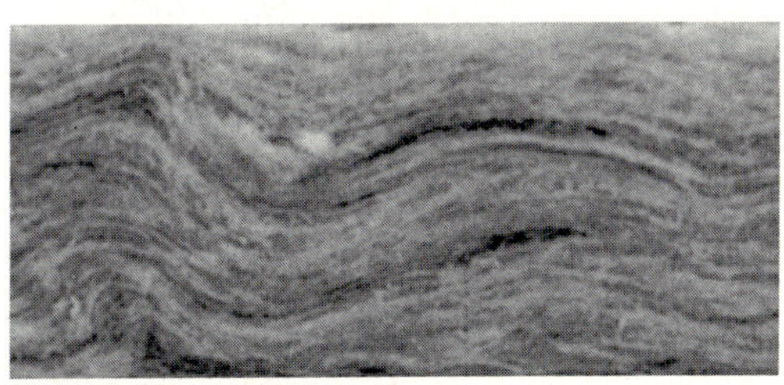

Mineralfaser im Querschnitt.

Diese Feinststäube werden dann eingeatmet und es besteht der Verdacht, daß diese eine karzinogene (=krebserzeugende) Wirkung auslösen.

Mediziner nehmen an, daß unsere, im Blut kreisenden Teile des Abwehrsystems mit diesen, als Fremdkörper eingeatmeten, spitzen Fasern nicht fertig werden.

Die als Folge freigesetzten Enzyme zerstören dann wiederum das Lungengewebe. Zunehmende Atemnot, später Lungen- oder Herzversagen können die Folge sein. Die Phenolharze als Bindemittel haben eine toxische Wirkung, die die Atemwege und die Haut reizen können und als Spätschäden zu Nieren- und Leberfunktionsstörungen führen können.

Wurden als Grundstoffe für die Mineralfaserherstellung Basaltgestein oder Schlackenwolle verwendet, so entsteht eine radioaktive Belastung, die über den natürlichen Werten von 0,02 mR liegt.

Die bei unserer Prüfung hervorgeholte Faserspur ist hellgelb bis weißgelb mit kurz- oder langfasriger Struktur. Die Toxizität des Bindemittels kann nur mit der Gasspürpumpe und die verwendeten Grundstoffe zu Faserherstellung nur mit dem Geigerzähler definiert werden.

Die Entfernung dieses Dämmstoffes ist dringend angeraten.

Beim Dachausbau ist eine Mineralfaserwolle besonders kritisch, da sie nur mit einer sehr dünnen Schicht verkleidet ist und mit der darüberliegenden Dampfsperre den Raum völlig verrieselt und versiegelt.

Das Entfernen nebst Dampfsperre ist vor allem hier dringend geboten.

Harnstoff-Formaldehydharz Ortschaum

Diese UF-Schäume werden nach einem bestimmten chemischen Verfahren hergestellt, mit Treibgas aufgeschäumt und mit Formaldehyd gebunden.

Hierzu räumt sogar das Bundesgesundheitsamt ein, daß die Gefahr der Formaldehydabgabe auch nach dem Austrocknen besteht.

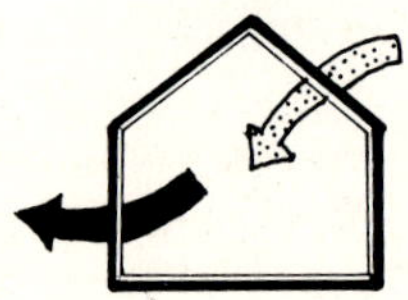

Die Treibmittel der Schäume sind narkotisch und schleimhautreizend. Eine Atmungsfähigkeit ist bei dieser chemischen Verbindungsmasse nicht gegeben.

Als Hohlraumausschäumung hat sich der Ortschaum den örtlichen Konstruktionsgegebenheiten angepaßt und ist mit diesen fest verbunden.

Das gelblich bis dunkelbraune Material läßt sich mit dem Finger eindrücken, Kanten lassen sich ganz leicht brechen.

Am Bohrer hinterläßt der Schaum keine Spuren, bei heißen Bohrspitzen kann es zur Verkohlung des Materials kommen.

Nur wenn der Schaum älter als zwölf Jahre ist, sind gesundheitsgefährdende Ausdünstungen nicht mehr zu befürchten. Sonst muß er entfernt werden.

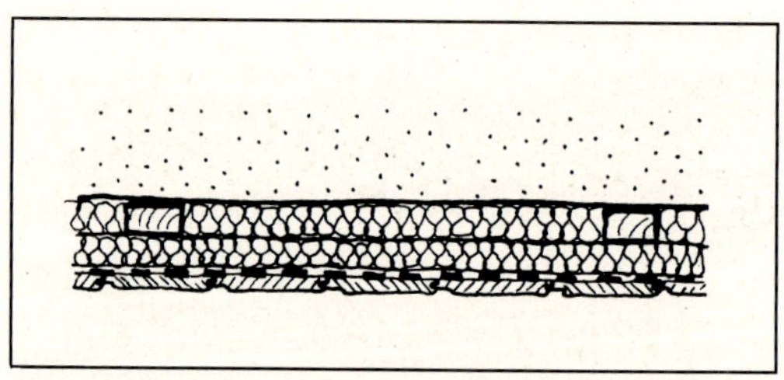

Die zur Form einer Acht geschwungene Linienführung symbolisiert eine Dämmschicht, die schwarzweiß gestrichelte Linie eine Sperrschicht.

Polyurethan-Hartschäume

Für diesen Dämmstoff (PUR-Schäume) werden Kunststoffe der Polyurethangruppe aufgeschäumt und mit chemischen Mitteln gebunden. Diese Dämmart kann als Hohlraumausschäumung Verwendung finden, es gibt sie aber auch in Plattenform. Sehr häufig sind sie als Dämmung bei Flachdächern zu finden.

Polyurethan-Hartschäume enthalten Isocyanate, die schon in kleinsten Mengen Gesundheitsschäden hervorrufen können, wie Schleimhautreizungen, Hustenanfälle und allergische Reaktionen.

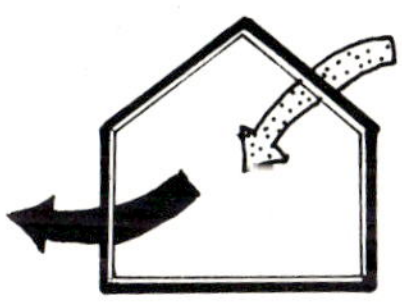

Hilfsstoffe im Polyurethan, sogenannte Katalysatoren, können allergische Symptome sehr massiv hervorrufen. Diese Hartschäume unterbinden jegliche Atmungsaktivität.

Auch hier ist die Entfernung dringend angeraten, wenn die Montage erst innerhalb der letzten zwölf Jahre erfolgte.

Latex-Schaum als Dämmplatte.

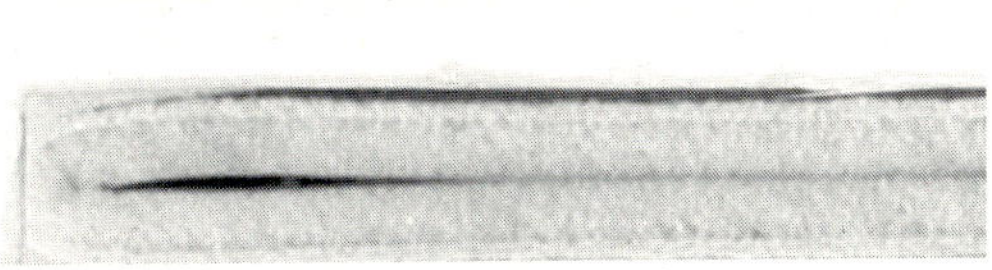

Polyethylenschaum als Dämmplatte.

Dampfsperren

Leichtbauwände weisen häufig eine Dampfsperre auf, um eine Kondensatbildung in den Isoliermaterialien zu vermeiden. Glas- und Steinwolle, geschäumtes Polystyrol und Polyurethan verfügen ja über keinerlei feuchtigkeitsregulierende Eigenschaften.

Die gleichen Materialien, die als Dampfsperren in der Wand fungieren, tauchen als Feuchtigkeitssperren auch im Aufbau der Bodenkonstruktionen auf.

Die Dampf- beziehungsweise Feuchtesperre besteht aus Kunststoffolie, meist aus der Polyethylengruppe, oder aus Aluminiumfolie.

Aus der Funktion als Dampfsperre der Wand kann darauf geschlossen werden, daß dahinter stets einer der eben beschriebenen Dämmstoffe zu finden ist.

Unabhängig von dem Wandaufbau resultieren aus Dampfsperren folgende Nachteile: Der dringend nötige Luftaustausch (Diffusion und Ventilation) von Räumen wird stark gemindert bis aufgehoben.

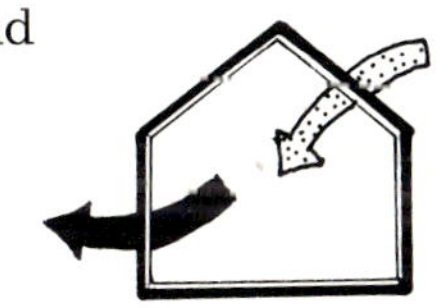

Schädliche Gase (Radon), Dämpfe und unangenehme Gerüche können nicht durch die Wand entweichen, sondern werden im Raum zurückgehalten.

Dampfsperren verändern das Elektroklima in Häusern physiologisch ungünstig: Es kommt zur Entladung von Luftsauerstoff und zur elektrostatischen Aufladung. Sie mindern die lebenswichtige kosmische und terrestrische Mikrowelleneinstrahlung erheblich.

Beim Bohren verschmilzt die Schicht und bleibt an der Spitze des Bohrers hängen. Diese Schicht ist jedoch sehr dünn, meist nur 0,2 mm.

Beplankung

Hier gehe ich auf die für die Beplankung typischen Plattenarten bei Leichtbauwänden ein. Eine Paneelenbeplankung, zum Beispiel aus Holzpaneele, wird nur an ihrer Oberfläche kritisch, daher hier unter dem Kapitel Oberflächen (ab Seite 41) zu finden.

Spanplatte im Querschnitt.

Spanholzplatten

Bei der Produktion werden Faserstoffe, Verband- und Zuschlagstoffe mit Bindemitteln verdichtet. Spanholzplatten werden inzwischen in drei Klassen eingeteilt und tragen die Bezeichnungen E1, E2 und E3.

Die Platten der Klasse E1 sind relativ unproblematisch, was man von den Klassen E2 und der gebräuchlichsten E3 nicht behaupten kann.

Das Problem liegt in den Bindemitteln, die Formaldehyd freisetzen. Bei der Plattenklasse E1 ist der Ausstoß sehr gering.

Bei den Klassen E2 und E3 ist der Anteil bedenklich. Der Verdacht auf die krebserzeugende Wirkung von Formaldehyd konnte bisher nicht ausgeräumt werden. Auch geringe Konzentrationen in Innenräumen führen zu Kopfschmerzen, Haut-, Nasen- und Augenreizungen und Müdigkeit.

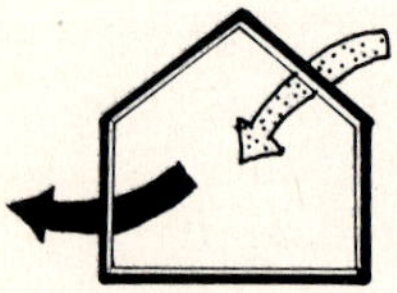

Die Verdichtung der Materialien während der Herstellung bewirkt eine mangelnde Atmungsaktivität und damit verbunden, eine schlechte Feuchtigkeitsregulierung.

Die Kennzeichnung der Klasse ist auf den Platten aufgedruckt; sollte sie nicht mehr zu erkennen sein, empfiehlt sich die Durchführung einer Messung mit der Gasspürpumpe oder dem Passivsammler.

Bei der Probebohrung ist die Faserspur grobfasrig und beigegelb.

Auf Platten der Klassen E2 und E3 sollte in Innenräumen verzichtet werden.

Formaldehyd wird zu den Stoffen gerechnet, deren Folgen am häufigsten zu Allergienbildungen führen.

Formaldehyd ist eine einfache organische Substanz aus Kohlenstoff, Wasserstoff und Sauerstoff, die als Bindemittel dient und Mikroorganismen, Bakterien und Pilze abtötet.

Es hat einen stechenden Geruch, der bereits bei sehr niedrigen Konzentrationen wahrnehmbar ist.

Die Aufnahme von Formaldehyd in den Organismus kann über den Magen-Darm-Trakt, die Hautoberfläche und den Atemtrakt erfolgen. Das Einatmen kann zu schweren Reizzuständen der Schleimhäute und Lungenschäden führen.

Bei Formaldehyd werden auch krebserzeugende Wirkungen vermutet.

Der Gehalt von Formaldehyd in der Luft hängt vom Temperatur- und Raumfeuchtegehalt ab.

Als wohnhygienischer Grenzwert werden heute 0,1 ppm angegeben, das entspricht 0,12 mg/m^3.

Zur Sanierung der Formaldehydemittenden ist die simpelste und wirkungsvollste Abhilfemaßnahme die Entfernung.

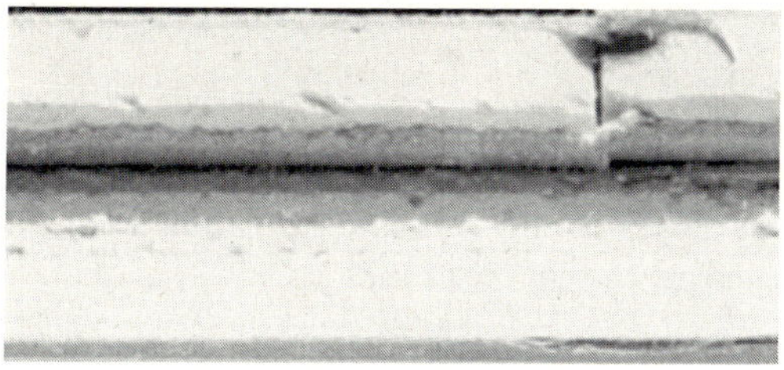

Gipskartonplatte im Querschnitt.

Als Kompromiß kann auch intensives Lüften Abhilfe schaffen.

Abdichtungsmaßnahmen haben nur dann Erfolg, wenn alle Haupt- und Schmalflächen und Bohrungen gasdicht mit Umleimern und Anstrich verschlossen werden.

Gipskartonplatten

Hierfür werden Gipse mit einem Karton kaschiert. An Gipsarten werden die gleichen, die schon bei den Wandkernmaterialien beschrieben wurden, verwendet (siehe Seite 29). Je nach der Art des verwendeten Klebers für die Kaschierung können leichte toxische Wirkungen auftreten.

Bei der Verwendung von Chemiegipsen ist erhöhte Radioaktivität gegeben, die deutlich über denen der natürlichen Strahlung (=0,02 mR) liegt. In ihrer Gesamtbilanz weisen Gipskartonplatten einen mangelhaften Feuchtehaushalt auf.

Der Bohrstaub ist weiß bis hellgrau und von feiner Mehlkonsistenz.

Putzträger

Damit Putze an Wand und Decke auch haften, gibt es sogenannte Putzträger. War die klassische Methode, als Putzträger den nachher verwendeten Putz in anderer Konsistenz an die Wand zu bringen, so werden heute dafür Geflechte an der Wand oder Decke befestigt, oder Leichtbauplatten, die mit Zement an die Wand gebunden werden.

Besteht der Putzträger aus einem Metallgeflecht, so entsteht eine negative elektromagnetische Feldwirkung.

Werden Holzwolleleichtbauplatten als Putzträger mit Zement gebunden, können sie je nach Zementart eine zu hohe Radioaktivität aufweisen. (Näheres über Zement auf Seite 38.)

Holzwolleleichtbauplatten zeichnen sich generell durch eine mangelnde Atmungsaktivität aus.

Putze

Kunstharzputz

Dieser heute weit verbreitete Putz besteht in der Regel aus Polymerisat-Dispersionen und mineralischen Füllstoffen. Zusätzlich beigegeben werden Verdickungs- und Stabilisierungsmittel.

In einigen Versionen sind stark toxische Chemikalien wie das kanzerogene Butadien enthalten. Kunstharzputze stehen im Verdacht, Allergiebildungen zu fördern, Veränderungen im Erbgut zu erzeugen und krebserregend zu sein.

Kunstharzputze haben die Aufgabe, die Wände vollständig zu versiegeln.

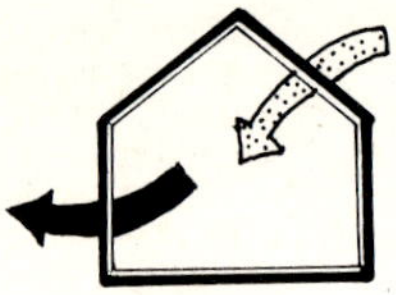

Dadurch kann das Wohnklima kollabieren: der wichtige Austausch der Raumluft ist nur noch auf Fenster und Türen begrenzt. Infolge der völligen Atmungsinaktivität kann es unter dem Putz zur Durchfeuchtung der Außenwände kommen.

Beim Bohren zeigt sich ein weißlichgrauer Staub, gleichzeitig kommt es zur Verkohlung an der Bohrerspitze mit einhergehender Geruchsbildung.

Nach unseren Kriterien der baubiologischen Renovierung sind Kunstharzputze auf jeden Fall zu entfernen.

Wer den Putz nicht abschlagen will, kann die Oberfläche mit einem Heißluftgebläse bearbeiten, Dadurch wird die Kunstharzschicht aufgeweicht und kann dann mit dem Spachtel abgeschabt werden kann.

Zementputze

Wie beim Beton (Seite 30) beschrieben, gibt es Zementarten mit unterschiedlichen radioaktiven Strahlungswerten. Zementputze werden aus den gleichen Arten hergestellt.

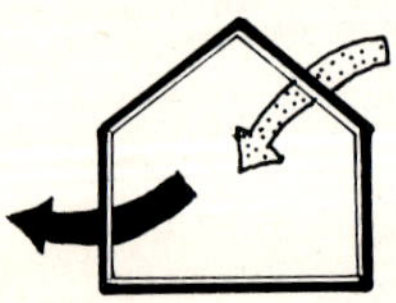

Unabhängig der Zementart sind diese Putze diffusionsarm und nicht in der Lage, einen Feuchtigkeitsausgleich zwischen der Raumluft und den umgebenden Wänden zu gewährleisten. Sie verfügen nur über ein begrenzte Kapazität der Luftfeuchtigkeitsaufnahme und -abgabe.

Gräulicher, feiner Staub und schwere Bohrgängigkeit deuten auf sie hin. Über die verwendete Zementart kann nur ein Geigerzähler Auskunft geben.

Gipsputze

Auch hier stoßen wir nach Gipsbausteinen (Seite 29) und Gipskartonplatten (Seite 37) wieder auf diese Materialart. Da in der Regel selten Naturgips und oft synthetischer Gips, der bei der Rauchgasentschwefelung entsteht, verwendet wird, überwiegt langsam der Eindruck, daß die Industrie die Wohnung als Endlagerstätte für dieses radioaktive Abfallprodukt ansieht.

Als Produkt der Rauchgasentschwefelung enthält Gips auch eine Reihe von Schadstoffen, die beim Verbrennen von Müll anfallen, wie zum Beispiel Schwermetalle.

Grundsätzlich belastet erhöhte radioaktive Strahlung und Radongas den Organismus.
Es ist eine Globalstrahlung mit mutagener und krebserregender Wirkung.

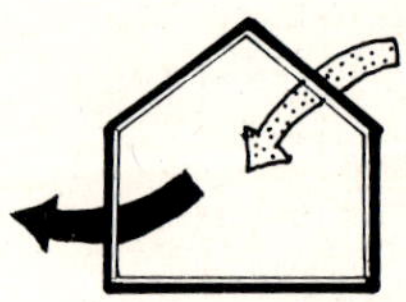

Gipsputze sind nicht so diffusionsfähig und feuchteregulierend, wie es für ein gesundes Raumklima erforderlich wäre.

Der Staub bei der Probebohrung ist weiß und feinmehlig.

Die Radioaktivität sollte durch Messung der Ortsdosisleistung mittels Geigerzähler festgestellt werden.

Wärmedämmputze

Mit dieser Putzart sollen Fehlkonstruktionen durch falsche Außendämmung und/oder Material des Wandkerns behoben werden. Das Gegenteil ist jedoch langfristig der Fall. Wärmedämmputze bestehen aus Kunstharzputzen mit einer Beimischung wärmedämmender Chemikalien, meist Polystyrol.

Neben der Toxizität des reinen Kunstharzputzes durch die Beimischung entsprechender Verdickungs- und Stabilisierungsmittel, gesellen sich hier die Ausgasungen des Styrols dazu.

Durch die Porenbildung der Dämmstoffbeimischung ist die Versiegelung der Wand nicht ganz so perfekt, wie bei reinen Kunstharzputzen, die Verbesserung der Atmungsaktivität macht jedoch nur Nuancen aus.

Beim Bohren zeigt sich ein weißlich-grauer, unregelmäßig fasriger Staub, gleichzeitig kommt es zur Verkohlung an der Bohrerspitze mit einhergehender Geruchsbildung.

Für eine biologisch sinnvolle Renovierung ist dieser Putz unbedingt zu entfernen. Wer den Putz nicht abschlagen will, um so auch die darunterliegenden Schichten nicht zu entfernen, kann hier genauso vorgehen, wie bei den Kunstharzputzen.

Kalkputz

ist sehr weich und im Prinzip baubiologisch einwandfrei.

Der Staub zeigt weißlich-feines Mehl und der Bohrer dringt leicht ein.

Tapeten

Die Tapete, einst Material aus leimgebundenen Naturfasern, wurde mit Chemie angereichert, z.B. mit Kunstharzen, die ein schnelleres Verkleben ermöglichten, aber deren Formaldehydbasis Allergiebildung beschleunigt.

Kunstharze reduzierten die Dampfdurchlässigkeit und in dem bedingt feuchtwarmen Klima der Tapete gediehen Schimmel und Insekten. Also wurden Tapeten Fungizide und Insektizide zugesetzt. Als Beispiel sei Lindan genannt.

Selbst Kleister wurde mit Kunstharzen veredelt, die wie ein dichter Film auf dem Putz die Diffusionsfähigkeit herabsetzen und als Konservierungsstoff Formaldehyd enthalten.

Zwischen Wand und Tapete kann es zu einem Feuchtigkeitsstau kommen, der ein ideales Klima für Mikroorganismen erzeugt, die sich von den Kunstharzen der Anstriche ernähren.

Die Beschichtungen mit Dispersionsfarben oder gar Latexfarben bieten ein ähnlich ideales Klima für Mikroorganismen, aber nicht für uns: wenn sie u.a. Vinylacetat enthalten, bewirken die Ausdünstungen Schläfrigkeit und Schwindelgefühle und können der Auslöser für Nieren- und Leberfunktionsstörungen sein.

Bei einer Renovierung ist es auf jeden Fall angeraten, die alten Tapeten zu entfernen. Das sowohl in Hinblick auf die Tapetenart oder den Anstrich, als auch unter dem Aspekt, daß selbst bei einer atmungsaktiven Wand und einer ebenso aktiven Tapete, die Poren sich mit den Schadstoffen der Luft verschließen.

Bei dieser Atmungsaktivität hat eine Tapete diese Filterfunktion und ist daher, je nach Schadstoff- und Umweltbelastung, spätestens nach zehn bis fünfzehn Jahren zu entfernen.

Unter dem Aspekt, daß die alte Tapete bei unserer Renovierung auf jeden Fall entfernt wird, möchte ich die Tapetenarten hier in Kurzform tabellarisch zusammenfassen:

Papiertapete

Besteht zum Teil aus PCP-haltigem Holz, enthält zudem häufig Formaldehyd und schwermetallhaltige Farbpigmente. Ausdünstungen dieser Bestandteile sind allergienfördernd; sie bewirken eine schlechte bis keine Atmungsaktivität des Untergrundes.

Rauhfasertapete

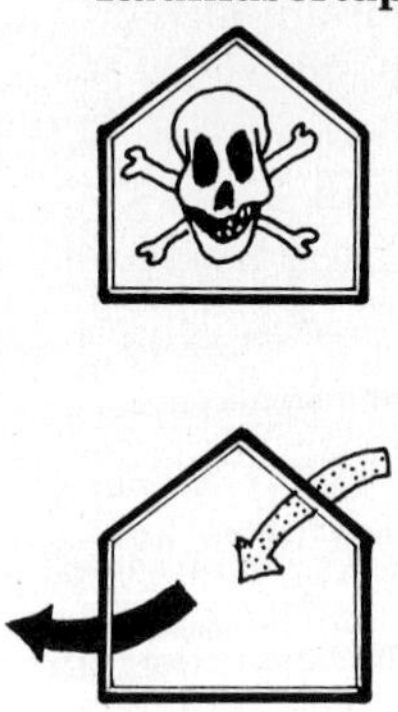

Besteht aus Holzfasern, Papier, als Zusatzstoffe können Kunstharze auf Formaldehydbasis verwendet werden, die allergienfördernd wirken. Die Atmungsaktivität des Untergrundes wird bei diesen Zusatzstoffen stark gemindert bis unmöglich gemacht.

Textiltapete

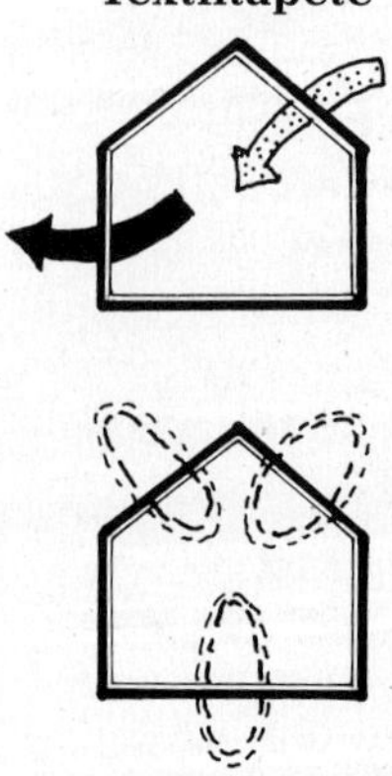

Besteht meist aus synthetischen Fasern (zum Beispiel Polyvinylchlorid) auf Polyethylenkaschierung. Diese Fasern können keine Feuchtigkeit aufnehmen und sind luftundurchlässig; das fördert die Bildung von Mikroorganismen zwischen Wand und Tapete und führt zu elektrostatischen Aufladungen.

Vinyltapete

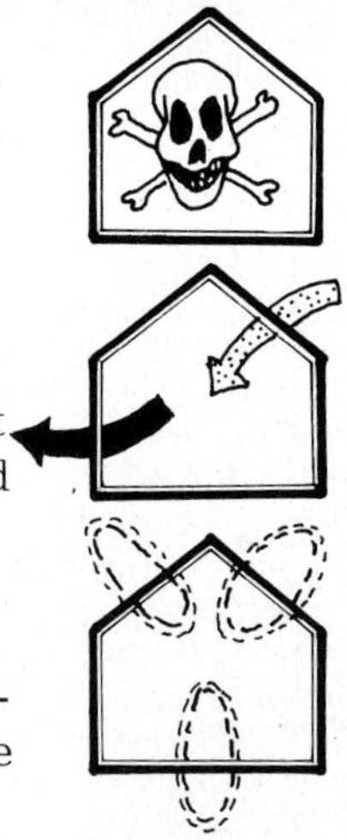

Besteht aus Schaumvinyl oder Weich-PVC. Dadurch kommt es zu Ausdünstungen des Vinylchlorid, das toxische Wirkung hat. Vinyl nimmt keine Feuchtigkeit auf und ist luftundurchlässig. Es fördert damit die Bildung von Mikroorganismen zwischen Tapete und Untergrund. Diese Tapete führt auch zu elektrostatischen Aufladungen.

Isolieruntertapete

Bestehen zumeist aus Polystyrol-Hartschaum. Dadurch kann Styrol austreten. Styrol hat vermutlich eine kanzerogene Wirkung. Es führt zur Haut- und Schleimhautreizung. Durch die fehlende Eigenschaft zur Feuchteregulierung wird die Bildung von Mikroorganismen gefördert. Es kommt zu elektrostatischen Aufladungen.

Tief- und Haftgründe

die sowohl Tapeten als auch Putzen und Anstrichen einen besseren Halt auf dem Untergrund geben sollen, schränken die Atmungsaktivität ein, wenn sie Kunstharze beinhalten. Bereits geringste Einschränkung der vollen Atmungsfähigkeit führt zur Schwitzwasserbildung und damit möglicherweise zu Pilz- und Schimmelbefall. Nicht nur Geruchsbelästigung und Unwohlsein, sondern auch »Volkskrankheiten« wie Allergien und Rheuma können sich daraus entwickeln.

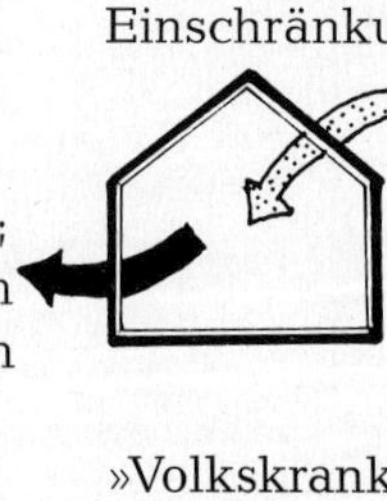

Anstriche

Filmbildende Anstriche fügen ebenso wie Putze und Tapeten unserer »dritten Haut« Schäden zu, deren Auswirkungen wir oft erst nach Jahren bemerken. Heutige Farben, Lacke und Lasuren haben nicht mehr viel mit Opas Farbtopf gemein, in dem Kalk, Leim und Ölfarben den Ton angaben. Sie bieten »perfekte« Oberflächen mit dem Nachteil der ebenso »perfekten« Innenraumluftverseuchung, wenn sie einen Austausch zwischen innen und außen nicht zulassen.

Farben und Lacke für Decken und Wände bestehen aus vier verschiedenen Komponenten:

- Bindemittel
- Pigmenten
- Lösungsmittel
- Zusätze

Durch die Vielfältigkeiten der Zusammensetzungen, ist es am sinnvollsten, diese Komponenten jeweils einzeln zu betrachten.

Bindemittel

können aus Polyacrylaten oder Polyvinylacetaten mit Weichmachern bestehen. Latexfarben enthalten als Bindemittel Styrol-Butadien-Latex. Toluol und Xylol gehören zu den aromatischen Kohlenwasserstoffverbindungen und werden auch als Bindemittel für Farben und Lacke verwendet.

Polyacrylate haben eine sehr stark haut- und schleimhautreizende Wirkung. Das Polyvinylacetat führt nach Einatmen zu Schwindelgefühlen und Schläfrigkeit und kann Leber- und Nierenfunktionsstörungen auslösen. Weichmacher diffundieren aus den Stoffen heraus und können Leberkrebs verursachen. Latexfarben enthalten als Bindemittel das Styrol-Butadien-Latex, eine stark toxische Chemikalie, die im Verdacht steht, Allergiebildungen zu fördern und krebserregend zu sein. Toluol und Xylol gehören zu den aromatischen Kohlenwasserstoffverbindungen. Die Dämpfe geraten sehr schnell in die Atmungswege und führen zu Schleimhautreizungen, Kopfschmerzen und Schwindel.

Bei allen diesen Bindemitteln besteht zudem die Gefahr einer zu hohen statischen Aufladung der Wand.

Pigmente

sind schwermetallhaltig, da sie in der Regel Cadmium beinhalten. (Der Cadmiumverbrauch für Pigmente beträgt 400 Tonnen im Jahr.) Cadmium beeinträchtigt die Nieren in ihrer Fähigkeit, Abfallstoffe des Körpers auszuscheiden.

Lösungsmittel

weisen komplizierte chemische Verbindungen auf, die die Eigenschaft haben, sich zu verflüchtigen. Anstrichstoffe bestehen bis zu 50% aus Lösungsmitteln.

Alle Lösungsmittel besitzen eine mehr oder weniger ausgeprägte Wirkung auf den menschlichen Körper. Hohe Dosen in kurzer Zeit führen zu akuter Vergiftung. Kleinere Mengen, über eine längere Zeit eingenommen, können chronische Schädigungen oder Sensibilisierungen verursachen.

Beim Einatmen gelangen Lösungsmitteldämpfe über die Lunge in den Blutkreislauf. Sie reichern sich vorzugsweise im Nervensystem, Gehirn, Knochenmark oder Leber an und schädigen dort direkt oder durch den Abbau der Zellen. Auch durch Hautresorption und Resorption im Magen- und Darmkanal kommen Vergiftungen zustande.

Zusatzstoffe

sind z.B. Fungizide und Insektizide, wie PCP, Lindan oder TBTO. Diese wandern an die äußere Oberfläche der trockenen Farbschicht, um von dort in die Luft zu verdampfen. Sie sind zum Teil hochgiftig. Was da langsam aber sicher aus der Farbe in die Raumluft übertritt, verunreinigt erst die Luft, dann auch die Gegenstände. So dringen die Gifte sowohl über die Atemwege als auch über Hautkontakte in den Körper ein.

Dieser Umweltengel trägt die Beschriftung »umweltfreundlich, weil ... schadstoffarm«. Das letzte Wort sagt schon deutlich, daß es sich hier nicht um ein baubiologisches Gütezeichen handelt, sonst müßte es nämlich heißen »schadstofffrei«.

Gesundheitsschädigungen durch Lösungsmittel machen Untersuchungen aus Dänemark deutlich. Dort erlitten Facharbeiter chronische Hirn- und Nervenschädigungen. Die Symptome beginnen mit Kopfweh, Schwindel und ausgeprägter Müdigkeit und enden mit Herzrhythmusstörungen, Reizungen der Schleimhäute, Krebs, Muskelschwund und Leber- und Nierenerkrankungen.

(Laut Bundesumweltamt werden jährlich 380.000 Tonnen Lösungsmittel aus Lacken an die Luft abgegeben.)

Anstriche mit toxischen Bestandteilen

Zur biologischen Renovierung ist klar die Empfehlung auszusprechen, Beschichtungen, die nicht älter als fünf bis sechs Jahre sind, zu entfernen.

Filmbildende Anstriche, die eine Atmungsaktivität behindern, sind generell zu erneuern.

Bei Farben und Lacken, die den sogenannten »blauen Umweltengel« des Umweltbundesamtes tragen, ist der Lösungsmittelanteil auf 15% reduziert. Dieser alleinige Grund der Auszeichnung schützt nicht vor anderen Schadstoffen.

Zusätzlich sind mehrere neue Chemikalien hinzugekommen, wie Emulgatoren, Konservierungsmittel und Hilfsmittel zur Filmbildung. Aufgrund der Acrylbasis kommt es zu einer Filmbildung auf der Oberfläche, die eine dampfsperrende Wirkung hat. Diese Farben sind für eine biologische Renovierung nicht brauchbar und sollten mit einem Heißluftgebläse oder mit einem noch zu beschreibenden Abbeizer abgebeizt werden.

Holzverkleidungen

Holzverkleidungen in Form von Paneelen, also Bretter mit Nut- und Federverbindungen und in Form einer Vertäfelung aus meist dünnen, furnierten Platten, können außer als Wandverkleidung auch als Deckenverkleidung vorkommen.

Bei allen Holzverkleidungsarten muß darauf geachtet werden, daß sich hinter der Verkleidung Luft bewegen kann. Diese Hinterlüftung wird erreicht durch eine Lattenkonstruktion, die aus Quer- und Längslatten besteht.

Ist bei der Konstruktion keine Hinterlüftung gegeben, wird die Atmungsaktivität von Wand und Verkleidung erheblich eingeschränkt. Dämpfe der Raumluft sammeln sich in dieser Konstruktion, eine Durchfeuchtung ist die Folge.

Eine solche Konstruktion, wie auch irgendwelches Dämmaterial, das die Hinterlüftung verhindert, ist unbedingt zu entfernen.

Kritisch untersuchen müssen wir auch die Behandlung der Holzoberfläche. Neben den eben behandelten Farben und Lacken, besteht bei Holzflächen, die so aussehen, als seien sie unbehandelt, die Gefahr, daß Holzschutzmittel verwendet wurden.

Holzschutzmittel

Mit diesen Mitteln soll Holz gegen Witterung (und Raumfeuchte) und Schädlingsbefall geschützt werden. Zu diesem Zweck bestehen Holzschutzmittel, neben den auch in Lacken verwendeten Lösungsmitteln und Zusatzstoffen, aus Pentachlorphenol, Lindan oder vergleichbaren Ersatzstoffen.

Diese Holzschutzmittel, im Wohnbereich eingesetzt, kommen einer toxischen Zeitbombe gleich. 50% der giftigen Inhaltsstoffe werden im ersten halben Jahr gasförmig in der Luftfeuchtigkeit gelöst. Der Rest tritt dann über einen Zeitraum von zehn bis zwanzig Jahren aus.

Durch die Raumluft werden die Schadstoffe über den gesamten Wohnbereich verteilt und lagern sich dort an allen Gegenständen ab, an Tapeten, Wandputz, Teppichen, Gardinen, Kleidern und auch an Spielzeug und Nahrungsmitteln.

Eine optische Prüfung kann am Querschnitt eines Brettes vorgenommen werden. Bei einer tief in die Poren reichenden Verfärbung ist davon auszugehen, daß das Holz behandelt wurde.

Um jedoch festzustellen, ob Holzschutzmittel mit toxischer Wirkung verwendet wurden, ist eine recht aufwendige Laboruntersuchung nötig. Die Prüfung mittels Gasspürpumpe versagt hier.

Für den exakten Nachweis ist eine Probenanalyse des behandelten Holzes notwendig. Um die Belastung der Raumluft festzustellen, muß eine Analyse des Hausstaubes erfolgen. Um die Schadstoffbelastung im Körper zu ermitteln, ist eine Blutuntersuchung erforderlich.

Die im Anhang genannten Institute können diese Untersuchungen durchführen. Schon bei geringstem Verdacht ist das dringend angeraten.

Wird mit der Prüfung der Nachweis erbracht, daß ein toxisches Holzschutzmittel verwendet wurde, ist die sinnvollste Lösung das Entfernen des verseuchten Holzes.

Als Kompromiß, wobei jeder selbst wissen sollte, ob er damit leben kann, bieten sich je nach Belastung der Raumluft andere Sanierungsmöglichkeiten.

Die Belastung eines Raumes hängt sehr stark von der sogenannten Luftwechselrate ab, d. h. davon, wie oft sich die Luft innerhalb einer Stunde austauscht.

Als Sanierungsmethode ist je nach Belastung folgendes möglich:

Bei Konzentrationen unter 30 mg/kg ist gründliches Lüften eine Möglichkeit. Das heißt, das komplette Luftvolumen eines Raumes muß sich etwa drei- bis viermal in jeder Stunde austauschen.

Bei Konzentrationen bis etwa 100 mg/kg kann durch eine Versiegelung der Holzoberfläche die Ausdünstung des dampfdurchlässigen Lackes vermindert werden.

Beschädigungen der versiegelten Oberfläche durch Trockenrisse beim Schwinden des Holzes erhöhen in der Folgezeit den Schadausstoß jedoch wieder. Zudem ist die baubiologische Forderung nach Atmungsaktivität hier nicht mehr praktikabel. Bei niedriger Eindringtiefe des Holzschutzmittels in die Oberfläche ist ein Abhobeln der verseuchten Schicht möglich.

Von der Wirkung der im Haus verwendeten Holzschutzmittel: »Die ersten Symptome waren Kopfdruck, Übelkeit und Kopfschmerzen, die wir anfangs nicht als gravierende Krankheiten wahrnahmen. Aber als es nachher in Form von Herzrhythmusstörungen und Kreislaufkollapsen doch massivere Formen annahm, kamen wir ohne ärztliche Hilfe nicht mehr aus. Bei den Kindern waren es hauptsächlich Übelkeit, Erbrechen, Durchfälle und laufende Blässe. Nach ärztlicher Ratlosigkeit wurden sie in eine neurologische Abteilung eingewiesen, weil organisch nichts festzustellen war.«

Auf die Frage, ob sich bundesweit in einigen Millionen Wohnungen, in denen Holzschutzmittel verarbeitet wurden, möglicherweise Dioxinkonzentrationen befinden, antwortete der Chefchemiker des Hygiene-Instituts der Ruhruniversität Bochum:

»Damit müssen wir rechnen.«

(Aus einer Sendung des Fernsehmagazins »Report« vom 11.11.1986)

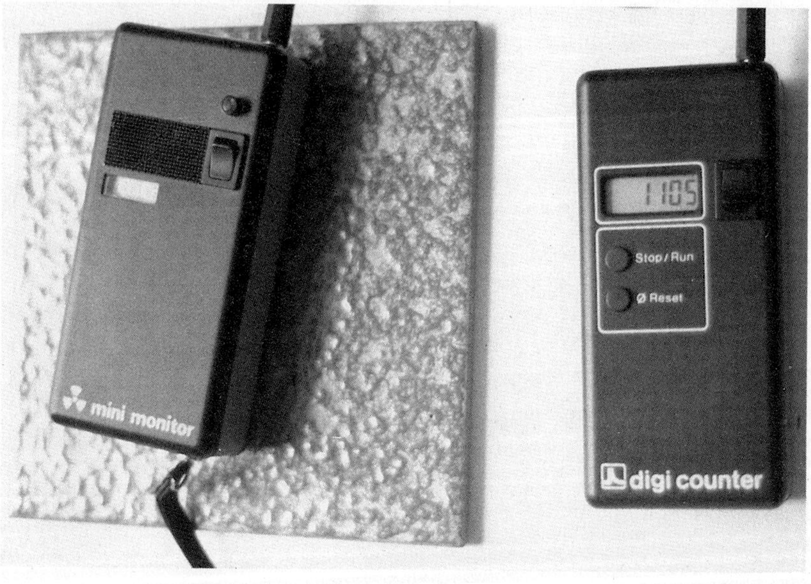

Ein Geigerzähler mißt auf seiner Unterseite die radioaktive Strahlung einer Fliese. Der angeschlossene Rechner, rechts im Bild, zählt die Impulse.

Fliesen

Diese keramischen Erzeugnisse bestehen aus einer Trägerschicht und einer Glasur. Diese Glasuren bestehen aus oxidischen Zusammensetzungen unterschiedlichster Machart.

So können sie Aluminium, Arsen, Blei, Bor, Cadmium, Calcium, Chrom, Kalium, Kobalt, Kupfer, Lithium, Magnesium, Mangan, Natrium, Nickel, Phosphor, Schwefel, Selen, Strontium, Titan, Uran, Zink oder Zinn, um nur einige zu nennen, enthalten.

Je nach Konsistenz und Porenbildung der Fliese können so über Jahre Schwermetalle und toxische Ausdünstungen der oxidischen Verbindungen an die Raumluft abgegeben werden.

Einige Glasuren enthalten radioaktive Stoffe. Vor allem bei Fliesen, die vor 1968 produziert wurden, kann häufig eine relativ hohe radioaktive Strahlung nachgewiesen werden. Die Strahlung gelangt mit dem Radon und dessen Zerfallsprodukt in die Zimmerluft und über die Atemwege dann in die Lungen.

Die Glasuren der Fliesen sind im Regelfall so gemischt, daß sie gegen Luft- und Raumfeuchte resistent sind.

Es kommt daher schon durch die Glasur zur Atmungsinaktivität der Wand. Durch die Vorbehandlung des Untergrundes, der eine Absperrung gegen Feuchtigkeit beinhaltet, wird die atmungsunfähige Konstruktion perfekt.

Nur Fliesen, deren Glasuren einen hohen Anteil an Alkalisilikaten haben, sind atmungsaktiv. Dafür muß man aber dann damit leben, daß diese Glasuren Alkalihydroxide und -carbonate »ausatmen«.

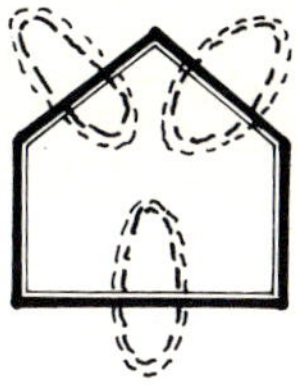

Durch die mineralischen und metallischen Glasurbestandteile, die bei Temperaturen bis zu 2000° gebrannt werden, ist eine Strahlendurchlässigkeit nicht oder nur sehr gering und gebrochen gegeben.

Wenn ein Raum bis zur Decke mit Fliesen ausgestattet ist und kein Luftaustausch stattfinden kann, ist eine Reduzierung der Fliesenfläche empfehlenswert.

Im unmittelbaren Naßbereich gibt es allerdings für glasierte Fliesen keine baubiologischen Alternativen.

Durch die Atmungsinaktivität der Fliesen können sich in den Fugen durch Feuchtigkeit und Wärme Bakterien und Pilze sammeln, deren Sporen in die Luft gelangen und Pilzerkrankungen, sogenannte Mykosen, wie auch Allergien auslösen.

In älteren Fliesenklebern ist häufig als Füllstoff Asbest verwendet, der eindeutig krebserzeugend ist und Asbestose verursachen kann. Vorsicht ist auch bei den heute verwendeten Asbestersatzstoffen geboten, bei denen Epidemologen bereits erste Vermutungen über eine mögliche karzinogene Wirkung aussprachen.

Toxische Ausdünstungen können durch Untersuchungen der im Anhang aufgeführten Institute festgestellt werden. Diese Werte lassen sich nicht mit der Gasspürpumpe messen. Radioaktive Strahlungen können mittels Geigerzähler bestimmt werden. Bei zu hohen Werten ist ein Austausch sinnvoll. Geringe Abhilfe schafft auch ein häufiges Lüften, bei dem dafür gesorgt werden muß, daß sich die gesamte Raumluft innerhalb einer Stunde drei- bis viermal austauscht.

Decken

Bei Decken haben wir zu einem Teil die gleichen Materialien, die wir schon an den Wänden vorgefunden haben.

Um nun Wiederholungen zu vermeiden, werden bereits bewertete Materialien hier nur ganz kurz erwähnt und auf die entsprechende Kommentierung im Themenbereich »Wand« verwiesen.

Deckenkerne

Stahlbetondecke

Die Eigenschaften von Stahlbeton sind bereits auf Seite 31 beschrieben. Stahlbeton ist eine sehr starre, »Venen unfreundliche« Deckenkonstruktion. Sie hat keinerlei Schwingfähigkeit, und überansprucht so als unnachgiebiger Gehbelag die Beinmuskulatur, mit der Wirkung, daß beim Gehen der Tritt sofort über den Fuß in die Beinmuskulatur zurückgeleitet wird.

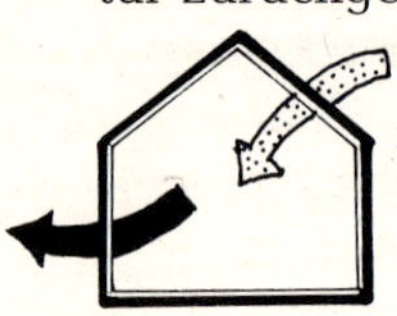

Die Fähigkeit der Dampfdiffusion ist äußerst mangelhaft. Beton gehört zu der Gruppe der Hartbaustoffe, die für Strahlen undurchdringbar ist. Die Bewehrung (= Eisenstäbe in Gitteranordnung) führt zur einer verzerrten Feldwirkung, die starke geobiologische Störfaktoren bewirken.

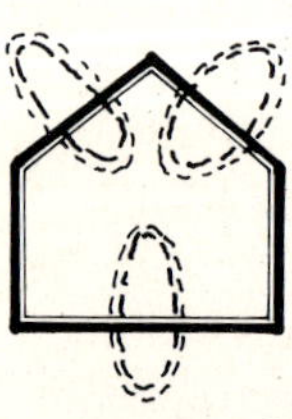

Die Staubspur auch hier, wie bei der Wand, gräulich und mittelgrob.

Zur biologischen Renovierung ist eine Belegung mit natürlichen, grundstrahlenbrechenden Baustoffen (wie z.B. Linoleum) zu empfehlen.

Zur Minderung der elektromagnetischen Strahlungsfelder ist zu prüfen, ob eine Erdung der Bewehrung durchführbar erscheint.

Fertigteilbetondecke

Diese Decken haben die gleichen Nachteile wie Stahlbetondecken: Sie haben eine sehr schlechte Dampfdiffusionsfähigkeit und sind für Strahlen undurchlässig.

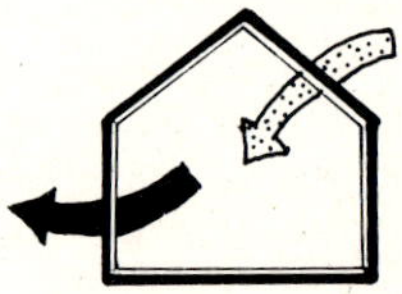

Die Überspannung der Betonelemente mit Hohlkörpern kann je nach Material weitere Nachteile bringen. Werden Bimshohlkörper verwendet, ergibt sich je nach Abbauschicht eine radioaktive Belastung (siehe Seite 29).

Holzbalkendecken

Auch hier ist bei geringstem Verdacht unbedingt zu prüfen, ob eine Behandlung mit Holzschutzmitteln erfolgte. (Näheres hierzu auf Seite 43.)

Konnte jedoch bei positivem Befund dort als baubiologische Empfehlung die Entfernung des verseuchten Holzes ausgesprochen werden, so kann bei Holzbalkendecken das so nicht ausgesprochen werden, da wir es hier mit einer tragenden Baukonstruktion zu tun haben, die im Zuge einer Renovierung nicht verändert werden kann. Hier treffen dann die Kompromißlösungen, Lüften beziehungsweise versiegelnder Anstrich zu. Die toxischen Holzschutzmittel sind jedoch erst seit etwa zwanzig Jahren auf dem Markt. Im Altbau hat man daher gute Chancen, unverseuchte Holzbalken vorzufinden.

Zwischen den Holzträgerbalken finden wir Füllungen, die nicht unbedingt etwas mit der klassischen Schüttung zu tun haben müssen.

Hochofenschlacke
ist eine lose Schüttung, aus granulierter Schlacke.

Bei dieser Hochofenschlacke ist die Radioaktivität auf jeden Fall überhöht. Noch nicht sehr alte Schüttungen sind sogar hochgradig radioaktiv. Die Schlacke besteht aus meist gleichmäßig geformten, porösen Körnern mit blaugrünlicher bis schwarzer Farbtönung. Die Radioaktivität muß mit dem Geigerzähler ermittelt werden. Bei hochgradiger Radioaktivität ist unbedingt ein Austausch vorzunehmen.

Leichtbeton
wird zwischen die Träger eingefüllt und erhärtet dort zu massiven Platten. Wie auf Seite 30 beschrieben, kann die Zementart und Bims als Zuschlagstoff zu einer erhöhten Radioaktivität führen. Leichtbeton ist wie alle Betonarten atmungsinaktiv und strahlenundurchlässig.

Schüttungen aus Sand oder Blähton
Diese Arten der Schüttung führen zu keiner Beeinträchtigung.

Deckenunterschichten

Hier haben wir ausschließlich Materialien, die wir bereits an der Wand vorgefunden haben und entsprechend unter Putze (Seite 37), Tapeten (Seite 39) und Anstriche (Seite 41) abgehandelt sind.

Deckenabhängungen
sind in Material und Wirkung identisch mit den ab Seite 32 beschriebenen Leichtbauwänden. Wenn die Hängekonstruktion aus Metall hergestellt ist, entsteht eine elektromagnetische Feldwirkung. Besteht die Urdecke dann noch aus strahlenundurchlässigem Material, werden vom elektrischen Hausnebel Induktionswirkungen hervorgerufen, die zu gesundheitlichen Beeinträchtigungen führen können.

Generell beeinträchtigen abgehangene Decken die notwendige Luftzirkulation im Raum und vermindern den Austausch bei atmungsaktiven Urdeckenkonstruktionen.

In Kombination mit einer Heizungsart, die in starkem Maße Raumluft umwälzt (Konvektoren- und Radiatorenheizungen), ist die Schadstoffkonzentration der Raumluft unterhalb der abgehängten Decke wesentlich höher.

Aus baubiologischer Sicht können abgehangene Decken nur in Ausnahmefällen befürwortet werden.

Dekorplatten
Zur Imitation von klassischen Bauteilen, wie Stuckornamente oder auch Holzbalken, werden derartige Gebilde an die Decke geklebt. Aber auch »modernes Design« und die Funktionalität als Schalldämmung sind möglich. Diese Dekorteile, die auch unter Tapete oder Putz liegen können, bestehen entweder aus weißem Polystyrol oder aus Kunststoffformteilen.

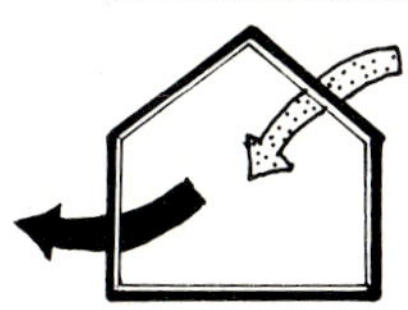

In beiden Fällen wird eine Atmungsfähigkeit total unterbunden. Bestehen sie aus Polystyrol, können sie Styrol ausgasen (siehe hierzu Seite 33). Ferner ist ein Abgasen von Vinylchlorid und Formaldehyd möglich.

Diese Dekorteile sollten unbedingt entfernt werden.

Boden

Unterböden

Auch hier stoßen wir wieder auf eine Reihe bereits bekannter Materialien:

Die Feuchtigkeitssperre auf Betonböden ist identisch mit der Dampfsperre bei Leichtbauwänden (Seite 35).

Eingebrachter Leichtbeton hat die gleichen Merkmale, wie bei Wandkonstruktionen (Seite 30) oder Füllmaterial in Holzbalkendecken (Seite 47).

Die hier ausgelegten Dämmstoffe, inklusive der Hartschaumplatten, sind identisch mit denen, die wir bei den Leichtbauwänden abgehandelt haben (Seite 32).

Auch die Verlegeplatten sind die gleichen, die dort beschrieben wurden.

Neu für uns sind daher nur die Estriche und die Materialien der Trockenschüttung.

**Hier der typische Aufbau der schwimmenden Estrichverlegung.
Unten ein Boden aus Leichtbeton. Darüber und zur Wandabgrenzung (links) Mineralwolle. Darauf »schwimmt« dann der Estrich. Hier ein Zementestrich.**

Ein Estrich wird in erster Linie auf einem Rohboden eingezogen. Von der Konstruktion her werden Estriche unterteilt in Verbundestriche und schwimmende Estriche. Beim Verbundestrich schließt der Estrich direkt an die Wand an. Beim schwimmenden Estrich liegt dieser auf Dämmaterial und hat so weder mit dem Rohboden, noch mit der Wand Kontakt.

Bei der Renovierung sollte ein Verbundestrich aufgrund der unmittelbaren Übertragung des Schalls auf alle Bauteile, die er berührt, ersetzt werden oder durch eine zusätzliche Unterbodenkonstruktion »außer Funktion« gesetzt werden.

Vom Material her gibt es zwei Versionen von Estrichen:

Zementestrich

Von der Materialbeschaffenheit ist der Zementestrich dem Beton gleichzusetzen (siehe Seite 30). Je nach Zementart kann er hier über eine noch höhere Radioaktivität verfügen, da die anderen Binde- und Zuschlagstoffe im Zementestrich einen geringen Anteil haben.

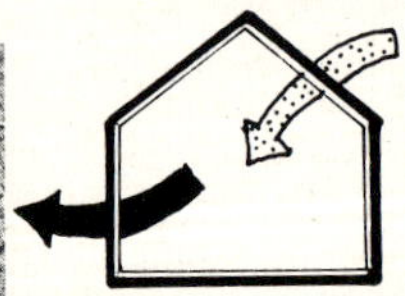

Zementestriche sind diffusionshemmend. Sie weisen eine hohe Wärmeleitfähigkeit auf und werden daher als sehr fußkalt empfunden.
Wenn der Estrich als Verbundestrich ausgeführt ist, verfügt er über keine Schwingfähigkeit und überanspruchт so als unnachgiebiger Gehbelag die Beinmuskulatur. Der Staub hat eine hellgraue, mittelfeine Mehlkonsistenz.

Trockenestrichplatten

Diese Estrichversion besteht aus Gipsverlegeplatten. Insofern sind sie identisch mit den auf Seite 29 abgehandelten Gipsplatten. Sofern auch hier Chemiegips zur Endlagerung aus der Rauchgasentschwefelung verwendet wird, geht von diesen Platten eine erhöhte Radioaktivität aus. Als Verbundelemente haben diese Estrichplatten eine Polystyrolbeschichtung, deren Bewertung mit der einer Polystyroldämmung (siehe Seite 33) vergleichbar ist. Hat die Prüfung mit dem Geigerzähler eine erhöhte Radioaktivität nachgewiesen, ist die Entfernung der Trockenestrichplatten angeraten.

Spanplatten

können ebenso als Trockenestrichplatten verwendet werden. Hier besteht der Verdacht der Formaldehydabgabe bei den Spanplatten E2 und E3 (siehe Seite 36). Ferner werden diese Platten als Trockenestrichversion meist mit einer Schutzschicht als Feuchtesperre versehen. Diese Schicht besteht meist aus einer Polystyroldämmung, wie auf Seite 33 beurteilt.

Bei Verdacht auf toxische Ausdünstungen sollten diese Platten unbedingt entfernt werden.

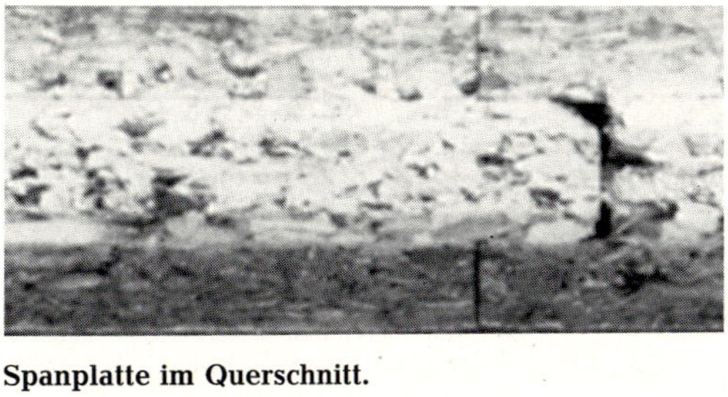

Spanplatte im Querschnitt.

Trockenschüttung

Unter Schüttungen in Holzbalkendekken war die Unbedenklichkeit von Sand und ungehandeltem Blähton erwähnt. Bei Trockenschüttungen auf Rohböden wird das Schüttungsmaterial jedoch meist behandelt, um Feuchtigkeit abzuhalten, beziehungsweise eine Wärmedämmung mit einzubeziehen.

Bitumen

wird häufig als Überzug für das Schüttungsmaterial verwendet, da es feuchtigkeitsundurchlässig ist. Vor allem Perlit wird häufig mit Bitumen überzogen.

Bitumen ist eine teerartige Masse, die aus einem Kohlenwasserstoffgemisch besteht und von der vermutet wird, daß sie eine krebserzeugende Wirkung hat. Zudem sind bituminierte Flächen in keiner Weise atmungsaktiv. Bituminierte Trockenschüttungen sollten entfernt werden.

Ein bituminiertes Schüttgut.

Bodenbeläge

Fest zur Bausubstanz gehörende Bodenbeläge sind im Prinzip nur Holzdielenböden bei Holzbalkendecken und Natursteinböden, die meist auf alten Stahlbetondecken oder auf Kellerdecken eingebracht wurden.

Holzdielen
sind meist mit Anstrichen und Lacken, zum Glück selten mit Holzschutzmitteln versehen. Eine Beurteilung der Anstrichmaterialien wurde bereits auf Seite 41 gegeben.

Bei Verdacht auf die Verwendung von Holzschutzmitteln ist eine Laboruntersuchung, wie auf Seite 43 beschrieben, dringend angeraten. Gerade bei Holzbalkendecken hat man die beste Gelegenheit, die Atmungsaktivität der Wohnung erheblich zu steigern. Daher ist die Entfernung der unbiologischen Anstriche der Holzdielen sinnvoll.

Naturstein
Beläge aus Naturstein können mitunter eine erhöhte Radioaktivität aufweisen. Besonders bei Basaltgestein ist die radioaktive Strahlung erheblich.

Eine Prüfung mit dem Geigerzähler ist bei allen Steinböden angeraten.

Bei überhöhter Radioaktivität sollte der Boden entfernt werden, auch wenn das schon eher Sanierung als Modernisierung ist.

Fußbodenbeläge

Eine wesentliche Quelle für die Schadstoffbelastung der Innenraumluft können Fußbodenbeläge sein.

Bisher noch unzulängliche Forschungen lassen die genaue Bewertung des gesundheitlichen Risikos durch das Zusammenwirken der verschiedenen Schadfaktoren noch nicht zu.

Aus den nachfolgenden Bewertungen der einzelnen Fußbodenbeläge lassen sich aber klare Empfehlungen ableiten.

Teppichböden
Die suggerierte behagliche Atmosphäre, die die Teppichbodenproduktion auf 200 Mio m^2 im Jahr wachsen läßt, verkehrt sich ins Gegenteil und muß als gesundheitliche Gefährdung gesehen werden.

Teppiche sind bevorzugte Aufenthaltsorte für Luftkeime und andere Feinpartikel. Die im Teppichboden lebende Hausstaubmilbe ernährt sich von Hautschuppen der Menschen und sondert dabei Stoffwechselprodukte ab, die sowohl bei Menschen als auch bei Tieren Allergien und Asthma auslösen können. Bis zu 10000 Milben tummeln sich im Extremfall in einem Gramm Hausstaub.

Bei hoher Temperatur und hoher Feuchtigkeit in einem Zimmer nimmt die Zahl der Spinnentiere explosionsartig zu.

Bei täglichem Saugen ist der Luftkeimgehalt zwar geringer als bei Hartböden, aber die Schwebstaubkonzentration ist erhöht.

Wird jedoch nur jeden dritten Tag gesaugt, stellt der Teppichboden einen Sammler für Verunreinigungen dar.

Das Problem liegt beim Saugvorgang eines normalen Staubsaugers, der zwar schwerere Schmutzteile erfassen kann, aber die leichten Staubpartikel nur hochwirbelt.

Teppichböden aus Synthetikfasern

Für das Leben der Hausstaubmilben sind diese Böden genauso ideal wie textile Teppichböden. Zusätzliches Problemfeld schafft der Trägerrücken.

Wenn die Rückenbeschichtung Syntheseschaum enthält, werden häufig chlorierte Kohlenwasserstoffe in erheblichem Umfang freigesetzt, die eine toxische Wirkung haben.

Gleiches gilt für PVC-Beschichtungen, (Styrol-Butadien-Latex), denen oft Weichmacher zugesetzt sind. Als man eine kanzerogene Wirkung im Tierversuch beobachtete, bestritten eiligst industriefinanzierte Forscher ähnliche Effekte beim Menschen.

Der Belag läßt keine Atmung zu. In der Unterbodenkonstruktion entstehen Bakterien, die durch den Randbereich an die Innenraumluft übertragen werden. Reichlich Nahrung bieten zudem die Weichmacher den Mikroorganismen. Teppichböden aus Synthesefasern sind elektrostatische Nichtleiter oder Isolatoren, bei Reibung oder Berührung erfahren sie eine elektrostatische Aufladung.

Die Entfernung dieses Bodenbelages ist unerläßlich.

Kunststoffbeläge

Bei normalen Kunststoffbelägen sind toxische Ausdünstungen im Normalfall gering, was aber nicht bedeutet, daß Kunststoffbeläge über keine Toxizität verfügen. Je nach verwendeten Substanzen, wie zum Beispiel Epoxidharze zur Oberflächenstabilisierung oder auch diverse Zusätze zu den Kunstharzen, gelangen die giftigen Substanzen über Hautkontakt oder Atemwege in den Körper. Bei der Produktion dieser Kunststoffe und bei Brand entsteht eine hohe toxische Gasentwicklung. Kunststoffbeläge sind elektrostatische Nichtleiter oder Isolatoren, bei Reibung oder Berührung erfahren sie eine elektrostatische Aufladung.

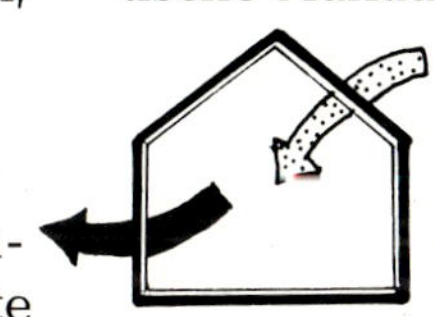

Kunststoffbeläge sind absolut atmungsinaktiv. Durch die Beläge kommt es zu einer erhöhten Cadmiumkonzentration im Hausstaub.

Eine Möglichkeit zur Unterbindung dieser Aufladung ist, sie mit Bienenwachs als Fängersubstanz zu wachsen.

Ratsam ist aber ein Austausch dieses Belages.

PVC-Beläge

Dieser Bodenbelag ist als Weich-PVC-Ausführung sehr gefährlich. Diese Beläge bestehen bis zu 55 % aus Weichmachern und Lösungsmitteln. (Jährlich werden ca. 20000 Tonnen des Weichmachers »DEHP« in PVC-Bodenbelägen ausgerollt.)

Bei Weich-PVC-Belägen wird eine kanzerogene Wirkung vermutet.
Bei Brand entwickeln alle PVC-Arten hochgiftige Dämpfe.

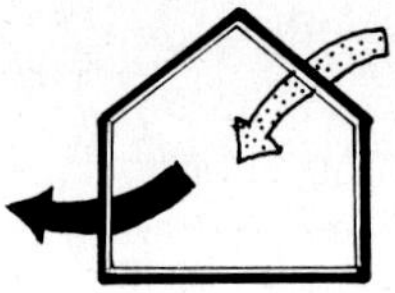

PVC-Beläge bilden eine absolut atmungsinaktive Schicht. Je nach Ausführung des Trägerrückens wird die Unterschicht des Belages zum Tummelplatz von Mikroorganismen, die durch die Spalten an den Wänden auch in die Raumluft gelangen.

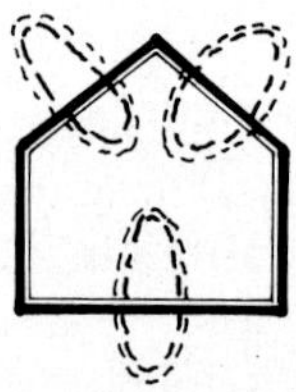

Wie alle Kunststoff- oder Synthetikbeläge laden sich PVC-Beläge elektrostatisch sehr stark auf.

Um PVC-Böden zu bestimmen, sind ein Stückchen Kupferdraht, eine Wäscheklammer und ein Campingkocher erforderlich. Der mit der Wäscheklammer gehaltene ausgeglühte Kupferdraht wird so lange in den Belag getupft, bis der Kunststoff am Draht kleben bleibt. Beim Verbrennen über dem Campingkocher läßt eine rußende, gelblichgrüne Flamme mit einem meist der Salzsäure ähnlichen Geruch auf Weich-PVC schließen.

Die vermutete kanzerogene Wirkung läßt nur einen Austausch zu.

Holz- und Parkettböden

Holz ist ein absolut biologischer Baustoff. Von daher also keinerlei Einwendungen. Probleme schaffen jedoch die verwendeten Kleber und die

Versiegelung

Bei der Versiegelung von klassisch verlegten Parkettböden werden Polyurethane, Isocyanat-Polyester, Epoxidharze oder Polyamidlacke verwendet.

Diese Stoffe setzen Formaldehyd frei, das in Verdacht steht, eine kanzerogene Wirkung zu haben. Zudem enthalten diese Versiegelungsmittel häufig chlorierte Kohlenwasserstoffe, die sich im Körper im Fettgewebe, Leber und Nieren ablagern. Man kann sie als Nervengifte bezeichnen, die neben allergischen Reaktionen auch zu psychischer Veränderung führen können.

Bei den Fertigparkettarten werden daher Versiegelungen mit Acryllacken hergestellt, bei denen die Gefahr toxischer Ausdünstungen nicht besteht.

In Bezug auf eine Atmungsaktivität haben sie jedoch die gleichen schlechten Eigenschaften, wie alle anderen Versiegelungsarten: sie lassen keinerlei Atmung zu. Kunststoffversiegelungen führen ebenso zu starken elektrostatischen Aufladungen.

Wenn die Deckenausführung und Unterbodenkonstruktion für unsere Belange brauchbar ist, können diese Kunststoffversiegelungen abgeschliffen werden.

Bei Fertigparkettarten hat das jedoch nur einen Sinn, wenn die Schichten unter dem versiegelten Belag massiv aus Holz sind.

Keramikbeläge

Die Gruppe der als Bodenbelag geeigneten Fliesen ist erheblich geringer als die unter der Rubrik Wand (Seite 45) abgehandelten Fliesen.

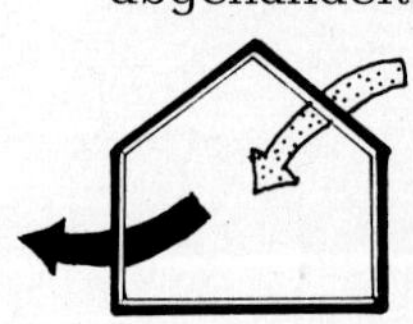

Alle glasierten Bodenfliesen zeichnen sich dadurch aus, daß sie völlig atmungsinaktiv sind.
Ein Entfernen ist jedoch nur sinnvoll, wenn dadurch ein atmungsaktiver Boden freigelegt wird.

In Naßräumen, z. B. Badezimmern, ist ein Entfernen kaum zu empfehlen, da hier diese Keramikbeläge einen Nässeschutz bilden, der mit baubiologischen Ausführungen so nicht hergestellt werden kann.

Nähere Ausführungen hierzu auf Seite 172 und 186.

Asbesthaltige Fußbodenbeläge

Diesen üblen Bodenbelag finden wir als Plattenbelag vor. Er läßt sich erkennen an der grauen Faserstruktur, die sich unter der Dekoroberfläche befindet.

Die Platten bestehen aus einem Gemisch von Vinyl und Asbest.

Je nach Oberfächenstruktur, der als Stabilisierung des Weich-PVC eingesetzt wird, setzt der Belag ständig lungengängige Feinpartikel frei.

Diese Feinstäube gelangen dann über die Raumluft in die Atemwege und setzen sich in der Lunge fest. Diese Asbeststäube haben eine starke, krebserzeugende Wirkung.

Die Atmungsaktivität hängt von der jeweiligen Beschichtung der Oberfläche ab und kann entsprechend gering sein.

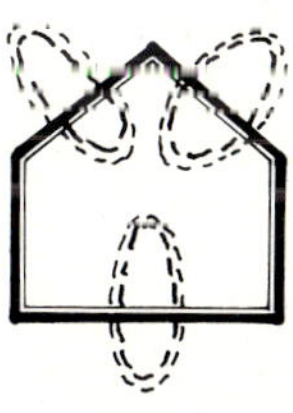

Eine elektrostatische Aufladung ist bei einer Epoxidharz- oder PVC-Beschichtung sehr hoch.

Wegen der Gefahr der Aufwirbelung der lungengängigen Feinpartikel können Asbestbeläge nicht ohne katastrophenschutzartige Kleidung und anschließender Entseuchung der Wohnung herausgenommen werden.

Als Eigeninitiative kann nur deren Oberfläche mit Wasserglas gebunden und mit einem anderen Belag überdeckt werden.

Der Verbund des Bodenbelages mit dem Untergrund geschieht häufig mittels Verklebung. Hierbei werden Kleber dann großflächig angewandt und haben eine entsprechend große Auswirkung auf die Raumluft und die Intensität der Gesundheitsschädigung.

Lösungsmittel,

die den meisten Klebern beigemischt sind, wirken sich gesundheitsgefährdend aus und gelangen noch nach Jahren in die Atemwege.

Eine ausführliche Bewertung der Lösungsmittel steht auf Seite 41.

Kleber

Bestandteile von Klebern können sein: Epoxidharze und synthetische Kautschuke; diese beinhalten eine Styrol-Butadien-Verbindung, die in hohem Maße gesundheitsschädlich ist.

Kunstharze: Die meisten gasen Formaldehyd aus, das zu Haut-, Augen- und Atemwegsreizungen führt.

Polyurethane: Die darin enthaltenen Isocyanate können zu Allergien führen.

Diese Kleber sind bei der biologischen Renovierung restlos zu entfernen.

Spachtelmassen

bestehen aus Epoxidharz, Acrylharz und anderen Kunststoffen.

Sie können Kontaktallergien auslösen und sind krebsverdächtig; ferner können sie zu Schwindel und Kopfschmerzen beitragen.

Fenster und Türen

Nach dem Einbau neuer Fenster mit hermetisch schließenden Gummi- oder Kunststoffdichtungen taucht immer wieder das Problem auf, daß die Wände feucht werden. Beginnt es hier insbesondere in den Ecken, dehnen sich feuchte Flecken auf der Wand weiter aus.

Hinter dem Schrank wird es stockfleckig. Nach einiger Zeit kommt zu der Feuchtigkeit noch eine grünlich-schwarze Verfärbung: die Schimmelpilzbildung beginnt. Die Wohnung wird unhygienisch.

Dieses Phänomen taucht in immer mehr Wohnungen auf.

Das Prinzip des kontrollierten Wohnungslüftens: Den Schlaf- und Wohnräumen wird Lüftung zugeführt, den sogenannten Naßräumen und der Küche wird Luft entzogen. Die Folge ist eine ständige Luftbewegung, die schnell zur Zugluftbildung führt.

Energiesparfenster

Diese heute üblichen Fenster zeichnen sich dadurch aus, daß die Fugendichtungen keinerlei Luft mehr durchlassen. In Verbindung mit atmungsinaktiven Raumflächen kann somit keinerlei Luftaustausch mehr erfolgen.

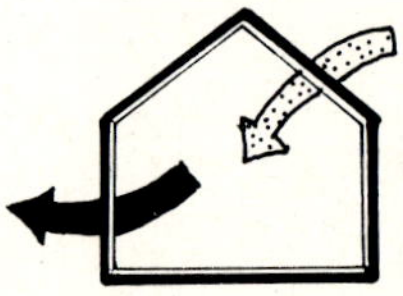

Durch den Verlust der Fugenlüftung an den Fenstern wird das Austauschvolumen der Raumluft empfindlich reduziert. Wenn dann auch noch die Außenwände über keine ausreichende Atmungsfähigkeit verfügen, bricht das Luftklima in der Wohnung zusammen.

Eine stete Erhöhung der Raumfeuchtigkeit und der Schadstoffbelastung der Raumluft sind die Folge.

Ein ständiges Offenhalten der Fenster würde zwar Abhilfe schaffen, bildet dafür aber Zugluft, die ebenso der Gesundheit abträglich ist.

Seitens der Industrie versucht man, das Problem durch »kontrollierte Wohnungslüftung« zu regulieren. Hierbei wird den Aufenthaltsräumen mechanisch Luft zugeführt und den Naßräumen entzogen.

Diese Entwicklung würde die Innenraumluftqualität wesentlich weiter verschlechtern und die baubiologischen Anstrengungen zunichte machen.

Bei massiven Holztüren ist eine Bestimmung der Oberflächenbehandlung vorzunehmen (siehe Seite 41—44).

Die typischen Konstruktionen nicht massiver Türen: Die Felder werden, wie links abgebildet, leer gelassen, oder, wie rechts dargestellt, mit Dämmaterial, meist beschichtete Pappen, gefüllt. Die Verkleidung besteht aus furnierten Platten. Das innere Kantholz (links am Rahmen) dient zur Aufnahme des Türgriffs und des Türschlosses.

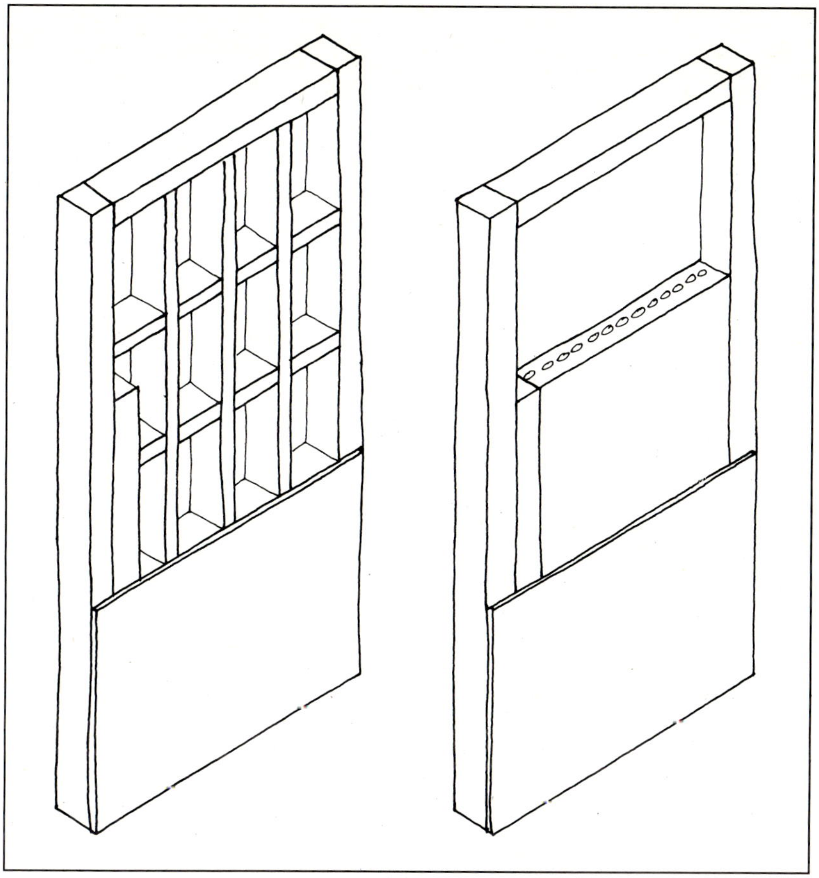

Spanplattentüren

Bei diesen furnierten Türblättern ist eine Formaldehydabgabe zu befürchten ist. Neben der Schadstoffabgabe erfüllen sie nur unzureichend die Funktion der Schallabsorbierung. Schlußendlich haben sie keinen eigenen Charakter, weil sie nicht den Kriterien der Materialechtheit entsprechen.

Kunststofftüren

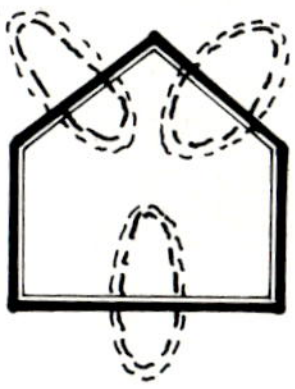

bzw. Türen mit Kunststoffbeschichtung regen als sehr dichtes Material die kosmische und terrestrische Strahlung zur Sekundärstrahlung an.
Durch diese Sekundärstrahlung wird die Luft dauernd elektrisch aufgeladen, was sich in Müdigkeit oder Beeinträchtigung der Leistungsfähigkeit äußern kann.

Asbest-Zement

Asbest kann in der Wohnung direkt enthalten sein, wie wir bei der Auflistung der Fußbodenbeläge feststellen mußten.

Aber auch Spachtelmassen, Fensterkitte und Fliesenkleber können Asbest enthalten.

Das gefährliche an Asbest ist die Freisetzung von Feinststäuben.

Daher muß unbedingt neben der Wohnung auch die Umgebung nach diesem Material hin untersucht werden: Seit Jahrzehnten werden Asbest-Zement-Dächer gedeckt und Fassaden- oder Wandbeschichtungen mit Asbest geschmückt.

Die Verwitterung nimmt zu, feinfasrige Teile werden an die Umgebung abgegeben und gelangen so auch in asbestfreie Wohnungen.

Je kleiner die Staubpartikelteilchen, desto tiefer dringen sie in die Atemwege. Sie können allergische Veränderungen der Schleimhäute hervorrufen, die oberen Atemwege verstopfen und krebsauslösend sein. Bronchitis, Kopfschmerzen, tränende Augen können weitere Symptome sein.

Asbesthaltige Beschichtungen sollten entfernt werden, in Form einer fachgerechten Entsorgung, das heißt ohne große Staubentwicklung.

Vorsicht ist auch bei den heute verwendeten Asbestersatzstoffen geboten, bei denen Epidemologen schon erste Vermutungen einer kanzerogenen Wirkung aussprachen.

Einbaumöbel und Einrichtungsgegenstände

Schrankmöbel, Bettgestelle, Tische oder Teile dieser Möbel werden vornehmlich aus kunststoffbeschichteten oder furnierten Spanplatten hergestellt (siehe hierzu auch »Spanplatten«, Seite 36 und »Anstriche«, Seite 41).

Diese Formaldehyd freisetzenden und isocyanathaltigen, atmungsinaktiven Beschichtungen und Platten verschlechtern die Qualität der Innenraumluft erheblich.

Als Einzelbetrachtung dieser Oberflächen kann konstatiert werden, daß sie Allergien, Schwäche und Müdigkeit, Kopfschmerzen, Veränderung des Erbgutes, Krebs, Schleimhautreizung und andere Krankheitssymptome bewirken.

Eine mangelnde Feuchtigkeitsregulierung des Materials wirkt sich auch bei Polstermöbeln und Matratzen ungünstig aus: es kommt zum Feuchtestau durch den vom Körper abgegebenen Wasserdampf, der ungenügend abtransportiert wird.

Durch die mangelnde Atmungsfähigkeit entwickeln sich Bakterien, Milben und Motten in dem feuchtwarmen Milieu, die Ursache für Allergien, Asthma und Schleimhautreizungen sind.

Die hohen elektrostatischen Aufladungen wirken nachhaltig auf unser Nervensystem und verändern den Ionengehalt negativ. Durch diese Aufladung kommt es zur erhöhten Staubbindung mit Schwitzwasserbildung, was zusammen eine unhygienische Grundlage für Keime schafft.

Ein typisches Beispiel zeigt die nachfolgende Skizze eines Schlafzimmers, in dem der Kopf in einem Formaldehydsystem unter Einwirkung mehrerer Elektroinstallationen liegt.

Die hier dargestellte Situation ist recht häufig. Die kunststoffbeschichteten Spanplatten des Wandschrankes haben ein hohes elektrostatisches Aufladevermögen. In der Nische unmittelbar über dem Bett kann es zu einem Formaldehydstau kommen, da diese Nische von der Luftbewegung des Raumes nur schlecht erfaßt wird. Die elektromagnetischen Feldwirkungen durch Radio, Wecker, Lampe und Elektroinstallation bilden weitere Streßfaktoren, die durch die Eisengitterkonstruktion für das Matratzenlager des Bettes noch verstärkt wird. Eine solche Situation kann sich verheerend auswirken.

Im Schrank verwendete synthetische Mottenpräparate und Imprägnierungen (Eulan) der Matratze gegen Ungeziefer sind hoch toxisch.

Erwiesen ist, daß beim Sitzen oder Liegen auf Möbeln aus Kunststoff die Pulsfrequenz steigt und die Atmung rascher wird.

Durch das Leben in einer Kunststoffumwelt wird der Körper gezwungen, andere Regelmechanismen zur Aufrechterhaltung des thermischen Gleichgewichtes einzusetzen, als das durch Naturstoffe notwendig wäre.

Das Verhängnisvolle aber liegt darin, daß bei Produkten, die giftige Gase abgeben, sich diese Schadstoffe in den Materialien der Raumausstattung über Jahre hinaus sammeln und in ihrer Kombinationswirkung unerforscht das menschliche Immunsystem schwächen.

Denkt man dann noch an Fernseher, Gardinen, Badewannen, Schaumstoffpolsterungen, an monotone Einbauküchen und Haushaltsgeräte, die aus Vinylchlorid hergestellt sein können und damit auch Spuren von Dioxin, Furanen und ihren chemischen Verwandten enthalten (so ein Untersuchungsergebnis von Prof. Dietrich Hehtschler), erahnt man die Tragweite der schädigenden Auswirkung.

Wie wirken z. B. Salate auf den Organismus, die auf einer PVC-beschichteten Arbeitsplatte zubereitet werden?

Vielleicht setzt schon ein heißer Topf, der auf einer Kunststoffplatte steht, erbgutverändernde Schadstoffe frei.

Prüfgeräte

Um gasförmige Verunreinigungen der Raumluftkonzentration, radioaktive Strahlungen oder elektromagnetische Felder aufzuspüren, werden Prüfgeräte als Hilfmittel eingesetzt. Um Messungen durchzuführen, müßten jedoch Fachinstitute, Beratungsstellen oder Ingenieurbüros beauftragt werden, deren Adressen im Anhang zu finden sind.

Bisher gibt es noch keine Möglichkeit, diese Geräte auszuleihen.

Gasspürgerät

Diese Gasspürpumpe mit dem jeweils für die Meßaufgabe gewählten Prüfröhrchen saugt eine durch Kettenzug und Pumpenanzahl geeichte Luftmenge ein. Die entsprechend präparierten Röhrchen geben auf der Anzeigenskala die Konzentration an. Messen lassen sich z. B. Phenole, Vinylchloride, Styrole, Kohlendioxid, Kohlenmonoxid, Toluole, Formaldehyd und anderes.

Hierzu Näheres im Kapitel »Wohnklima/Luftklima« (ab Seite 71).

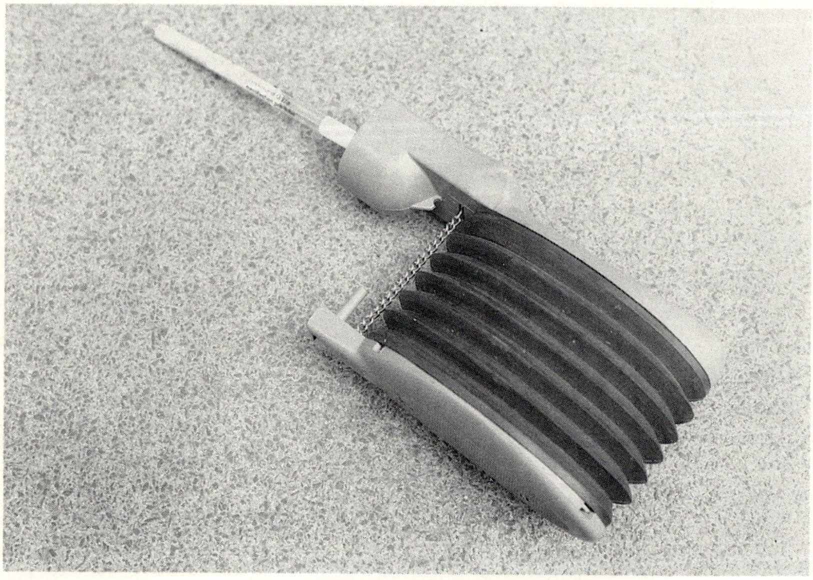

Dieses Meßgerät, eine Gasspürpumpe, wird zur Ermittlung der Raumluftkonzentration einzelner Emissionsstoffe benötigt. Für jeden Stoff, zum Beispiel Formaldehyd, muß ein entsprechendes Prüfröhrchen aufgesteckt werden, wie hier links oben im Bild erkennbar.

Feuchtigkeit

Die relative Luftfeuchtigkeit läßt sich durch ein Hygrometer bestimmen, das bei Austausch des Sensors auch zur Temperaturmessung benutzt werden kann.

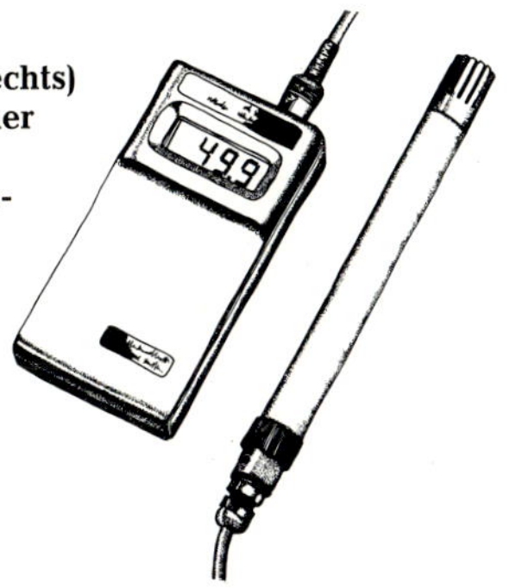

Das Hygrometer (rechts) ist mit einem Rechner gekoppelt, der die Werte der Luftraumfeuchte angibt.

Radioaktivität

Der abgebildete Geigerzähler ist mit dem angeschlossenen Zählgerät geeignet zum Nachweis radioaktiver Strahlen. Das Foto zeigt den Einsatz bei der Strahlungsbestimmung einer Fliese. Die Anzeige erfolgt mit optischem oder akustischem Signal und mit Wertangabe auf dem Zählgerät.

Formaldehyd

Zur eigenen Bestimmung des Formaldehydgehalts ist ein System entwickelt worden, bei dem die von einem Passivsammler nach acht Stunden Meßdauer angezeigte Konzentration mit einer Farbskala bestimmt werden kann.

Diese einfache Meßeinrichtung ist auch zur Bestimmung der Formaldehydkonzentration geeignet. Der Passivsammler muß über acht Stunden im Raum aufgestellt werden. Der präparierte Teststreifen verfärbt sich je nach Konzentration. Der Konzentrationswert kann anhand einer mitgelieferten Farbskala bestimmt werden.

Dieses Meßgerät mißt die radioaktive Strahlung. Es ist eine Kombination aus Geigerzähler (rechts) und angeschlossenem Rechner, der die Belastung angibt.

Elektromagnetfeldsonde

Um die elektromagnetischen Felder in der Wohnung aufzuspüren, gibt es die Möglichkeit des Einsatzes einer Magnetfeld- bzw. Elektrofeldsonde, die auch im Foto abgebildet ist.

Die gemessenen Feldstärkenwerte sind auf dem Zeigerinstrument abzulesen.

Näheres in den Kapiteln »Wohnklima/ Elektroklima« (ab Seite 71) und »Haustechnik« (ab Seite 219).

Messung der geobiologischen Störfelder

Hierzu wird eine Wünschelrute oder eine »Lecher-Antenne« eingesetzt, die durch Verändern der Schiebevorrichtung bzw. der Grifflänge bestimmte Frequenzen aufspürt und exakte Werte liefert. Als Ergebnis können die geeigneten Orte für dauernde Aufenthaltsplätze bestimmt werden. Näheres im Kapitel »Wohnklima/Elektroklima«.

Dieses Meßgerät erfaßt die elektrischen Felder und gibt ihre Stärke in Volt pro Meter (Einheit V/m) an.

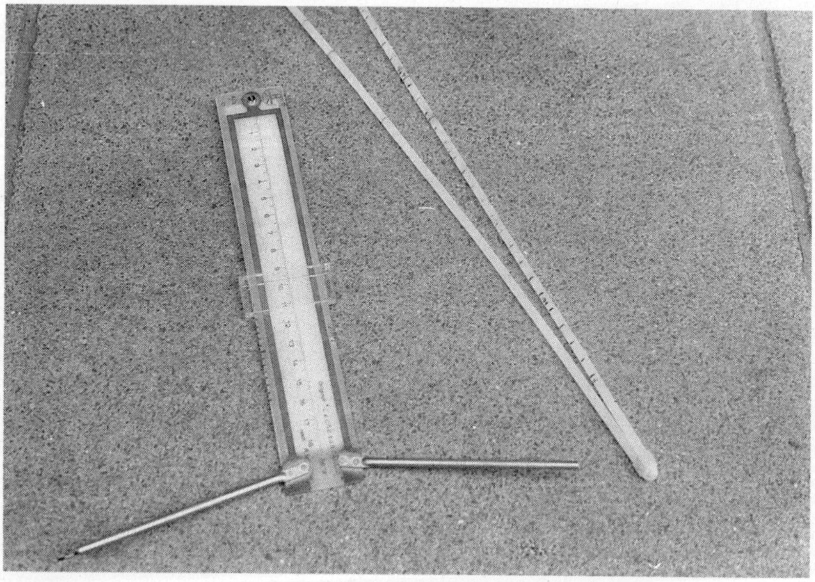

Diese Meßgeräte sind erforderlich zur Bestimmung von geobiologischen Störfaktoren. Links im Bild die Lecher-Antenne, rechts eine Wünschelrute.

Wohnklima

Neben der Bauart und den Baustoffen, die zusammen das Hausklima bilden, wird unser Wohnklima von den Luft-, Feuchte-, Elektro- und Temperaturklimaten bestimmt. Alle zusammen stehen in wechselseitiger Beziehung.

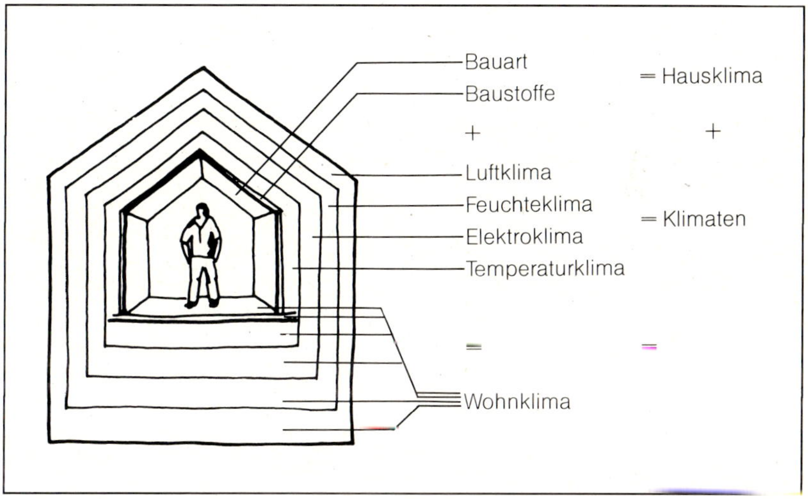

Wie wir bereits gesehen haben, ist der Wohnwert und seine biologische Wirkung entscheidend von den Baustoffen und der Bauart abhängig, sie bestimmen das Hausklima. Dieses Hausklima steht wiederum in wechselseitiger Beziehung mit dem Luft-, Temperatur-, Feucht- und Elektroklima. Also Haus-, Luft-, Temperatur-, Feucht- und Elektroklima, ergeben zusammen das Wohnklima.

Erst wenn sich die vier dargestellten Klimaten in harmonischem Gleichgewicht befinden, können wir von einer förderlichen, baubiologischen Raumluftqualität sprechen, die höchsten wohnhygienischen Ansprüchen genügt.

Feuchtklima

Ein Feuchtklima steht in unmittelbarer Wechselwirkung zu Temperatur- und Luftklima. Das Feuchtklima definiert sich durch die Luftfeuchtigkeit, die Materialfeuchte und das entsprechende Wasserdampfverhalten, die Kondensation bzw. Atmungsfähigkeit der Baustoffe und die Dämmart der Baukonstruktion.

Auch durch das Wohnen (Kochen, Baden usw.) und die Feuchtigkeitsabgabe von Mensch, Tier und Pflanze entstehen weitere maßgebliche Einflußfaktoren. Hier einige Beispiele, wobei »g/h« Feuchte- sprich Wasserabgabe in Gramm pro Stunde bedeutet:

Mensch, leichte Aktivität	30-40 g/h
Zimmerblume	5-10 g/h
Topfblume	10-20 g/h
Aquarium	30-40 g/h

Diese Wohnfeuchte kann durch die Wasserdampfdurchlässigkeit der Baustoffe, vor allem aber durch Lüften reguliert werden. Ein Feuchtklima ist also auch vom Wohnverhalten abhängig, das im nächsten Kapitel näher beschrieben wird.

Die relative Luftfeuchte sollte zwischen 40 bis 50 % und bei beheizten Räumen nicht unter 30 % und nicht über 70 % liegen.

Von der Luftfeuchte ist auch die Feuchte der Haut, speziell der Hornschicht, abhängig. Die Hautfeuchtigkeit reguliert unsere Abwehrfähigkeit gegenüber hautschädigenden Mikroben, sowie den Widerstand der Haut gegen mechanische, thermische und elektrische Einwirkungen.

Bei ständig niedriger relativer Luftfeuchte kann die Bildung von krankheitserregenden Keimen auf zu trockener Schleimhaut und Atemwegen beschleunigt werden.

Kondensatwasserbildung durch mangelnde Wärmedämmung oder Dampfsperren sind weitere negative Einflüsse auf das Feuchtklima, die durch eine baubiologische Renovierung jedoch aufgelöst werden können.

Die relative Luftfeuchtigkeit läßt sich durch einen Hygrometer bestimmen (siehe Seite 59).

Elektroklima

Jede stromdurchflossene Leitung baut aus sich heraus ein elektromagnetisches Feld auf, wobei das elektrische Feld primär von der Betriebsspannung, das magnetische Feld von der Größe des fließenden Stroms bestimmt ist.

Diese Felder lassen sich mit einer Elektromagnetfeldsonde (siehe Seite 60) messen.

Bei zu starken Intensitäten dieser Felder wird die gleiche Körperreaktion ausgelöst, als bestünde eine drohende, sichtbare Gefahr; es kommt zu einer Ausschüttung des Nebennierenmarks. Störungen des Nervensystems, ständiges Unwohlsein und Kopfschmerzen sind die Folgen. Forschungen lassen vermuten, daß es zu Beeinträchtigungen der Wachstumszellen, erhöhtem Leukämie-Risiko und Kreislaufschädigungen kommt.

Bei den herkömmlichen Elektroinstallationen werden die Stromleitungen ringförmig in der Wohnung verlegt mit Abzweigungen in den einzelnen Zimmern.

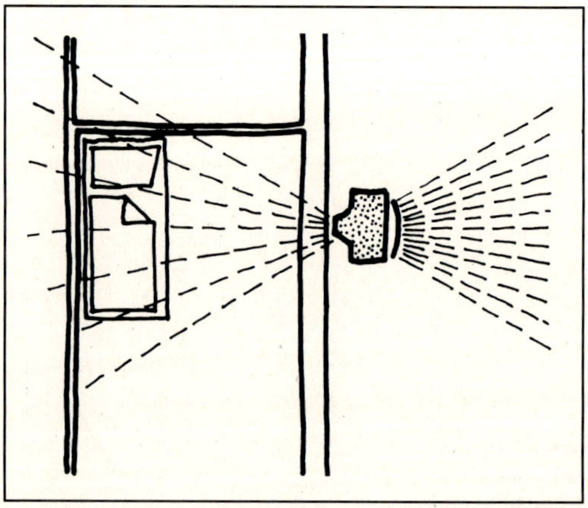

Wenn der Fernseher in Betrieb ist, gehen von ihm starke elektromagnetische Felder aus, die sich auch durch die Wände fortsetzen.

Eine Abschirmhülle besitzen die Kabel in der Regel nicht, sondern nur eine aus PVC bestehende Isolierung.

Infolge der nicht abgeschirmten Elektroinstallationen und Geräte ist heute nahezu jede Wohnung durch elektrische und magnetische Anomalien gestört.

Dieser Umstand kann für eine Allergiebildung mitentscheidend sein.

Besonders anfällig sind wir in den Räumen, in denen wir uns am meisten aufhalten. Ausgerechnet in Schlafzimmern sind oft unzählige Leitungen verlegt, oder es befindet sich sogar der Zählerschrank bzw. ein Fernsehgerät an der Rückwand zum Schlafraum.

Die zunehmende Elektrifizierung des Schlafzimmers durch Radiowecker, fernbedienbare Fernseher und elektrische Heizdecken erhöhen die elektromagnetische Belastung noch zusätzlich.

Doch nicht nur Leitungen und Geräte erzeugen elektromagnetische Felder: auch Neonlampen, bestimmte Dimmer und die Nachtspeicherheizungen können so starke Mischstörfelder aufbauen, daß Augenbrennen, Kopfschmerzen und auch Schlafstörungen hervorgerufen werden.

Der Mensch verwendet elektromagnetische Felder verschiedenster Frequenzen zur körperinternen Informationsübertragung, und das auf einer viel breiteren Basis, als früher vermutet wurde.

Die Regelsysteme im menschlichen Körper sind elektrochemische Vorgänge, die sich im kleinsten Energiebereich abspielen. Werden sie von zu starken, anormalen elektromagnetischen Feldern gestört, kann das zum Eingriff in die individuelle, biologische Uhr führen, Tages- und Monatsrhythmus würden gestört.

Die Nervenenden des Menschen sind hochgradig empfindliche Rezeptoren, die schon auf kleine Magnetfeldveränderungen und Schwankungen elektrischer Felder reagieren. Das Nervensystem steht in direkter Verbindung zu den hormonellen Regelvorgängen, die auf den Stoffwechsel einwirken. Die Elektromagnetfelder erregen ständige Aktionsbereitschaft, wodurch das Abwehrsystem geschwächt wird.

Neben elektromagnetischen Störfeldern kann auch der Ionenhaushalt in der Wohnung zu gesundheitlichen Beeinträchtigungen führen.

Ionen sind positiv oder negativ geladene Atome oder Molekülteile.

Unser Organismus steht in ständigem Austausch mit den positiven und negati-

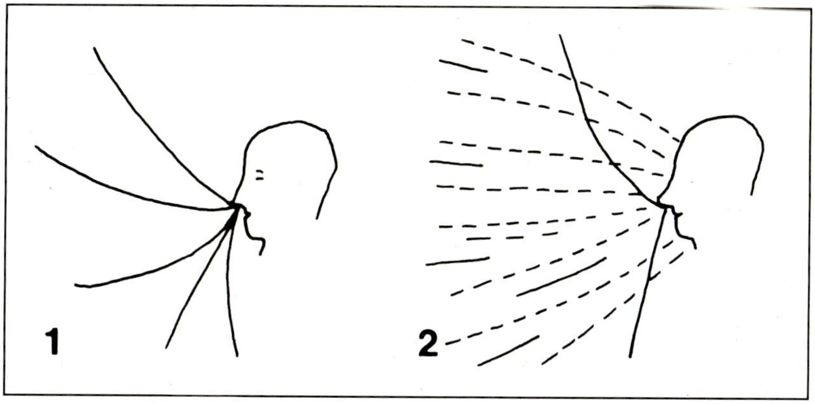

Ionenaufnahme und -entladung des Organismus in neutralem Zustand (1) und bei positiver Ladung (2)

ven Ionen der Atmosphäre: die Ionen entladen sich an der Haut und in der Lunge. Beim Atmen werden neue Ionen gebildet.

Die Ionisation und der Ionenhaushalt im Wohnraum sind jedoch stark abhängig von den verwendeten Baustoffen und ihrer Ladungsfähigkeit, der Radioaktivität und der kosmischen Höhenstrahlung. Das Bewegungsverhalten und die Zusammensetzung der Ionen sind wiederum von der elektrostatischen Aufladung der Raumflächen und Gegenstände, wie auch von der elektrischen Leitfähigkeit der Raumluft abhängig, da sich die Ionen an Staubpartikeln, Geruchsteilchen oder Mikroben ablagern.

Der natürliche Ionenhaushalt liegt bei 60 % negativen zu 40 % positiven Ionen. In dieser Atmosphäre fühlt sich der Mensch am wohlsten.

Kunststoffoberflächen wie etwa Teppiche, versiegelte Fußböden und beschichtete Türen können diesen Haushalt empfindlich stören. Diese Beschichtungen absorbieren negative Ionen, laden sich elektrostatisch auf und hinterlassen ein künstlich erzeugtes Gewitterfeld mit überwiegend positiven Ionen. Hierbei wird die Aktivität des Flimmerepithels der Luftröhre ganz wesentlich reduziert, wobei die Schleimsekretion und der Schleimfluß erheblich beeinträchtigt werden.

Von der unnatürlichen Veränderung des Ionenhaushalts werden auch Luft- und Feuchtklima betroffen, da zwischen diesen Klimaten und dem Ionenhaushalt eine Wechselbeziehung besteht.

Im Zuge einer baubiologischen Renovierung, die die Oberflächen und Inneneinrichtung einschließt, wird auf jeden Fall eine Verbesserung des Ionenhaushalts erreicht, die Abwehrfähigkeit des Organismus gegen Infektionskrankheiten wird gesteigert.

Ein Ionenhaushalt, wie er in der freien Natur herrscht, kann jedoch nur erzielt werden, wenn die gesamte Hauskonstruktion unter der ausschließlichen Verwendung von natürlichen, sprich baubiologischen Baustoffen errichtet wurde.

Geobiologische Störfaktoren

Schwache elektromagnetische Felder werden durch fließendes Wasser in kanalartigen Gebilden erzeugt und senden hochfrequente Strahlungen aus.

Da der Mensch zu mehr als 70 % aus Wasser besteht, kann man sich vorstellen, daß durch diese Strahlung positive oder negative Felder in ihm aufgebaut werden. Mit technischen Meßgeräten ist dies kaum nachweisbar. Diese Felder und Reizzonen werden aber individuell unterschiedlich wahrgenommen und sind radiästhetisch mit Wünschelrute oder Lecher-Antenne meßbar.

Zu unterscheiden sind hier die mentale Methode, die häufig Fehldeutungen produziert, und die Grifflängentechnik nach R. Schneider.

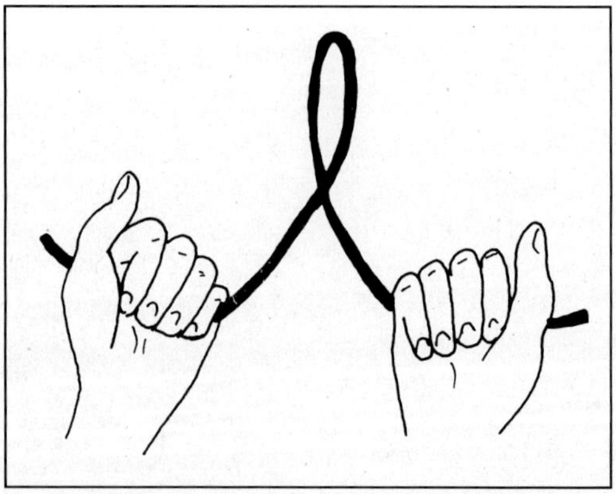

So wird die Wünschelrute gehalten, sie muß einen V-förmigen Dipol bilden.

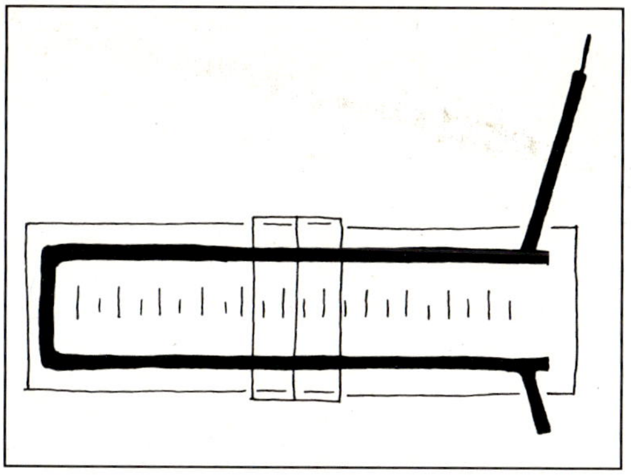

Hier die Lecher-Antenne im Einsatz.

Letztere beruht auf dem Prinzip der Gleichstellung der meßbaren Felder mit hochfrequenten, elektromagnetischen Strahlungen. Daher können die Grundlagen der Hochfrequenz- und Antennentechnik auf die Rutentechnik angewandt werden.

Zur Anzeige der Rutenreaktion werden V-förmige Ruten aus Polyamidstäben oder anderen Materialien verwendet.

Zur Feinmessung dient die Lecher-Antenne. Durch Veränderung der Grifflänge an der V-Rute bzw. des Einstellwertes an der Lecher-Antenne werden die Geräte auf die Wellenlänge der zu ortenden Strahlung abgestimmt.

Mit dieser Methode ist es möglich, die als subjektiv empfundene, radiästhetische Meßtechnik auf eine physikalisch fundierte Basis zu stellen.

Strahlungsfelder können von Wasseradern oder geologischen Verwerfungen aufgebaut werden.

Unterirdisch fließende Wasseradern bestehen aus einer Hauptzone und symmetrischen Nebenzonen.

In der Hauptzone liegt die Reizzone. Kreuzungen solcher Zonen sollten als dauernder Aufenthaltsplatz, wie z.B. als Schlafplatz unbedingt gemieden werden.

Neben den natürlichen Wasseradern haben die künstlichen Adern (Sanitärinstallation, Heizung) gleiche Auswirkungen. Hier gibt eine Rekonstruktion der Leitungsverläufe Auskunft.

Eine vergleichbare biologische Wirkung lösen geologische Verwerfungen aus, die in ihrer Wertung wie Wasseradern zu behandeln sind.

Zu den genannten Einflußfeldern kommen noch die raumgitterartig angeordneten Gitternetze, deren biologische Wirkung als einzelne normale Reaktionszone eine unwesentliche Rolle spielt. Als Bestandteil von Kreuzungsbereichen gemeinsam mit Reizzonen von Wasseradern erlangen sie spezifische Bedeutung.

Eigene Messungen vorzunehmen ist nur möglich, wenn man sich im Bereich der Radiästhesie wirklich auskennt. Sonst sollte die Untersuchung unbedingt ein der Grifflängentechnik kundiger Rutengänger durchführen.

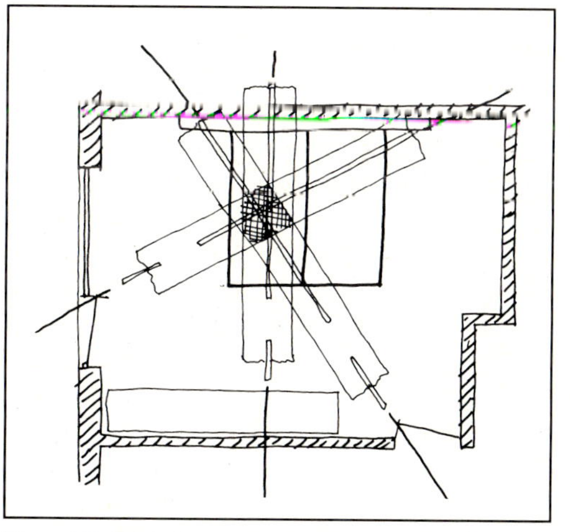

Die radiästhetische Messung ergab im abgebildeten Beispiel eine Dreifachkreuzung von Wasseradern. In diesem Fall ist es dringend geraten, das Bett außerhalb dieser starken Reizzone zu stellen.

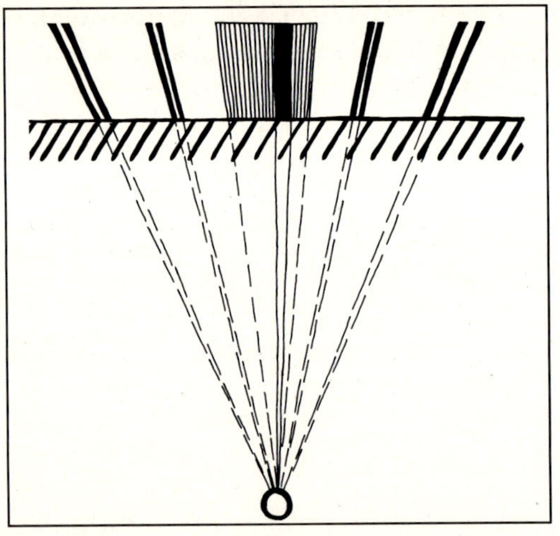

Die Abbildung zeigt eine schematische Darstellung des Strahlungsfeldes einer Wasserader. Dieses Feld besteht aus einer Hauptzone (Mitte) und symmetrischen Nebenzonen. Für die biologische Wirkung ist der schwarz markierte Teil in der Hauptzone von Bedeutung. Dieser Teil bildet die sogenannte Reizzone, hier ist die Intensität am stärksten.

Die biologische Wirkung dieser Reizzonen kann vorübergehende und chronische Effekte erzielen. Vorübergehende Effekte sind solche, die nur wirksam sind, solange jemand dem Reiz der Strahlung ausgesetzt ist. Das kann Schlaflosigkeit, Frösteln, Krämpfe, Herz- und Kreislaufstörungen oder Schmerzen an Schwachstellen des Körpers bewirken.

Chronische Effekte liegen dann vor, wenn sich die Krankheit über Jahre hin entwickelt. Gefährlich ist die Tatsache, daß sich z. B. bei der Entwicklung eines Karzinoms in der ersten Phase keinerlei Beschwerden bemerkbar machen. Bei vielen chronischen Krankheiten spielen diese Reizzoneneffekte eine Rolle, wie auch systematische Untersuchungen über Krebs und Multiple Sklerose bestätigen.

Von seinem Ergebnis ist die gesamte Wohnungsnutzung und Funktionsverteilung abhängig. Die Berücksichtigung der Ergebnisse ist fundamentaler Bestandteil des Erfolges einer gesunden Wohnatmosphäre.

Ergibt sich bei der Bestimmung der Reizzonensituation der Wohnung eine starke Belastung eines dauernden Aufenthaltsplatzes, so ist die Sanierung des Standortes mit in die biologische Renovierung einzubeziehen. Die Sanierung kann durch Feld- oder Ortsveränderung erfolgen. Unter einer Feldveränderung versteht man die Abschwächung, Absorption oder Umlenkung der Reizzone. Hierzu wird auf dem Markt eine große Anzahl von sogenannten Entstörern angeboten, deren Langzeitwirkung generell als zweifelhaft einzustufen ist. Als solide Maßnahme ist nur die Ortsveränderung zu empfehlen.

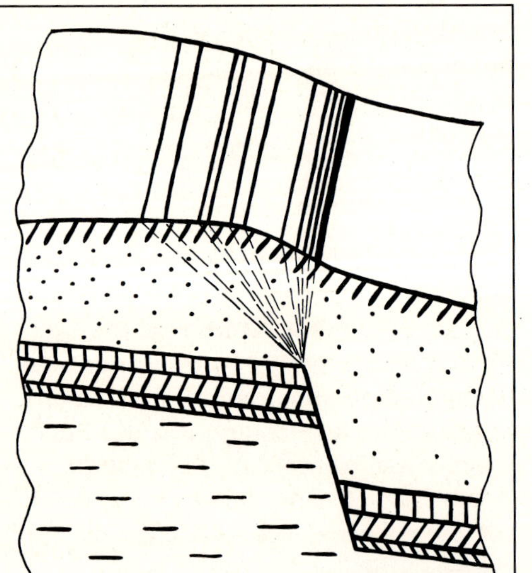

Das ist die schematische Darstellung einer geologischen Verwerfung. Diese Verwerfung führt zu einem Strahlungsfeld, das aus schmalen Reaktionszonen in unregelmäßigen Abständen besteht.

Temperaturklima

Dieses Temperaturklima wird maßgeblich von der Heizung geprägt. Da in unseren Breitengraden über die Hälfte des Jahres geheizt werden muß, kann die Heizung im Wohnbereich zu einem vorrangigen Element der Gesundheitserhaltung bzw. Gesundheitsstörung gezählt werden.

Hierbei wichtig ist zum einen eine Temperatur, bei der sich der Bewohner wohlfühlt und sein Stoffwechsel sowie der Energieeinsatz beim Heizen auf ein relatives Minimum sinkt.

Die Luftbewegung, die die Heizung erzeugt (= Konvektion) spielt hierbei eine maßgebliche Rolle.

Konvektionsheizungen benutzen Atemluft als Heizmedium, die im Raum bewegt wird und Staub aufwirbelt, der unsere Lungen traktiert.

Deutlich wichtiger als die Lufttemperatur ist für unseren Wärmehaushalt die Strahlungstemperatur der Umschließungsflächen eines Raumes, wobei auch Personen und Einrichtungsobjekte einschließlich der Beleuchtungskörper als Wärmestrahler wirken.

Dieses Klima, neben Feucht-, Luft- und Elektroklima nun das nächste, das mit zum Wohnklima beiträgt, definiert sich somit durch Wärmestrahlung, -leitung und -dämmung, Konvektion, Oberflächentemperatur, Außen- und Innentemperatur, Heizungsart und der Sonne.

Bei einer Wärmedämmung ist die Wärmespeicherung daher genau abzustimmen. Die Wände sollen Wärme speichern können und diese wieder so in den Raum abgeben, daß eine thermische Behaglichkeit empfunden wird.

Bei kalten Oberflächen kommt es zu einer verstärkten Wärmestrahlung vom menschlichen Körper zu diesen Flächen.

Bei der Strahlungsheizung macht man sich dieses Prinzip in umgekehrter Richtung zunutze. Der körpereigenen Thermoregulation wird also nicht Wärme entzogen, sondern, wie man es eigentlich von einer Heizung erwartet, angeboten.

Heizungsarten

Zur Bestimmung der vorhandenen Heizungsanlage unterscheiden wir nach den Primärenergien

- Heizöl,
- Gas/Erdgas,
- Kohle/Koks,
- Elektro und
- Kombinationen aus diesen Energien, in Verbindung mit den unterschiedlichsten Wärmeverteilungen, wie
  - Zentralheizung mit Heizkörpern
  - Fußbodenheizung
  - Deckenheizung
  - Elektroheizung
  - Warmluftheizung

Heizungstechnik

Zur Beurteilung der Wirtschaftlichkeit der vorhandenen Heizung gibt zum einen die Betriebsdauer des Brenners Auskunft. Schaltet dieser sich oft ein, so steht zu vermuten, daß er zuviel Wärmeenergie erzeugt, die ungenützt verloren geht.

Desweiteren läßt auch eine zu hohe Raumtemperatur im Heizungskeller auf hohe Abstrahlungsverluste schließen. Für den Primärenergieverbrauch und den Geldbeutel ist die jährliche Energieausnutzung im Heizkessel entscheidend.

Sollten bei der vorhandenen Anlage diese beiden Fragen schon positiv beantwortet werden und die Anlage älter als zehn bis fünfzehn Jahre sein, sollte auf jeden Fall an eine Erneuerung oder Teilerneuerung gedacht werden.

Arten der Wärmeverteilung

Heutige Heizungen arbeiten weitgehend nach dem Konvektionsprinzip.

Am Beispiel der nachfolgenden Skizzen werden die Nachteile heutiger Heizsysteme gezeigt, die baubiologischen Forderungen aufgestellt und am positiven Beispiel einer Strahlbandheizung visualisiert.

Eine »gesunde« Heizung sollte einen hohen Strahlungsanteil mit einer gleichmäßigen Temperaturverteilung ausweisen, wobei die Atemluft staubfrei sein und eine relative Feuchtigkeit von unter 50 % haben sollte.

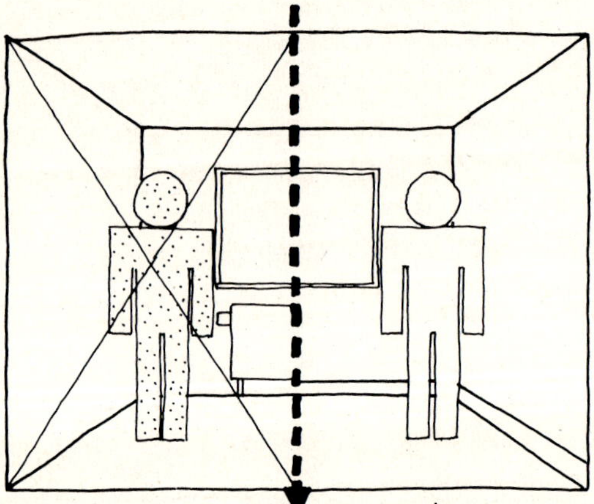

a b

Konvektion Strahlung

a) Eine gleichmäßige Wärmeverteilung ist bei heutigen Zentralheizungen kaum gegeben.

b) Das Vermeiden von Temperaturunterschieden zwischen Boden und Decke beeinflußt den Wärmehaushalt des Körpers positiv.

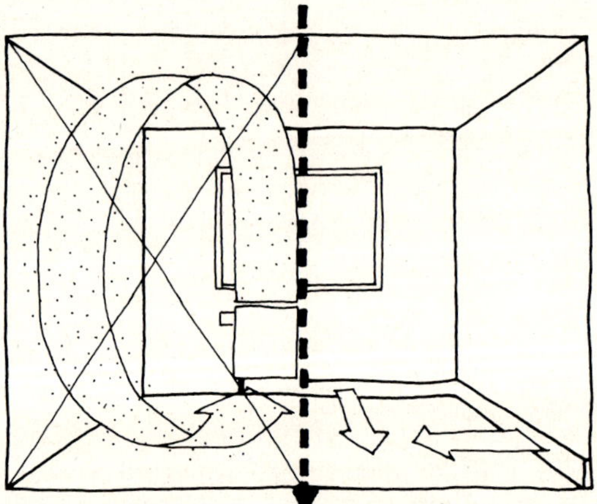

a b

Konvektion Strahlung

a) Eine ständige Staubzirkulation ist durch das Prinzip der Konvektion in diesen Systemen normal.

b) Gefordert wird eine geringe Luftzirkulation, damit keine allergiefördernden Staubteilchen in der Raumluft umhergewirbelt werden.

Baubiologische Bewertung der Heizsysteme:

Zentralheizung

Vornehmlich wird hier die Raumluft mittels Konvektion erwärmt, nur im unmittelbaren Bereich der Heizkörper ist ein Strahlungsanteil wirksam.

Nachteile: Staubverschwelung durch hohe Oberflächentemperatur am Heizkörper, Staub- und Bakterienverteilung durch Raumluftwirbelbildung, große Konvektion.

Fußbodenheizung

Diese wird entweder mit Warmwasser oder elektrischem Strom betrieben. An kalten Tagen entsteht eine Oberflächentemperatur von 24° bis 26 °C, die auch schon den Grenzwert der Behaglichkeit markiert. Hier kann es schon zu erhöhtem Fußschweiß und Anschwellen der Füße kommen.

Generell aber ist es schwierig, eindeutige Aussagen zu machen, da das Behaglichkeitsempfinden subjektiv von der individuellen Durchblutung abhängt. Ein großer Nachteil ist durch die permanent erhöhte Staubbelastung der Raumluft gegeben.

Weitere Bedenken sind in den elektromagnetischen Feldern zu sehen, die von den wasserführenden Rohren, aber auch von den elektrischen Drahtgeflechten im Boden ausgehen. Das System bietet Komfort in Räumen wie Badezimmern, wo man sich für kurze Zeit mit nackten Füßen und ohne Kleidung aufhält.

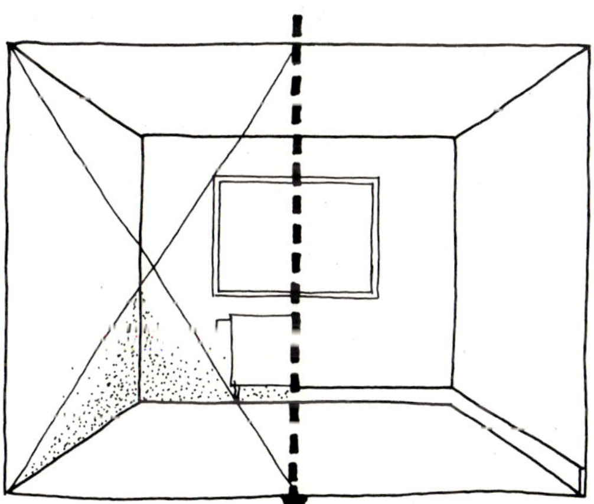

a b

Konvektion Strahlung

a) Herkömmliche Heizungen schützen die Wand nicht vor Durchfeuchtung

b) Eine Strahlungsheizung schafft trokkene Wände.

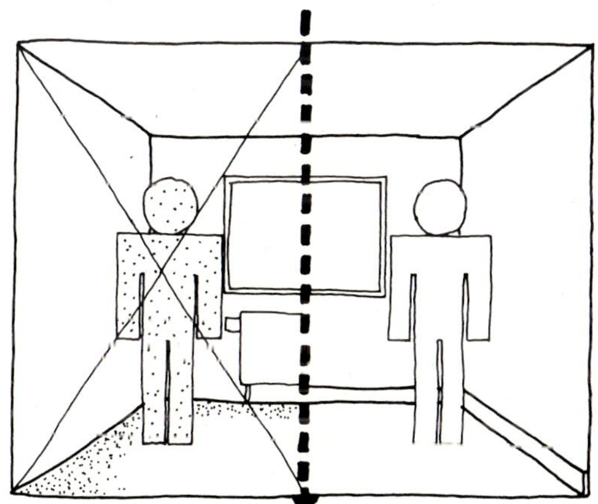

a b

Konvektion Strahlung

a) Durch die relativ hohe Luftfeuchtigkeit gedeihen Hausstaubpilze.

b) Durch die geringe Feuchtigkeit einer Strahlungsheizung gedeihen diese Hausstaubpilze nicht.

Deckenheizung

Meist handelt es sich um eine elektrische Heizung mit fast ausschließlicher Strahlungswirkung. Als Nachteil sind die oben erwähnten elektromagnetischen Felder und die trockene Raumluft zu nennen.

Durch die unangenehme Strahlungsempfindung in Kopfnähe tritt eine erhöhte Kopfschmerzneigung auf.

Elektroheizung

Sie wird mittels Elektrospeicher- bzw. Elektroeinzelofen betrieben und hat gegenüber der Zentralheizung vergleichbare Nachteile. Zusätzlich sind die starken elektromagnetischen Felder so bedenklich, daß auf jeden Fall ein Abstand von 2 m zu dauernden Aufenthaltsplätzen eingehalten werden soll.

Gewisse Nachtspeicheröfen enthalten asbesthaltiges Isoliermaterial und blasen während des Betriebs mikroskopisch kleine Fasern in die Luft.

Im Zusammenhang mit der geringen Primärenergieausbeute ist es ratsam, eine solche Heizanlage zu ersetzen.

Warmluftheizung

Das Wirkungsprinzip dieser Heizung beruht darauf, daß zentral erwärmte Luft über Schächte verteilt und direkt in die angeschlossenen Räume abgegeben wird. Der Luftstrom erzeugt eine ausgeprägte Konvektion bei permanenter Staubaufwirbelung und Verteilung von Mikroorganismen wie Pilzen, Bakterien und Viren. Der vorbeistreichende Luftstrom entzieht der Körperoberfläche Wärme und Feuchtigkeit. Die Erkältungsanfälligkeit und Schleimhautreizungen sind erhöht.

Unter baubiologischen Aspekten ist dies die unnatürlichste Heizungsart, ein Stillegen der Heizung ist hier erforderlich.

Offene Kamine

Sie dienen kaum als Heizung, da ihr Wirkungsgrad sehr gering ist. Zu erwähnen sei aber, daß sich bei jeder Verbrennung von Koks und Kohle Rußpartikel entwickeln, sowie Kohlenmonoxid und Stickoxide, Formaldehyde und Kohlenwasserstoffe sowie das krebserzeugende Benzpyren.

Kaminöfen

Diese meist aus Skandinavien stammenden Gußöfen werden als Übergangs- bzw. Zusatzheizung benutzt. Durch mangelnde Speichermasse kommt es zu hohen Oberflächentemperaturen, die die Konvektion fördern und Staub verschwelen lassen. Die beim Kamin

Verschiedene Heizsysteme und ihre prozentualen Werte des Konvektionsanteils. Die Differenz zu 100% ergibt den Strahlungsanteil.

Von links nach rechts:

- **Kachelgrundofen** — **10% Konvektion**
- **Radiatorenheizung** — **85% Konvektion**
- **Einzelofen** — **85% Konvektion**
- **Konvektorenheizung** — **100% Konvektion**
- **Offener Kamin** — **2% Konvektion**
- **Fußbodenheizung** — **65% Konvektion**

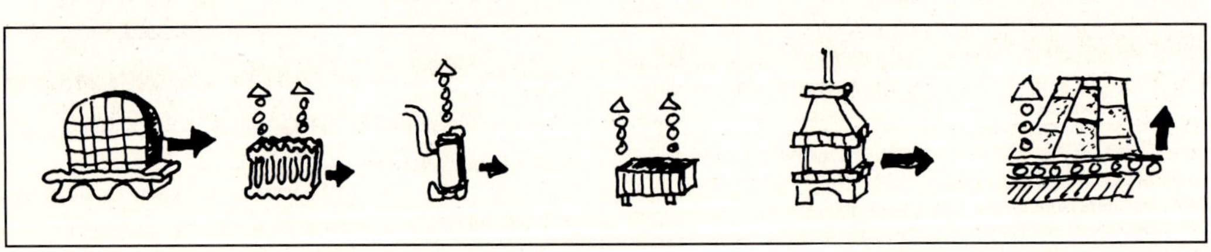

beschriebenen Nachteile gelten hier ebenso. Aus baubiologischer Sicht sind diese Kaminöfen abzulehnen.

Oberflächen von Heizungen

Die konventionellen Lacke von Heizungen und Beschichtungen auf Heizkörpern setzen durch das ständige Aufheizen auch noch nach Jahren Lösungsmittel frei. Näheres unter »Anstrichmittel«, Seite 41.

Kaminöfen entwickeln eine hohe Oberflächentemperatur, so daß ihr Konvektionsanteil mit dem eines Einzelofens vergleichbar ist. Und das unabhängig davon, ob die Kaminofentüren geöffnet oder geschlossen sind.

Luftklima

Das Luftklima wird bestimmt vom Gehalt der Raumluft. Ein gutes Luftklima enthält viel Sauerstoff und möglichst keine Schadstoffe. Um das zu erreichen, muß eine ausreichende Lüftung der Räume vorhanden sein.

Die wichtige Grundforderung der Baubiologie nach der Konstruktion atmungsfähiger Wand-, Decken- und Dachaufbauten mit nicht versiegelten Oberflächen und einer ausreichenden Fugendurchlässigkeit der Tür- und Fensterrahmen ermöglicht eine kontinuierliche Raumlufterneuerung pro Stunde, ohne daß dabei auch nur ein Fenster zu öffnen wäre.

Ferner soll die Schadstoffbelastung der Raumluft auf ein Minimum beschränkt bleiben.

Neben der Ungiftigkeit, spielt auch hier die Atmungsaktivität der biologischen Baustoffe eine große Rolle:

Die Hautqualitäten der biologischen Umschließungsflächen ermöglichen mit ihrer Atmung und Dauerlüftung, die diffundierende Luft zu filtern und einen biochemischen Abbau von Schadstoffen zu bewirken.

Das Luftklima steht auch in Wechselbeziehung zu den anderen Klimaten. Vor allem wirken Feucht- und Temperaturklima, die den Bakterien- und Virengehalt der Luft bestimmen, auf das Luftklima ein.

Jedoch ganz entscheidend für die Qualität des Luftklimas ist der ausreichende Luftwechsel.

Konventionelle Bauten mit atmungsinaktiven Außenwänden, Kunstharzputzen, Dampfsperren oder Wärmedämmungen haben eine zu geringe Luftwechselzahl und folgerichtig eine verunreinigte Luft.

Risse in Fundament und Kellerwänden können zu einer verstärkten Radonkonzentration im Haus führen.

Diese Verunreinigungen des Luftklimas werden durch teilchenförmige oder gasförmige Schadstoffe gebildet.

Unzählige Partikel faserförmiger Stäube, Schwermetalle, Allergene, Mikroorganismen und Viren schweben dann unsichtbar in einer Luft, die mehr Dioxine, Stickstoffoxide, Vinylchloride oder Aldehyde enthalten kann als Sauerstoff.

Auf den Bewohner wirken diese Luftinhaltsstoffe über den Atemtrakt als Kontaktzone und können bei hoher Konzentration gesundheitsschädigende Langzeitwirkungen auslösen.

Die Wirkung verdichet sich dann noch durch Baustoffe, die Thorium, Radium oder Uran enthalten, in deren Zerfallsreihe das radioaktive Radon vorkommt.

Das Radon lagert sich in der Raumluft an Staubteilchen und mikroskopisch kleinen Wassertropfen, genannt Raumfeuchte, ab. Die Lunge ist dadurch einer erheblich höheren Strahlung ausgesetzt als andere Organe und Gewebe.

Besonders aktiv, bei geringer Lungenlöslichkeit, sind die radioaktiven Aerosolpartikel, die eine starke inhomogene Dosisverteilung in der Lunge bewirken. Wissenschaftler schätzen die Zahl der Lungen- und Bronchialkrebsfälle, die auf das radioaktive Edelgas Radon zurückzuführen sind, allein in der BRD auf 2000 pro Jahr.

Dies nur auf Baustoffe zurückzuführen, wäre falsch, denn Radon ist ein »natürliches« Gas, wie Sauerstoff oder Stickstoff. Es steigt aus den unteren Erdschichten beharrlich nach oben und gelangt so in die Atmosphäre.

Stärkere Konzentrationen im Haus können so auch durch den Austritt von Radon aus den Rissen und Fugen der Kellerfundamente entstehen.

Doch unabhängig, worauf sich eine Konzentration zurückführen läßt, sie wird verstärkt durch eine zu geringe Lüftung.

Mit der Installation eines Ventilators kann das angestaute Radongas durch das Kellerfenster entweichen. Eine spürbare Reduzierung erfolgt jedoch nur, wenn die Luftbewegung den gesamten Kellerraum erfaßt. Bretterverschläge, Abtrennungen und sonstige Luftstauräume müßten entfernt werden.

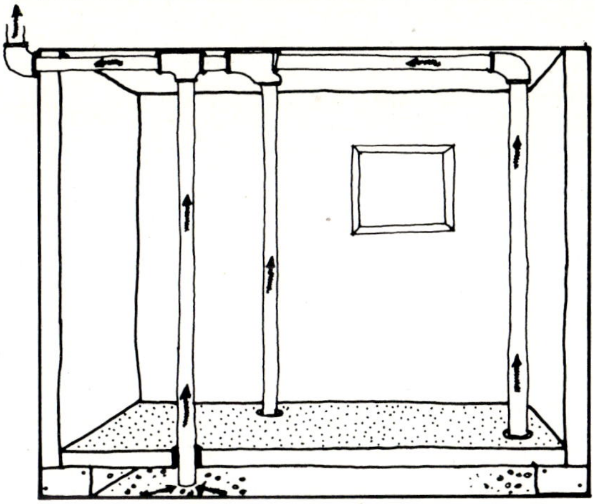

Unter der Kellerdecke wird ein Stauraum konstruiert. Die Radongase können durch eigens dafür installierte Rohrleitungen entweichen und nach außen abgeleitet werden.

Abhilfe ist möglich, allein schon durch regelmäßiges Lüften.

Aufgrund unserer Bewertung der vorhandenen Bausubstanz läßt sich in etwa ahnen, was da alles in der Raumluft schwebt und gast.

Diese Schadstoffe vermindern die Qualität des Luftklimas erheblich und werden zu einem Risiko unbekannter Größe, wenn mehrere Schadstoffgruppen zusammen das Luftklima bestimmen.

Generell kann eine bedenkliche Luftklimasituation nur durch eine biologische Renovierung entschieden verbessert werden. Dadurch wird der Anteil schadstoffhaltiger Baustoffe zumindest reduziert und eine erhöhte Luftaustauschzahl durch die bessere Atmungsfähigkeit der neuen Baustoffe erzielt.

Aber auch dann ist ein Umdenken der Lüftungsgewohnheiten erforderlich. Und vor allem, wenn sich nicht alle Schadstoffe aus der Wohnung entfernen lassen.

Pro Person und Stunde sollte für jeden Bewohner mindestens 50 m³ frische Raumluft zur Verfügung stehen.

Folgende Tabelle zeigt die Luftwechselzahl für verschiedene Fensterkonstruktionen, jeweils in geschlossenem Zustand:

Fensterart	Luftwechselzahl/ Stunde
Isolierglasfenster mit Doppeldichtung	0,1 — 0,4
Isolierglasfenster mit Einfachdichtung	0,3 — 1
schlecht gedichtetes altes Fenster	1 — 2

Bei geöffneten Fensterstellungen:	Luftwechselzahl/ Stunde
Fenster gekippt	0,8 — 2
Fenster weit geöffnet	9 — 15

Hat ein Raum die Ausmaße 5,00 x 6,00 m und eine Höhe von 2,50 m, ergeben sich 50 m³ Raumluft.

Bei einem Isolierfenster mit Doppeldichtung ergeben sich (50 m³ x 0,3 Luftwechsel) 15 m³ Frischluft, die selbst bei Nutzung des Raumes durch nur eine Person nicht ausreicht.

Entscheidend ist also die ausreichende Zufuhr von Frischluft, aber auch die Art des Lüftens.

Zur Rekapitulation seien daher noch einmal die wichtigsten Schadstoffe, die in den einzelnen Bausubstanzen enthalten sein können, auf den Seiten 74/75 aufgelistet.

Bezeichnung Schadstoff	**Bau- und Einrichtungsmaterialien, in denen dieser Schadstoff vorkommt**	**Gesundheitliche Wirkung**
Acrylharz	Farben und Lacke, Textilien	Schwindel, Kopfschmerzen
Arsen	Holzschutzmittel	krebserregend, Magen- und Darmtraktbeeinträchtigung
Benzin	Lösungsmittel	Gehirnschädigungen, Kopfschmerzen, Nierenschäden
Benzol	Farben, Lacke, Kunststoffe	mutagen und krebserregend, Schleimhautschädigung
Bitumen	Anstriche, Bitumenbahnen, Wellplatten, Asphalt, Estrich	vermutete krebserregende Wirkung
Blei	Lacke, Rostschutzfarben, evtl. Wasserrohre	Gedächtnisschwund, Blutbildveränderung, Kopfschmerzen, Müdigkeit
Cadmium	Glasuren (Fliesen), Kunststoffe	Antriebsschwäche, Nieren- und Lungenfunktionsstörungen, Schleimhautreizungen, vermutete krebserregende Wirkung
Chlorbenzol	Lösungsmittel, Pestizide	narkotisierende Wirkung, Leber-, Nieren- und Lungenschädigung
Chrom	Zementhärter, Imprägniermittel	Schleimhautätzung, chronische Augenreizung und Bronchitis
1,2-Dichlorethan	Lösemittel für Harze, Asphaltestrich, PVC	Leber-, Nieren-, Darm- und Magenschädigung, Kopfschmerzen, krebsverdächtig
Epoxidharz	Lacke und Imprägniermittel, Fliesenkleber, Spachtelmasse, Kunstharzputz	Kontaktallergien, krebsverdächtig, Asthma
Ethyl-Benzol	Lösungsmittel in styrolartigen Produkten	Augen- und Atemwegsbeeinträchtigung
Formaldehyd	Spanplatten, Lacke, Klebstoffe, Leime, Wärmedämmschäume, Tapeten	Augen- und Schleimhautreizungen, Übelkeit, Kopf- und Gelenkschmerzen, mutagen und krebsverdächtig
Fluor	Polystyrol, Holzschutzmittel	Schleimhautreizung, Schilddrüsenüberfunktion, Muskelschwund

Bezeichnung Schadstoff	Bau- und Einrichtungsmaterialien, in denen dieser Schadstoff vorkommt	Gesundheitliche Wirkung
Isocyanate	Lacke und Kleber, Spanplatten, Polyurethanhartschaum	Schleimhautreizungen, allergisches Asthma
Kohlendioxid	Heizung, mangelnde Lüftung	Schwindel, Blutdruck, Kopfschmerzen, Pseudo-Krupp
Kohlenmonoxid	Heizung (unvollständige Verbrennung)	Beeinträchtigung des Nervensystems, veränderter Herzrhythmus, Konzentrations- und Schlafstörungen
Lindan	Holzschutzmittel, Insektizide	Störungen des Nervensystems und der Bindehaut, Krämpfe, Erbrechen, Kopfschmerzen
Pentachlorphenol	Holzschutzmittel, Fungizide, Pilzbekämpfungsmittel, Tapeten, Leime	wie bei Lindan, Leber- und Nierenschädigung
Phenol	Mineralwolle, Kunstharze, Leime, Imprägniermittel	mutagen und krebsverdächtig, Kopfschmerzen, Nervensystem-, Seh-, Nieren-, Leber-, Kreislaufstörungen, Schwindel, Kopfschmerzen
Polychlorierte Biphenyle	Imprägniermittel, Weichmacher für Kunststoffe	Nieren- und Leberschäden, krebsverdächtig
Quecksilber	PVC, Bodenwachse, Imprägniermittel, Leuchtstoffröhren	Gehirn- und Nervensystemschädigungen, Hautallergien, Schlafstörungen, Angstgefühle, Nierenschäden
Styrol	Polystyrol Kunststoffe in Wärmedämmung, Deckenverkleidungen	Kopfschmerzen, Müdigkeit, Depressionen, Verhaltens- und Sehstörungen, mutagen und krebsverdächtig
Teer	Teerpappe, Estriche, Bautenschutzmittel	krebserregend
Vinylchlorid	Fußbodenbeläge, Rolladen, PVC, Installationsrohre	mutagen und krebserregend, Bindegewebsveränderung in Leber, Lunge und Blutgefäßen
Xylol, Toluol	Lösungsmittel für Kleber und Lacke	Schädigung von Herz, Leber, Nieren und Nervensystem, Haut-, Atemweg- und Augenreizungen

Beim Lüften geht es nicht nur darum, verbrauchte Luft gegen frische auszutauschen, sondern auch, die innen erzeugte Feuchtigkeit und eben die Schadstoffanreicherung aus den Räumen herauszulüften.

Ein guter Luftaustausch mit Frischluftzufuhr auch in der letzten Ecke ist durch sogenannte Stoßlüftung erreichbar, d. h. fünf bis zehn Minuten die Fenster weit öffnen!

Diese kurze Stoßlüftung ist einer Langzeitlüftung über Fensterkippstellung vorzuziehen, da hierbei zwar Abluft möglich ist, aber zu wenig Zuluft. Gleiches gilt auch für eine Lüftungsklappe z. B. im Küchenfenster. Allerdings ist Zugluft zu vermeiden.

Problematisch ist ein ungeheiztes und schwach temperiertes Schlafzimmer. Hier ist ein besonders starkes Risiko für Feuchtigkeitsschäden gegeben. Die kalte Raumluft kann nur wenig Wasserdampf aufnehmen, weshalb es an den ausgekühlten Außenwänden leicht zur Kondenswasserbildung kommen kann.

Durch Aufheizen des Raumes vor dem Schlafengehen wird diese Gefahr noch größer, da warme Raumluft mit hohem Wasserdampfgehalt in den Schlafraum dringt. Im Schlafraum sollte gründlichst am Morgen, d. h. 30 Minuten gelüftet werden. Diese Grundlüftungsregel gilt auch für alle anderen Räume.

Wir sehen also, welche Folgen es haben kann, wenn sich der Mensch von der Natur isoliert.

Es ist ein Zeichen des gestörten Verhältnisses zwischen Mensch und Natur, wenn er sich hermetisch abschließt von der Frischluft und verschmutzte und giftige Luft atmet. Normal und gesund ist es stattdessen, für eine Atemluft zu sorgen, die angereichert mit Sauerstoff, Duftstoffen und Ionen und frei von Fremdstoffen ist.

Diese Luft kann aber leider auch durch Bewohnerverhalten gestört werden, z. B. treten beim Tabakrauch teilchenförmige und gasförmige Verunreinigungen wie Formaldehydabgabe auf.

Oder es entwickelt sich bei der Benutzung von offenen Feuerstätten das Stickgas Kohlenmonoxid bei unvollständiger Verbrennung.

Ein weiterer großer Aspekt ist die Verwendung der Reinigungs- und Pflegemittel, von denen jeder Bewohner im Monat statistisch 2 kg verbraucht. Durch deren Ausdünstungen können auch Allergien, Atemwegsbeschwerden, Gehirnschädigungen ausgehen und die Gesamtbilanz der Innenraumluft erheblich negativ beeinflußt werden. Gleiches gilt für Kosmetika und Haarsprays, deren Aerosole sich an den Staubpartikeln anlagern und so die gesamte Innenraumluft beeinflussen.

Mit dem Luftklima sind nun die vier Klimaten vollständig, die zusammen das Wohnklima ergeben. Wir haben feststellen können, daß jedes Klima einzeln betrachtet, eine Eigenständigkeit hat, die es zu fördern und zu verbessern gilt.

In der Zusammenwirkung der Klimaten kann bei negativen Prägungen durch überhöhte Feuchte, falschen Ionenhaushalt, mangelhafte Temperaturen oder zu starke Konvektion das Wohnklima empfindlich gestört werden, und damit ein undefinierbares Unbehagen bei uns ausgelöst werden, ohne sofort die Ursache zu erkennen.

Die Ursache dafür liegt in unserem biologisch-kybernetischen Regelsystem, das auf jede Dauerbelastung reagiert, die sich durch eine negative Ausprägung der Kenngrößen der Klimaten ergeben. Störungen des Immunsystems, Streßerscheinungen und erhöhte Allergiebildungen können hierin ihre Ursachen haben.

Wohnverhalten

Bei der Raumpflege sollten Staubsauger verwendet werden, die den Feinstaub durch ein elektrostatisch geladenes Gitter vor dem Luftaustritt filtern. Auf dem Markt erhältlich sind erste Geräte, die den Feinstaub in einem Wasserfilter binden.

Übliche Staubsauger sind sogenannte »Bakterienschleudern«, die den Hausstaub nur ständig neu aufwirbeln.

Lungengängiger Feinstaub wird wieder an die Raumluft abgegeben; hierfür empfindliche Korngrößen sind 0,5 bis 1,5 Mikrometer (Mym). Die Abbildung auf der nächsten Seite zeigt die Schwebstaubkonzentration in einem Wohnraum während und nach dem Kehren mit einer mechanischen Teppichkehrmaschine.

Man sieht, daß die feinen Staubkörnchen sehr lange schweben, während die groben rasch wieder fallen. Die Entstehung einer Hausstauballergie ist neben dem allgemeinen Gesundheitszustand von der Zusammensetzung und Konzentration des Staubes abhängig, die neben dem Reinigungsverhalten aber auch von den Baustoffen, der Inneneinrichtung und deren Oberflächen und von dem Wohnklima, also Heizsystem, Lüftung und elektrische Komponenten abhängt.

Auch die Kleidung hat Einfluß auf das Wohlbefinden, das wir ja mit der baubiologischen Renovierung erreichen wollen.

Unsere baulichen Verbesserungsmaßnahmen bleiben jedoch sehr begrenzt, wenn die Garderobe unverbessert aus synthetischer Kleidung besteht, die keine Atmungsaktivität gewährleistet und durch ihre elektrostatische Aufladung die Ionisation der Raumluft negativ beeinflußt.

Namen wie Polyamid, Polyester, Polyacryl und Polychlorid stehen für synthetische Fasern.

Bei diesen »Textilien« sollte dann zuerst die »Probebohrung« erfolgen, wenn die Ursachen für Rötungen, Allergien und Hautausschläge gesucht werden.

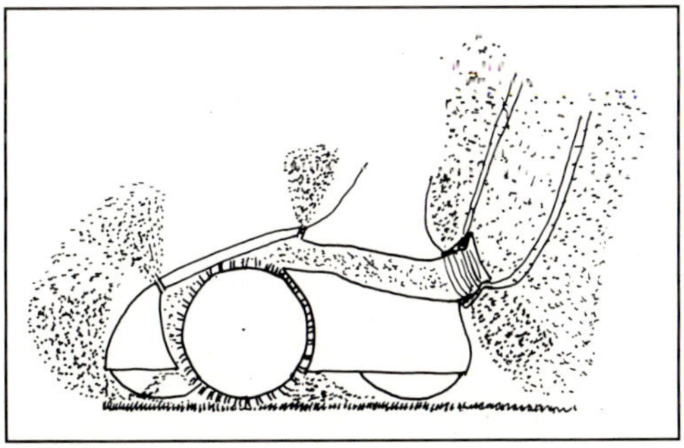

Ein konventioneller Staubsauger (wie hier in der Abbildung darzustellen versucht wurde) ist gegen die feinen Staubpartikel machtlos. Diese Staubpartikel dringen durch die Spalten der Revisionsöffnung und können nahezu ungehindert auch wieder durch den Staubfilter entweichen. Bei Klopfsaugern werden diese Partikel bereits vorher schon durch die rotierende Bürste in die Luft gewirbelt.

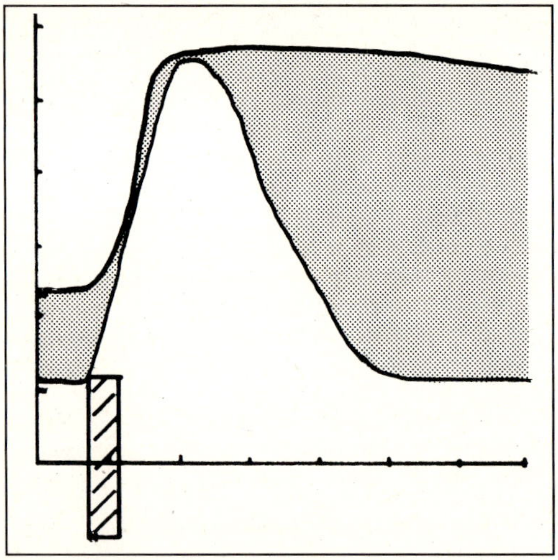

Der schraffierte Balken zeigt den Zeitraum des Reinigens mit der Kehrmaschine an. Die obere Kurve symbolisiert die Konzentration der feinen Schwebstäube in der Raumluft, die untere Kurve die der gröberen Staubpartikel.

All diese Fasern sind durch formaldehydhaltige Aminoplastharze gebunden, die entweder direkt durch Hautkontakt oder durch Atmung übertragen werden.

Zu erwähnen sind noch die Färbemittel der Textilien und das Chromat als Fixiermittel. Auch andere Schwermetalle, wie Kupfer, Nickel, Blei, Cadmium und Quecksilber können »textile« Bestandteile sein.

Die Liste der chemischen Ausrüstung ließe sich beliebig fortsetzen, bis hin zu den Weichmachern in den synthetischen Geweben.

Was ich damit ausdrücken will, ist, daß unser Bemühen um ein natürlicheres und gesunderes Wohnumfeld ganzheitlich zu betrachten ist.

Die Kriterien zur Bestimmung der Materialien für unsere dritte Haut, die uns umschließenden Wände sind identisch mit denen für unsere zweite Haut. Und beide Häute sollten im harmonischen Einklang stehen zu unserer Haut.

Unsere Haut ist ein Sinnesorgan — und die Klimaanlage des Körpers. Sie schützt vor Hitze und Kälte und hat regulierende Funktionen.

Ist die Haut aber durch ständige Überfunktion ihres regulierenden Mechanismus überanspruch't, stellen sich zwangsläufig Immundefekte ein.

Wohngestaltung

Der Bewohner sieht seine Wohnung als Aktions-, Identifikations-, Kommunikations- und auch als Schutzraum an und stellt entsprechende Ansprüche an ihre Ausstattung.

Wohnen ist harmonische Übereinstimmung des Menschen mit seiner persönlichen Umwelt, die einzige, die der Mensch frei wählen und gestalten kann.

Die biologischen Baustoffe weisen neben dem gesundheitlichen Aspekt auch den in Vergessenheit geratenen Anspruch der Materialechtheit auf.

Hiermit ist die Ausstrahlung des materialimmanenten Charakters gemeint, die konträr zu den glatten, gleichmäßigen Wänden auf maschinell gefertigten Konstruktionen, mit Belägen stereotypen Charakters stehen.

Bei der biologischen Renovierung besteht die Chance, den Umfassungsflächen eine gewisse Zuwendung durch einen schöpferischen Prozeß zukommen zu lassen.

Von einem ganzheitlichen Renovierungsansatz kann man sprechen, wenn neben der Bewertung nach vernunftmäßigen Kriterien, eine subjektiv-intuitive Auswahl der Materialien gestellt wird. Diese Methode verspricht ein sinnliches Erfahren des dreidimensionalen Raumes.

Nach Kükelhaus kann die Grenzfunktion der Wände nur wahrgenommen werden, wenn sie ein Tiefenerlebnis auslösen.

Das heißt: Wände müssen, Häuten gleich, als vielschichtig angeordnete Organfelder, dreidimensionale Gebilde sein. Sie müssen Körper werden.

Er spricht weiter davon, daß der Mensch die Beziehung zum Firmament verloren hat und empfiehlt für die Deckengestaltung, sie nicht nur amorph wie die Wände zu behandeln, sondern ihnen eine eigene Gestaltung zu geben bzw. die Wand mit einem Fries enden zu lassen.

Der Fußboden sollte eine Textur und eine gewisse Oberflächenstruktur erhalten, da der Fuß neben dem Gaumen der am stärksten nervierte Bereich des menschlichen Körpers ist.

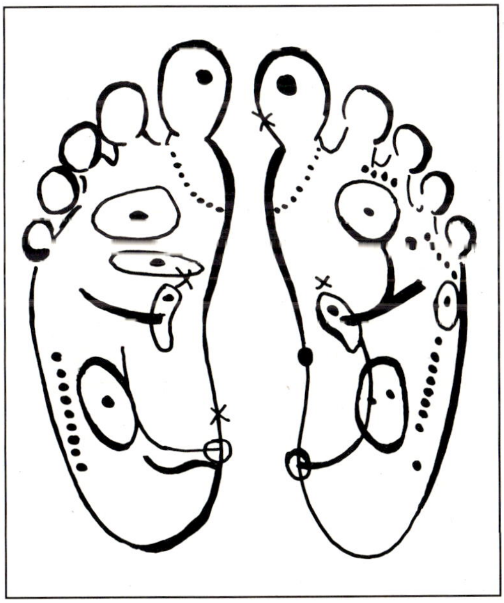

Unser Fuß ist auch ein Sinnesorgan. Diese Erkenntnis hat sich die Fußreflexzonenmassage zu eigen gemacht. Durch natürliche, griffige und strukturierte Fußbodenbeläge können wir unsere Reflexzonen sensibilisieren.

So wird durch grobgeflochtene Teppiche aus Kokos oder Sisal beim Begehen eine natürliche, selbstwirkende Massage des gesamten Körpers einschließlich seiner inneren Organe erreicht.

Die Anordnung und die innere Organisation des Raumes haben sehr viel mit unserem Wohlbefinden zu tun und damit einen wesentlichen Einfluß auf unsere Gesundheit.

Grundlage einer Neuorganisation der Wohnung sollte das Ergebnis der geobiologischen Untersuchung sein und die Orientierung der Aufenthaltsräume nach Süden.

Die Wohnung sollte in einen Individual- und einen Kommunikationsbereich gegliedert werden. Der Kommunikationsbereich — dazu gehören der Wohnteil, der Eßplatz, aber auch die Küche — ist in unmittelbarem Zusammenhang zum Individualbereich zu planen.

Bei beengten Raumverhältnissen ist zu überlegen, wie weit nichttragende Innenwände entfernt oder teilweise durchbrochen werden, um eine gewisse Offenheit zu erreichen.

Die rhythmischen Schwankungen und Bewegungen des Tageslichtes in der Natur durch Sonnenrhythmus, Nord- und Südlicht sind notwendige Stimulanzien für das menschliche Auge.

Dieser Abwechslungsreichtum ist bei der Änderung der Wohnung zu berücksichtigen, gegebenenfalls ist zu prüfen, ob ein Fenster verbreitert oder neu gebrochen wird. Es sollte das Tageslicht optimal genutzt werden.

Licht hat stimulierenden Einfluß auf den Stoffwechsel- und Hormonhaushalt. Kunstlicht verändert diese Haushalte, je stärker das Licht vom Tageslichtspektrum abweicht.

Die Leuchtenindustrie hat den Sehvorgang einseitig optimiert, der monotone Wellenbereich ihrer Produkte stimuliert nicht mehr und wird unbewußt als störender Reiz empfunden.

Empfehlenswert sind Leuchten, die das Sonnenlichtspektrum nachempfinden in einer Anordnung, die dem jeweiligen Raumcharakter entspricht. Eine gezielte Lichtgestaltung schafft Atmosphäre und erhöht die Erlebnisdichte.

Auch die Wirkung von Farben sollte bei einer biologischen Renovierung intensiver berücksichtigt werden. Ihr psychosomatischer Einfluß ist ebenso bedeutsam wie das über die Sinnesorgane erlebte Hören, Riechen, Schmecken und Fühlen.

Kaum ein anderer sinnlich erfaßbarer Bereich ist so vielfältig wie das Reich der Farben. Der Mensch kann eine unübersehbare Menge von Farberlebnissen unterscheiden, die auf seiner Netzhaut zu einem fotochemischen Prozeß führen und danach über die Reizleitung des Sehnervs zum Gehirn weitergeleitet werden. Hier kommt es zur Farbempfindung einerseits und damit zum bewußten Seherlebnis der Farbe, andererseits wirken Farbreize je nach Wellenlänge und Frequenz auf Hormone, Biotonus und Gefühlsleben.

Chemisch erzeugte Farben sind monochromatisch und reflektieren nur das Licht einer Wellenlänge. Das unterscheidet sie von natürlichen Farben oder Erdfarben, die durch ihre Vielschichtigkeit der Farbstrahlung polychromatisch sind.

Das Erlebnisangebot ist also ein ungleich höheres als bei den heute verwendeten leuchtend grellen Farben.

Erdfarben bestehen aus Eisenoxid, Manganoxid, Eisensilikat und Ton, Kreide und Kieselsäure. Die Eisenoxide bewirken die gelben Erdfarben, die Eisensilikate und Eisendioxide rote und die Manganoxide braune, Kohlenstoff graue und schwarze Erdfarben. Diese Farben sind schon aufgrund ihrer natürlichen Herkunft vielfarbig und stehen im Gegensatz zu den starren, gleichförmigen Reizen üblicher Farben, die unsere Augen abgestumpft haben.

Für die Farbe im Raum gibt es kein Rezept. Nach Frieling gibt es Anhaltspunkte.

Warme Farben:			
Farbe	Decke	Wände	Boden
orange	deckend	wärmend	erregend
rot	schwer	aggressiv	bewußt machend
braun	schwer	erdhaft trittsichernd	bodenhaft umgebend
Kalte Farben:			
hellblau	rückt in die Ferne	magisch	ungewissen, auffordernden Charakter
gelb	blickführend	anregend bis irritierend	beschwingend
grün	begrenzend	umgebend	tragend

Kükelhaus gibt die Empfehlung entsprechend dem Aufbau in der Natur, wo der Himmel blau, die Erde braun und was darauf wächst grün ist, die Decke lichtblau, die Wände zartgrün und den Boden sattbraun zu gestalten, um eine entspannende, dehnende Wirkung zu erzielen. Die umgekehrte Farbfolge (Decke rötlich bis rosa, Wand grau, Boden blaugrau) wirkt sammelnd, gleichsam dichtend.

Renovierpraxis

Einführung

Die bisher beschriebenen, gesundheitsabträglichen Baustoffe, Konstruktionen und Klimaten haben neben einem medizinischen auch einen rechtlichen Aspekt:

Wohnungen, bei denen erwiesen ist, daß sie krank machen, dürfen nämlich nicht vermietet oder verkauft werden.

Was passiert, wenn ein Mieter erfährt, daß er eine Wohnung mietet, deren Innenluft zum Beispiel mit krebserregenden Feinstäuben durchsetzt ist? Kann er dann kündigen?

Bekommt er sogar eine Entschädigung und von wem?

Allein schon die Frage ist interessant, wer für die Kosten der Prüfungen mittels Gasspürpumpe, Geigerzähler oder Laboruntersuchungen aufkommt, wenn sie einen positiven Befund aufweisen.

Ebenso, wer für die »Entsorgung« der Wohnung in die Haftung genommen werden kann.

Ich will gewiß keine Prozeßwelle heraufbeschwören, sondern damit vor allem deutlich machen, daß mit der Wahl der Baustoffe und Materialien auch eine gewisse Verantwortung und Haftung verbunden ist.

Ratsam ist es daher auch für Vermieter, den nachfolgenden Renovierungsteil des Buches als Handlungsgrundlage anzuerkennen.

Empfehlenswert ist auch die Verpflichtung des Mieters, bei der vertraglich vorgeschriebenen Renovierung die baubiologischen Aspekte zu berücksichtigen.

Haus- und Wohnungsbesitzer werden sicherlich bei der Berücksichtigung der beschriebenen Renovierungsmöglichkeiten eine Wertsteigerung ihres Besitzes erfahren. Schon heute ist auf dem käuferbestimmten Immobilienmarkt die Qualität eines Objektes entscheidend, zu der zweifelsfrei auch die gesundheitsfördernde Ausstattung gezählt werden muß.

Gleichfalls ist dieser Renovierteil dem gesamten Bereich der Gesundheitsvorsorge zu empfehlen.

Nach dem Studium des Kapitels der baubiologischen Bewertung der Bausubstanz und nur beispielsweise unter dem besonderen Blickwinkel der alarmierenden Zunahme von Allergien ist dieser Zusammenhang nur allzu deutlich.

Krankenkassen, Ärzte und Heilpraktiker treten jedoch immer erst dann in Erscheinung, wenn es zu spät, die Krankheit erkennbar ist. Die Vorsorge hat keine Lobby.

Man schätzt, daß schon fast jeder Mensch in den zivilisierten Ländern mehr oder weniger zu allergischen Reaktionen neigt.

Waren in den 50er und 60er Jahren nur 1% der Gesamtbevölkerung allergisch, rechnet man heute mit 25%.

Diese Zahlen sind ein Beleg für die dringende Forderung an das Gesundheitswesen, sich der Behausung des Menschen anzunehmen, bevor er zum Patient wird. Eine baubiologische Ausstattung der Wohnung ist im Rahmen der Vorsorge ein wertvoller Beitrag zur Kostendämpfung im Gesundheitswesen.

Sogenannte Errungenschaften des Industriezeitalters, die zu einseitig den Aspekt des Wachstums und der Wirtschaftlichkeit optierten, jedoch Qualität und jedwelche Wechselwirkungen übersahen, müssen behutsam rückgebaut und aufbereitet werden.

Das baubiologische Gedankengut will hierzu jedoch nur Hilfestellungen bieten und keine fertigen Rezepte liefern, da sein Ansatz im Sinne der kybernetischen Lehre Prozeßcharakter hat und somit nicht von starren Lehrmeinungen ausgeht.

Diese Hilfestellungen durch die Berücksichtigung der Wechselwirkungen der Maßnahmen und deren feinstofflichen Wirkungen aber haben lebensfördernden Einfluß auf den Bewohner.

Die Wohnung kann wieder zum Ruheort werden, in dem nicht ständig irgendwelche Abwehrenergien verbraucht werden, um Zivilisationskrankheiten fernzuhalten.

Weiterhin sollten bei der Renovierung die ökologischen Belange mit einfließen, die nicht Gegenstand dieses Buches sind, aber stichwortartig Erwähnung finden.

Der Erfolg einer baubiologischen Renovierung hängt jedoch nicht nur von der Konsequenz und vom beschriebenen Wohnverhalten ab, sondern auch von einer biologisch-ökologischen Lebens- und Haushaltsführung.

Leicht vorstellbar ist z. B. die verheerende Wirkung einer chemischen Reinigungskeule auf die harmonisch abgestimmten Klimaten.

Gleichfalls kann ich mir vorstellen, daß bei einem überzogenen Anspruch an die Wirkung der gesundheitlichen Regeneration durch die baubiologische Renovierung und gleichzeitig ständigem Cola- und Hamburgerverzehr nur Frustrationsgefühle aufkommen können.

Der volle Erfolg einer biologischen Renovierung läßt sich also nur bei einem ganzheitlichen Lebensansatz erreichen.

Wie das Wort »Renovierung« schon impliziert, müssen wir eine gewisse vorhandene Grundsubstanz akzeptieren, die von den tragenden Teilen des Hauses gebildet wird. Eingriffe in das statische Grundgefüge zählen daher nicht zum Inhalt dieses Buches.

Wohl werde ich auf Möglichkeiten eingehen, wie auch tragende Teile, wie zum Beispiel Stahlbetondecken, mit baubiologischen Maßnahmen aufbereitet werden können.

Das Hauptgewicht unserer Renovierarbeiten wird jedoch auf der Erneuerung der uns umschließenden Oberflächen und der eventuell dafür notwendigen Änderungen der Unterkonstruktionen liegen.

Und hier werden sich nach Ausfüllen der Checklisten und Übertragung auf die Grundriß- und Schnittzeichnungen (siehe Seite 13—15) auch die meisten Notwendigkeiten ergeben.

Aber gerade hier haben wir auch die meisten Möglichkeiten, die Wohnumgebung mit baubiologischen Materialien und Maßnahmen so zu gestalten, daß eine erhebliche Verbesserung des Wohnklimas erzielt werden kann.

Grundsätzlich ist bei einer biologischen Oberflächenbehandlung die Haut mit ihrer regulierenden Wirkung das Vorbild.

Mit einer giftfreien Oberfläche ist daher schon ein wichtiger Schritt getan.

Mit entsprechenden Vorbaukonstruktionen können wir aber auch die Atmungsinaktivität der gegebenen statischen Bauteile zumindest bis zu einem Teil ausgleichen und aufheben.

Renoviervorbereitungen

Ein Fachmann muß vor Beginn seiner Arbeiten die Arbeitsvoraussetzungen genau prüfen, von der Statik über die Untergrundbehandlung bis hin zur Materialausführung. Neben den Richtlinien der Verdingungsordnung für das Bauwesen, kurz VOB genannt, verpflichten ihn auch diverse DIN-Normen dazu. Beachtet der Fachmann diese Richtlinien nicht, kann er regreßpflichtig gemacht werden.

So gilt natürlich auch für uns die Regel, daß nur gewissenhaftes und überlegtes Arbeiten in jeder Beziehung einen Erfolg versprechen kann.

Vor Arbeitsbeginn sollten die Räume so weit ausgeräumt sein, daß die Arbeit nicht mehr als unvermeidlich behindert wird. Das Abdecken der verbleibenden Möbel und gegebenenfalls des Fußbodens ist Grundvoraussetzung.

Als weitere Vorbereitung ist die Abfallbeseitigung zu organisieren.

Das ist leichter gesagt als getan. Unser Abfall besteht ja in erster Linie aus Materialien, die aufgrund ihrer baubiologischen Bewertung dringend entfernt werden sollten.

So werden wir es je nach Aufkommen mit Materialien zu tun haben, die giftig sind, beziehungsweise Feinstäube oder radioaktive Strahlungen über den natürlichen Werten abgeben.

Kurz, dieser Sanierungsmüll sollte nicht einfach in den Container und von dort aus auf die nächste Mülldeponie gekippt werden.

Hier fehlt jedoch den meisten Kommunen, Reinigungsämtern und Müllabfuhrunternehmen noch das nötige Bewußtsein. Für mich eine Tatsache, die man nicht so hinnehmen sollte, sondern an der es zu arbeiten gilt.

Kunststoffe, Schwermetalle oder halogenierte Kohlenwasserstoffe, wie sie im durchschnittlichen Sanierungsmüll anfallen, lassen sich nicht abbauen; sie leisten den Mikroorganismen hartnäckigen Widerstand.

Eine umweltgerechte Entsorgung oder gar ein Recyclingverfahren für Kunststoffe oder Wärmedämmaterialien sind technisch noch im Anfangsstadium.

Zudem kann unser verseuchter Sanierungsgiftmüll auf der Mülldeponie zur Grundwasserverseuchung oder zu Gasbildungen führen.

Daher halte ich es für sehr angebracht, auf die zu entsorgenden Materialien die Reinigungs- beziehungsweise Fuhrämter anzusprechen.

Wenn Gemeinden schon ein sogenanntes Umwelttelefon eingerichtet haben, wäre das die erste zu wählende Nummer.

Dabei werden sicher interessante Äußerungen zu hören sein. Dennoch sollte eine Abweisung oder Verharmlosung einen nicht verunsichern.

Wichtig ist, daß hiermit vielleicht Ansätze für ein Bewußtsein geschaffen wird, das der Beurteilung des Renoviermülls (und damit der Produkte) und der materialgerechten Entsorgung zumindest ein Stück näher kommt.

So sind auch Fragen nach Zwischenlagerstätten für Kunststoffabfälle sinnvoll, die dort so lange deponiert werden könnten, bis entsprechende Recyclingverfahren ausgereift sind.

Auf jeden Fall sollte erreicht werden, daß die toxischen und radioaktiven Substanzen zumindest auf einer Sondermülldeponie landen.

Die giftigen Farbreste könnten zum Beispiel dem Handel zurückgegeben werden, ähnlich dem bereits eingespielten Verfahren für Altöl oder Batterien.

Ist die Frage der Entsorgung zumindest in Ansätzen befriedigend gelöst, gilt es, diese Stoffe aus der Wohnung zu entfernen.

Hierbei sind Vorsichtsmaßnahmen angebracht.

Für alle Arbeiten, bei denen toxische Ausdünstungen oder das Austreten von Feinstäuben zu erwarten ist, empfiehlt es sich, eine Atemmaske anzulegen, Handschuhe und Kopfschutz zu tragen. Die Haut sollte mit einer nicht fetthaltigen Salbe eingerieben werden, damit die Giftstoffe nicht über die Haut in den Körper eindringen können.

Der Raum, in dem gearbeitet wird, muß hermetisch gegen die anderen Räume des Hauses abgedichtet werden.

Bei toxischen Ausdünstungen ist der Raum während der Arbeit gut zu durchlüften.

Bei der Gefahr, daß lungengängige Feinstäube abgegeben werden, darf keine Lüftung erfolgen.

Alle im Raum verbleibenden Gegenstände und alle Oberflächen, die nicht zum Sanierungsumfang gehören, auch Decken, Böden und Wände, sind luftdicht abzudecken.

Der Sanierungsmüll wird sofort in absolut dichte Plastikmüllsäcke gefüllt, die Öffnungen der Säcke sind luftdicht zu verschließen.

Nach Beendigung der Arbeit muß der Raum über mehrere Stunden gelüftet werden, damit ein mehrfacher Austausch der Raumluft erfolgen kann.

Erst danach kann die Abdichtung gegenüber den anderen Räumen entfernt und mit den eigentlichen Renovierarbeiten begonnen werden.

Farben und Lacke können abgeschliffen werden.

Dabei ist ein Schleifpapier mit einer möglichst groben Körnung zu wählen, damit die Staubkonsistenz nicht zu fein ausfällt. Der Schleifstaub sollte direkt aufgefangen werden.

Kunstharzputze können abgeschlagen werden. Hierfür eignen sich breite Meißel. Wenn durch das Abschlagen das Staubaufkommen zu hoch ist, kann auch ein Abschmilzen mit dem Heißluftgebläse erfolgen, wie wir es für Kleber verwenden.

Kleber können mit dem Heißluftgebläse verflüssigt werden. Dabei ist auf die Hitzeempfindlichkeit des Untergrundes zu achten. Sobald der Kleber flüssig ist, kann er mit einem breiten Spachtel abgeschabt werden. Hierbei ist auf eine wirklich gute Durchlüftung des Raumes zu achten, da durch die Erhitzung sich die Lösungsmittel im Kleber verflüchtigen. Die Atemmaske sollte feucht getragen werden, um die Ausdünstungen zu binden.

Mineralwolle und andere Stoffe, die Feinstäube abgeben, sind mit höchster Behutsamkeit zu entfernen, damit es möglichst zu keiner Staubaufwirbelung kommt. Bei Dämmaterialien empfiehlt es sich auf jeden Fall, diese vorher zu durchfeuchten, um damit das Staubaufkommen zu reduzieren. Fenster sind eventuell noch zusätzlich abzudichten, um eine Luftströmung im Raum zu verhindern. Die Atemmaske ist feucht zu tragen.

Bei **Asbest** sollten soviele durchfeuchtete Atemmasken getragen werden, daß man gerade noch atmen kann. Hier ist zur Vorbehandlung eine Versiegelung mit Wasserglas angeraten. Diese transparente Flüssigkeit ist in Apotheken und Künstlerbedarfsgeschäften erhältlich und firmiert unter »Natriummetasilikat«.

Formaldehyd ausgasende Stoffe können zur Minderung bei hohen Emissionswerten zunächst einer Ammoniakbegasung unterzogen werden.

Das empfiehlt sich auch bei Hölzern, die mit Schutzmitteln verseucht sind.

Dieses Ammoniak ist wohl unter dem Namen »Salmiakgeist« bekannter und ist ein klassisches Abbeizmittel.

Bei radioaktiven Stoffen haben wir keine Schutzmöglichkeit. Auch hier empfiehlt es sich, während und nach den Arbeiten gründlichst zu lüften, so daß die Raumluft sich mehrfach in der Stunde auswechseln kann. Das reduziert den Radonanteil.

Entsprechend der radioaktiven Verseuchung sollte darauf geachtet werden, daß die Strahlenbelastung innerhalb einer Stunde auf keinen Fall 2 mR übersteigt. Das ist die hundertfache Dosis der natürlichen Strahlung, die nach einer Liste der sogenannten maximalen Arbeitsplatz-Konzentrationswerte (MAK) noch gerade als Belastung zumutbar ist.

Baubiologische Ausrüstung:

Tondachziegel und statt Dampfsperre, gewachstes Ölpapier.

Natürlicher Holzschutz durch Belüftung (gegebenenfalls Borsalzimprägnierung).

Weichfaser-, Kork- oder Kokosdämmung.

Möbel aus Massivholz mit natürlicher Oberflächenbehandlung (z. B. Bienenwachs).

Bett aus Holzlattenrahmen mit Roßhaar- oder Strohkernmatratzen.

Fußböden aus Holz oder griffigen Naturbelägen (vor allem in Schlafräumen).

Alle Wände nur mit atmungsaktiven Beschichtungen versehen — Kalkputze, Weichfaserbeschichtung, Holzverkleidungen eignen sich dazu.

Als Wandbelag nur Kalkstrukturputze, Naturfasertapeten und Naturfarben verwenden.

Fenster- und Türkonstruktionen aus Holz mit atmungsaktiver Beschichtung — Lasuren, Beizen oder Leinölanstriche.

Durch Abschirmung der Elektroleitungen ergibt sich ein störungsfreies Elektroklima.

Küchen und Feuchträume brauchen besonders gute Luftaustausch- und Atmungsmöglichkeiten.

Belag aus unglasierten Fliesen mit Bienenwachsbehandlung und verklebt mit Naturharzen.

Für den Keller eignet sich gestampfter Lehmboden, der für eine Lebensmittellagerung optimale Bedingungen schafft.

Wände

Vor allem Außenwände müssen wie die Decken und Böden Hautfunktion haben. Die Haut ist eine Art Puffer zwischen dem Inneren des Gebäudes/Körpers und der Außenwelt, die die unterschiedlichen klimatischen Anforderungen reguliert. Die Mauern und ihre Beläge sollen also atmen können.

Aufgabe der Außenwände ist, neben der entsprechenden Standfestigkeit, der Schutz vor Witterungseinflüssen, der Schall- und Brandschutz, wie auch eine gute Wärmedämmung und -speicherung.

Normalerweise wird das Errichten von Außenwänden bzw. von massiven Wänden nicht zu den Tätigkeiten des Renovierens gerechnet.

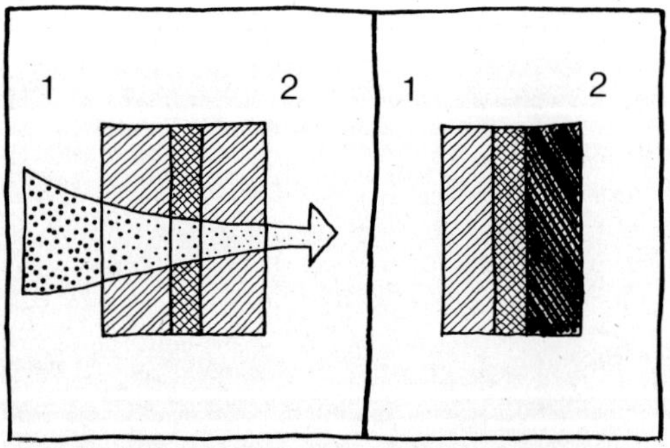

»Eine von innen nach außen zunehmende Diffusionsdurchlässigkeit« bedeutet vereinfacht ausgedrückt, daß Baumaterialien der Außenfläche offenporiger sein sollen, als die der Innenfläche. (1) — Außen, (2) — Innen.

Unser Renovierkapitel »Wand« beschäftigt sich daher schwerpunktmäßig mit den Beschichtungen und dem Bau von leichten Innenwänden.

Eine der wichtigsten Voraussetzungen für ein gesundes Wohnklima ist, daß die großflächig mit der Innenraumluft in Berührung kommenden Wandflächen sorptions- und diffusionsfähig, also »atmungsfähig« sind. Eine eventuell vorhandene, versiegelnde Oberflächenbeschichtung sollte daher entfernt werden.

Der Aufbau einer atmungsaktiven Außenwand muß eine von innen nach außen zunehmende Diffusionsdurchlässigkeit aufweisen.

Wandbeläge außen

Putze

Ein Putzmörtel muß zur guten Verarbeitbarkeit geschmeidig und elastisch sein, damit er Mauerwerkserschütterungen und Spannungen, durch Temperaturschwankungen bedingt, aufnehmen kann.

Er muß weicher sein als sein Untergrund, aber gleichzeitig so fest, daß er mechanischen Belastungen standhält.

Zudem muß er wasserdampfdurchlässig und als Außenputz witterungsbeständig sein.

Mineralische Putze

Für Putze auf Außenwänden bieten sich mineralische Putzmörtel an.

Diese Putze werden nur aus natürlichen Rohstoffen hergestellt.

Da mineralische Putze nicht nur unter baubiologischen Aspekten hergestellt sein können, ist jedoch darauf zu achten, daß diese keine Zuschlagstoffe enthalten. Solche Zuschlagstoffe, wie Abbindebeschleuniger oder Frostschutzmittel, beeinträchtigen die von uns gewünschte baubiologische Qualität erheblich.

Bei der Verwendung von Fertigmischungen sollten daher die Angaben der Zusammensetzung sorgfältig geprüft werden.

Wenn diese Angaben fehlen, ist eine schriftliche Bestätigung durch den Händler sinnvoll, aus der hervorgeht, daß keine Zuschlagstoffe in der Fertigmischung verwendet wurden.

Über die Abgabe einer schriftlichen Erklärung wird sich sicher kein Händler freuen, aber sie gibt die einzige Gewähr für eine wirklich verbindliche Aussage.

Sicherheit bringt das eigene Mischen der einzeln beschafften Rohstoffe und ist meist auch preiswerter als Fertigmischungen.

Sind große Außenflächen oder gar ganze Fassaden zu verputzen, sollte man jedoch überlegen, ob nicht besser eine entsprechende Fachfirma damit beauftragt werden sollte.

Neben den erforderlichen, umfangreichen Gerüstarbeiten, an die bestimmte Sicherheitsanforderungen gestellt werden, ist vor allem zu bedenken, daß die extreme Witterungsbeständigkeit des Außenputzes hohe Qualitätsanforderungen stellt. Um diesen Anforderungen gerecht zu werden, müssen die entsprechenden Verarbeitungstricks bekannt und gewisse Erfahrungswerte verfügbar sein.

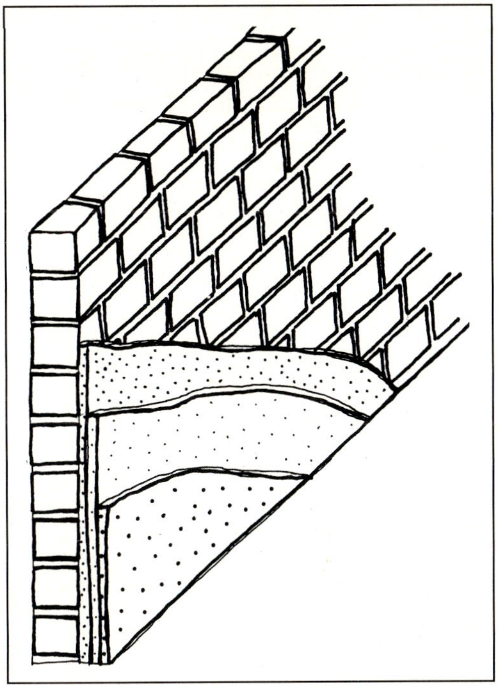

Dreilagiger Aufbau bedeutet nichts anderes, als daß drei Putzschichten hintereinander aufgetragen werden müssen.

Bei Beauftragung einer Fachfirma ist jedoch deutlich zu machen, daß nur Materialien unter baubiologischen Aspekten zu wenden sind. Auch hier sind schriftliche »Unbedenklichkeitsbescheinigungen« wirkungsvoll und hilfreich.

Traß-Kalkputz

Für den Außenputz zu empfehlen ist ein Traß-Kalkputz aus Weißkalkhydrat, Traßmehl und Natursand im Verhältnis 0,5 zu 0,5 zu 3. Es empfiehlt sich ein dreilagiger Aufbau, der im Mittel 20 mm nicht übersteigen sollte.

Da reine Kalkputze durch säurebildende Basen der aggressiven Luft zerstört würden, ist der Traßzusatz für Außenputze unerläßlich.

Wärmedämmung als Putzträger

Wie schon bei den Klimaten angesprochen und auch in späteren, ausführlicheren Beschreibungen zur Wärmedämmung zu sehen (Seite 98), ist die Außendämmung die bauphysikalisch einzig richtige Dämmart.

Sollte die zu verputzende Außenwand über eine zu geringe Wärmespeicherkapazität verfügen, was sich durch einen schnellen Wechsel der Temperaturen der Innenwandfläche erkennen läßt, eignen sich Korkplatten zur nachträglichen Wärmedämmung.

Für ein Kork-Wärmedämmsystem werden sogenannte reinexpandierte Dämmkorkplatten verwendet. Der Kork wird hierbei bei etwa 280 °C dampfexpandiert und gepreßt, wobei das austretende Harz die Korkstücke zu einer sehr stabilen Platte verbindet.

Diese Dämmkorkplatten können mit einem vollflächig aufgebrachten, lösungsmittelfreien Korkkleber auf die zu dämmende Fassade geklebt werden.

Wenn auch arbeitsintensiver, dafür jedoch kostengünstiger ist ein Vorverputzen der Fassade mit einem kalkgebundenen Haftputz. Dieser Haftputz wird mit einer »Prise« Zement, der nicht radioaktiv sein darf, versetzt.

Das Zusetzen von Zement, im Verhältnis 1 Teil Putz zu 0,1 Teil Zement, gibt dem Putz eine bessere Elastizität und Haftkraft. Darauf werden dann die Dämmkorkplatten aufgedrückt.

Mit demselben Haftputz werden nun die Platten dünn überputzt. Darauf wird ein alkalibeständiges Gewebe gelegt und erneut mit Haftputz überzogen.

Anschließend erfolgt ein Strukturdeckputz aus mineralischem Putz oder Traßkalkputz und Marmorsand in verschiedenen Körnungen, im Verhältnis Putz zu Sand von 1 zu 2.

Dieser Deckputz kann als Reibe- oder Spritzputz aufgebracht werden.

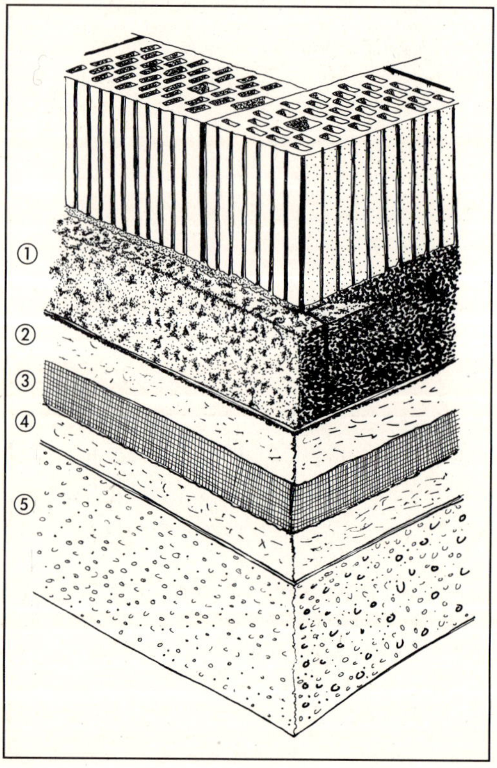

Hier ist der biologische Wärmedämmputz an einer Ecke dargestellt: Auf die Hohlkammerziegeln werden die Dämmkorkplatten aufgeklebt (1). Dann erfolgt ein Haftputz (2), darauf wird ein alkalibeständiges Gewebe gelegt (3) und erneut überputzt (4). Den Abschluß bildet ein Strukturputz (5).

Fassadenverkleidung

Profilholzverkleidung

Profilhölzer aus Massivholz der Holzarten Fichte, Kiefer und Lärche eignen sich in der dargestellten Art zur Fassadenverkleidung. Dabei können jedoch nur Hölzer verwendet werden, die mindestens 1,2 cm dick sind.

Um Profilholzbekleidungen eben und sicher befestigen zu können, muß auf die Wand eine Unterkonstruktion aus Latten genagelt oder geschraubt werden, die eine Hinterlüftung gewährleistet. Die Dicke der Latten ist daher so zu wählen, daß die Profilhölzer mindestens 2,5 cm von einer verputzen Fassade und mindestens 4 cm bei rohem Mauerwerk abstehen.

Zur Befestigung können verzinkte Nägel oder nichtrostende Schrauben verwendet werden, die mindestens doppelt so lang wie die Materialstärke der Profilhölzer sind.

Der Abstand zwischen Profilholz und Boden muß mindestens 30 cm betragen, um die Hölzer aus dem Bereich des Spritzwassers (bei Regenfällen) herauszuhalten.

Zum Dach hin müssen die Profilhölzer einen Abstand von mindestens 2 cm haben, um die wichtige Hinterlüftung zu garantieren.

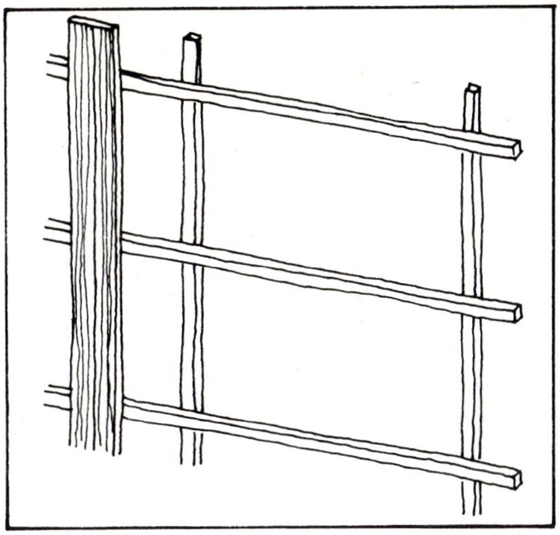

Unterkonstruktion mit Konterlattung.

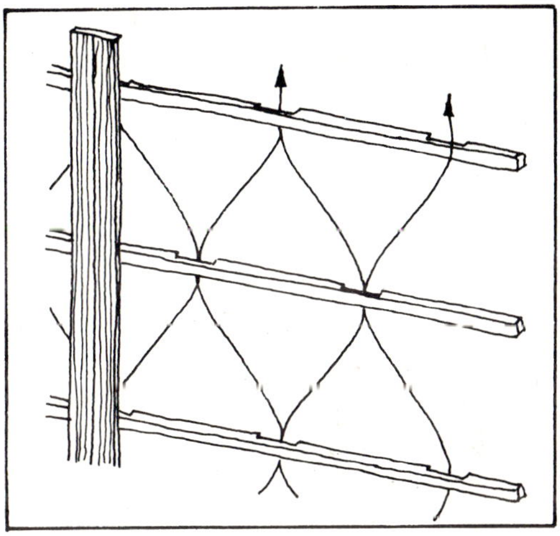

Bei einer einlagigen Unterkonstruktion müssen die Latten in regelmäßigen Abständen Aussparungen zur Hinterlüftung haben.

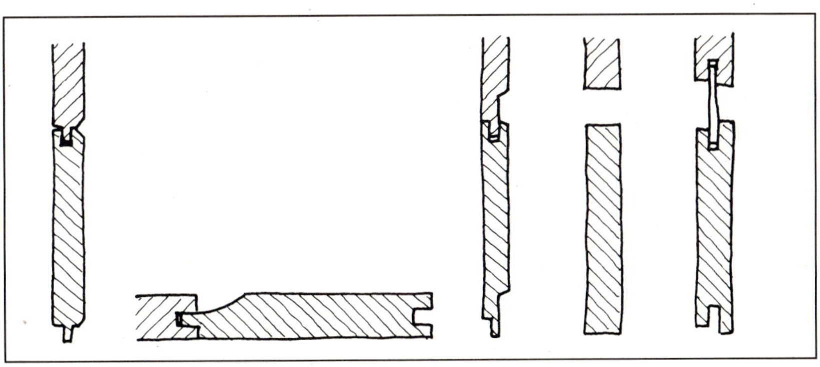

Profilhölzer gibt es in den unterschiedlichsten Versionen. Aber auch breitere Latten oder Bretter eignen sich, wenn sie zweilagig mit versetzten Kanten montiert werden.

Holzschindelverkleidung

Die Verkleidung mit Holzschindeln ist von der Unterkonstruktion her aufwendiger.

Verwendet werden sollten ausschließlich von Hand gespaltene Schindeln.

Beim Spalten von Hand werden die Schindeln entlang ihrer Fasern getrennt.

Diese Faserschicht bleibt somit über die gesamte Länge der Schindel unzerstört erhalten.

Bei maschineller Verarbeitung verläuft der Sägeschnitt quer zur Holzfaserrichtung, so daß diese zerstört wird.

Die Holzfaserschicht der Schindel bildet einen natürlichen, feuchtigkeitsabweisenden Schutz. Ist diese Faserschicht zerstört, kann in das Holz schnell Feuchtigkeit gelangen und zur Fäulnisbildung führen.

Für Schindeln werden an heimischen Hölzern Fichten und Lärchen verwendet, sonst die Western Red Cedar von den Indianern Nordamerikas und die Alerce von den Indios in Südamerika.

Die Schindeln werden in der Regel mit zwei feuerverzinkten Schindelstiften auf die Unterkonstruktion genagelt.

Begonnen wird mit der untersten Reihe, also im Abstand von ca. 30 cm zum Boden.

Bei darauffolgenden Reihen werden die Schindeln so angeordnet, daß sie sowohl die Nagelstellen der darunterliegenden Reihe verdecken, als auch ihre Fugen um 3 cm zur unteren Reihe seitlich versetzt sind.

Wärmedämmung bei Holzverkleidungen

Bei zusätzlicher Wärmedämmung können zwischen den Haltekonstruktionen für die Holzverkleidung expandierte Dämmkorkplatten eingelegt werden.

Diese Korkplatten sollten eine Dicke von etwa 8 bis 10 cm haben.

Für die senkrechten Unterhölzer werden nun nicht Dachlatten, sondern Kanthölzer verwendet, die mindestens 2,5 cm dicker sind als die Korkplatten, bei verputzen Außenwänden. Bei rohem Mauerwerk müssen sie sogar 4 cm dicker sein.

Der Abstand zwischen diesen Kanthölzern ist so zu wählen, daß die Korkplatten dort hineingepreßt werden können und ohne weitere Befestigung halten.

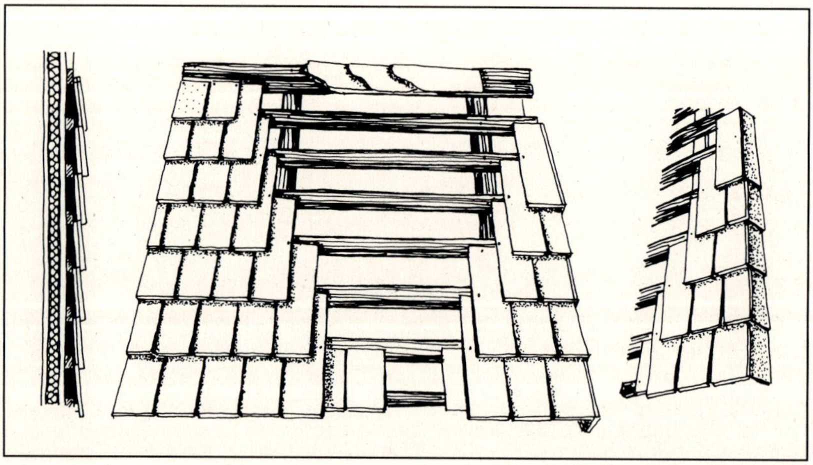

Eine Fassadenverschindelung mit Eckausbildung und Abschlußreihe, oben mit querliegenden, unten mit halben Schindeln.

Die Skizze zeigt, daß auch hier auf eine Hinterlüftung nicht verzichtet werden kann.

Sind die Korkplatten 50 cm breit, müßte der Abstand der Kanthölzer bei 49 cm liegen.

Nach Befestigung der Kanthölzer und Einbringen der Dämmkorkplatten, die bündig mit der Vorderkante der Kanthölzer abschließen, werden die Längslatten aufgeschraubt oder aufgenagelt.

Diese Längslatten müssen in der Dicke so gewählt werden, daß sie einen Abstand zur Fassadenverkleidung von mindestens 2,5 cm ergeben.
Diese Dämmart ist vom konstruktiven und finanziellen Aufwand her als die günstigste zu bezeichnen.

Vormauerziegelfassade

Wenn auch in der Herstellung sehr aufwendig, so möchte ich doch der Vollständigkeit halber die Herstellung einer Vormauerziegelfassade erwähnen.

Hierfür muß erst eine Stahlkonsole errichtet und am Sockel befestigt werden. Wenn diese Stahlkonsole rund um das Haus gelegt wird, gehen von ihr elektromagnetische Feldwirkungen aus.

Daher ist diese Form der Konstruktion nur für unsere Belange sinnvoll, wenn die Fassadenverkleidung auf einen Hausteil beschränkt bleibt.

Neben den Atmungsqualitäten der Ziegelsteine ist hier auch auf eine hohe Frostbeständigkeit zu achten.

Auf der Stahlkonsole wird dann das Mauerwerk errichtet.

Bei jeder dritten Ziegelschicht sollte in Abständen von 60 cm eine Verankerung mit der Fassade erfolgen.

Zwischen Fassade und Vormauer bleibt ein Freiraum von etwa 7 cm.

In diesen Freiraum kann eine Wärmedämmung eingebracht werden, die jedoch wasserabstoßend sein muß. Dafür eignen sich Blähtonkügelchen.

Ob jedoch eine Wärmedämmung noch notwendig ist, da die vorgemauerten

Links die Vormauer; der Zwischenraum zur eigentlich tragenden Außenmauer ist mit Blähton gefüllt. Die Vormauer steht auf einer Stahlkonsole, die mit der tragenden Kellerdecke verankert ist.

Ziegel ja auch den Dämmwert der dahinterliegenden Außenwand erhöhen, wird ein Fachmann beurteilen können.

Ebenso, und noch viel wichtiger, ist vor der Ausführung einer Vormauerfassade den Rat eines Statikers einzuholen.

Er wird beurteilen können, ob die bestehende Außenwand die Belastung durch die Verankerungen der Vorbaumauer aushält und auch, ob der Boden, auf dem die Konsole errichtet wird, die Last der Ziegelmauer ohne Vorbehandlung überhaupt tragen kann.

Wärmedämmung

Die immer wertvoller und knapper werdende Ressource »Energie« und dadurch bedingte Energiepreissteigerungen machen eine gute Wärmedämmung der Häuser und Wohnungen notwendig.

Bei einer biologischen Renovierung sollte dieser Aspekt nicht außer Acht gelassen werden.

Eine Dämmung amortisiert sich schnell, da dadurch die Heizkosten der Wohnung zum Teil erheblich sinken können.

Mit einer Wärmedämmung und somit geringerem Heizenergieverbrauch wird auch die Schadstoffbelastung (Schwefeldioxid) der Umwelt reduziert.

Zur Beurteilung und Auswahl der Bauteile, die wärmegedämmt werden sollten, gibt die folgende Schemazeichnung Hilfen. Sie zeigt den Energieverlust und dessen prozentuale Verteilung auf Bauteile am Beispiel eines Einzelhauses auf.

Eine Wärmedämmung darf jedoch nicht die Atmungsfähigkeit der Wand beeinträchtigen, sondern soll die »dritte Haut« in ihren Funktionen unterstützen.

Eine gute und sinnvolle Wärmedämmung soll den Temperaturwechsel verzögern. Das heißt, warme Wandinnenseiten sollen die Wärme nur sehr langsam zur Wandaußenseite leiten, den sogenannten Wärmefluß also verlangsamen und somit Wärme speichern.

Ferner muß der Wärmedämmstoff mit den Materialien der Wand harmonieren. Das heißt, das Feuchte- und Wärmeverhalten des Dämm- und Wandmaterials muß aufeinander abgestimmt sein. Harmonieren Dämmstoffe und Wandmaterialien nicht miteinander, führt das auf Perspektive zur Kondensation.

Der Wärmedämmwahn mit den künstlichen Dämmstoffen und üblichen Dichtungsbahnen führt in Zusammenhang mit einer mangelhaften Lüftung zu der mittlerweile weit verbreiteten Schimmelpilzbildung.

Aber, wie schon beim Luftklima aus-

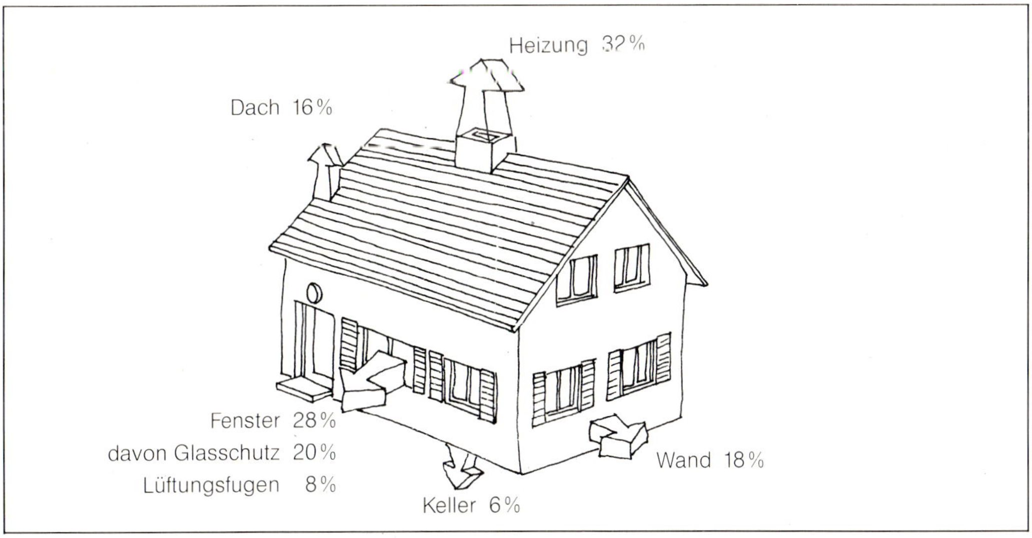

a) herkömmliche Dämmung:
Synthetische Dämmstoffe können nicht atmen und wirken als Dampfsperre. Sie verhindern den wichtigen Austausch von Innen- und Außenluft.

b) biologisch atmungsaktive Dämmung:
Natürliche Dämmstoffe gewährleisten den Austausch und regulieren so den Feuchtehaushalt des Hauses.

geführt, sind dabei auch Fensterprofil-»Optimierungen« und ein falsches Lüftungsverhalten weitere Ursachen.

Bei einer atmungsaktiven Ausbildung der Dämmschichten, die mit den zu dämmenden Wandbaustoffen in ihrem Wärme- und Feuchteverhalten harmonieren, wird eine vernünftige Verbesserung der Wärmespeicherfähigkeit der Wand geschaffen, die ganz im Sinne unserer baubiologischen Bemühungen ist.

Um die Effektivität der nachfolgend beschriebenen baubiologischen Dämmstoffe miteinander vergleichen zu können, sind bei diesen Stoffen jeweils die Kennwerte ihrer Wärmeleitfähigkeit angegeben.

Diese sogenannte Wärmeleitzahl wird als Einheit in »W/mK« angegeben.

Generell kann gesagt werden, je niedriger die Wärmeleitzahl, desto höher ist das Vermögen, Wärme zu dämmen.

Kork

wird hergestellt aus der Rinde der Korkeiche und als Platten unterschiedlicher Stärke sowie als Schrot zum Schütten angeboten.

Die handelsüblichen Korkplatten entstehen aus einem Korkgranulat, das in einem Gefäß unter Druck erhitzt wird. Ohne fremde Bindemittel wird es unter

Reinexpandierte Dämmkorkplatten oder kurz »Backkork«, gibt es in den unterschiedlichsten Dicken und teilweise auch schon mit geformter Kantenausbildung.

Ausnützung seiner natürlichen Harze zu »Blöcken« gebacken. Aus diesen sogenannten »Backkork-Blöcken« werden die Platten herausgeschnitten.

Dem Verwendungszweck nach werden sie auch Dämmkorkplatten und der Herstellungsart nach auch »reinexpandiert«, das heißt ohne Fremdstoffe, genannt.

Die Wärmeleitfähigkeit liegt bei 0,041 W/mK und damit an der Spitze allen biologischen Dämmaterials.

Korkplatten sind für eine Außen- wie Innendämmung gut geeignet.

Zellulosefaser

besitzt eine ähnlich geringe Wärmeleitfähigkeit (0,045 W/mK). Das zur Zeit einzige Produkt auf dem Markt ist ein wollig-filziges Material mit hoher schalldämmender Wirkung.

Es gilt, wie alle biologischen Dämmstoffe, als elektrostatisch neutral.

Zellulosedämmstoffe sind mit Borsalzen präpariert, um schwerentflammbar, pilz- und ungeziefersicher zu werden. Dadurch verlieren sie jedoch nicht ihre baubiologischen Qualitäten.

Die Zellulose-Wärmedämmwolle ist zur Zeit wohl der preiswerteste Dämmstoff.

Diese Zellulosefaser sieht dem Wattierstoff von Versandtüten sehr ähnlich.

Inzwischen ist die Zellulose-Wärmedämmung zu einem System, einschließlich einfach zu handhabender Geräte, weiterentwickelt worden. Es ermöglicht eine rasche und rationelle Anwendung für die Innen- wie Außendämmung.

Kokosfaser

zeichnet sich ebenfalls durch hohe Wärme- und Schalldämmfähigkeit aus. Ihr Wärmeleitwert liegt bei 0,045 W/mK.

Sie ist sehr atmungsaktiv, zudem elastisch und leicht.

Aus der äußeren Umhüllung der Kokospalme gewonnen, wird sie zu Matten verflochten oder zu Filzen verarbeitet. Als Matte, Platte oder Formteil hält sie der einschlägige Handel bereit.

Kokosfasern sind baubiologisch mit Wasserglas präpariert, damit sie wasserabweisend werden.

Kokosfaser-Dämmstoffe können somit auch für die Außendämmung verwendet werden.

Auf einer gepreßten Kokosplatte liegt die sehr leichte Kokosmatte.

**Das sind die Rohstoffe:
Links die Rinde der Korkeiche, deren Granulat dann zu den Korkplatten aufgebakken wird.
Rechts die Schale einer Kokosnuß. Daraus werden dann die Matten geflochten.**

Holzwolle-Leichtbauplatten
bestehen aus langfaserig gehobelter Fichtenholzwolle, die mit Magnesit gebunden wird und eine baubiologisch unbedenkliche Schutzimprägnierung aus Borsalz erhält.

Die weitgehend biege-, stoß- und bruchfesten Platten sind frei von Chloriden, greifen also Metall nicht an.

Durch die Borsalzimprägnierung können sie Feuchtigkeit ausgleichen und sind pilzresistent.

Sie können sowohl innen als auch außen zur Dämmung eingesetzt werden. Besonders geeignet sind sie jedoch als Putzträger. Hierbei ist auf die baubiologische Ausführung zu achten, da konventionelle Holzwolleleichtbauplatten, mit Zement gebunden, sowohl die Atmungsaktivität mindern als auch radioaktiv sein können.

Außendämmung

Grundsätzlich sollte eine Wärmedämmung der Außenwände außen angebracht werden. Die innere Wandschale behält dadurch ihre Speicherfähigkeit.

Bei innenseitiger Dämmschichtanordnung einer Außenwand ergibt sich grundsätzlich die Gefahr der Tauwasserbildung.

Zur Ermittlung der Dämmschichtdicke ist ein Fachmann zu Rate zu ziehen, der den K-Wert der bisherigen Wände berechnet. Der K-Wert ist ein Kennwert für die Dämmwirkung.

Unter Berücksichtigung des errechneten, vorhandenen Wertes ergeben sich die mit der Dämmschicht zu erzielenden Zusatzwerte und damit auch die notwendige Dicke der Dämmschicht.

Als Faustformel läßt sich hier ein Bereich von 6 bis 8 cm nennen.

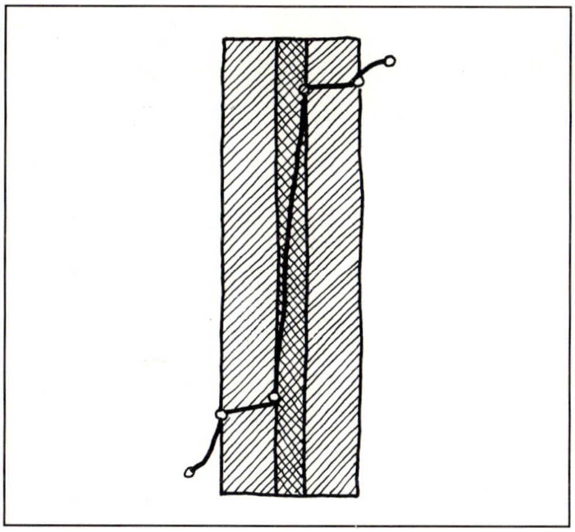

Durch eine Dämmschichtanordnung werden wasserdampfdiffusionstechnische Eigenschaften einer Außenwand verändert.

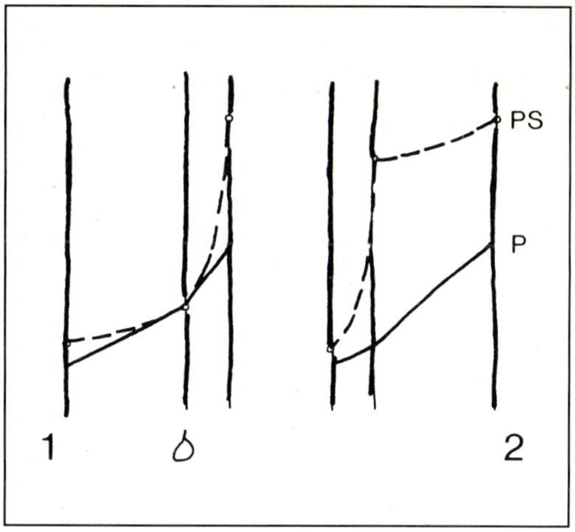

Die Abbildung zeigt die Verteilung des Dampfdrucks (p) und Sättigungsdrucks (ps) über den Querschnitt innen (1) und außen (2) gedämmter Außenwände.

Eine nachträgliche Dämmung der Außenwände ist jedoch auch bei entsprechend niedrigen K-Werten nicht unbedingt immer notwendig.

So sollte an der Südfassade auf die Dämmung gänzlich verzichtet werden, da hier auch die äußere Speicherfähigkeit, bei entsprechendem Wandbaustoff, eine positive Energiebilanz erzeugt.

Unter Umständen könnte hier ein Zwischentemperaturbereich, z. B. in Form eines Wintergartens, angebaut werden.

Ferner ist für die Notwendigkeit der nachträglichen Wärmedämmung auch die Fenstersituation mit entscheidend. Diese kann dazu führen, daß trotz vom K-Wert ausreichender Dämmwerte eine zusätzliche Dämmung oder der Einsatz neuer Fenster notwendig wird.

Einige Bauteile können von ihrer Konstruktion her die beste Außendämmung zunichte machen.

Diese Bauteile stellen sogenannte Wärmebrücken dar, die durch die

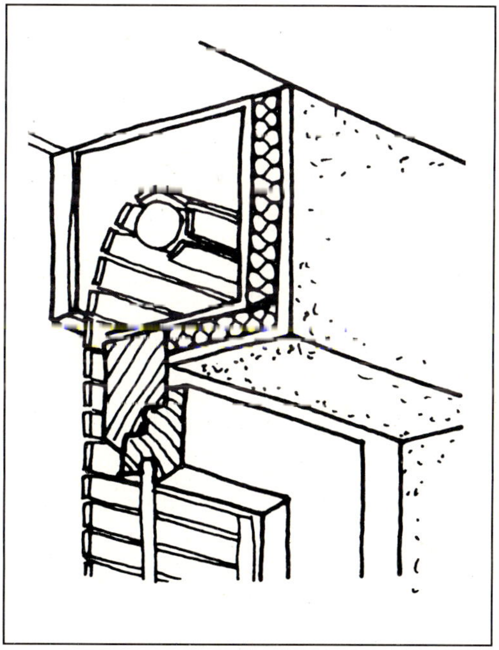

Um Rolladenkästen nachträglich zu isolieren, wie hier mit Kork geschehen, muß die innere Abdeckplatte entfernt werden. Vor dem Aufkleben des Korks auf der Rückseite dieser Platte ist zu prüfen, wieviel Volumen dafür bei hochgezogener Rollade zur Verfügung steht.

Dämmschicht hindurchragen und die Güte der gesamten Dämmung definieren, die immer nur so gut ist wie ihre schwächste Stelle.

Diese überbrückenden Konstruktionen senken im Winter die Temperaturen an der Innenoberfläche der Außenwand, es taucht damit die Gefahr der Tauwasserbildung auf.

Diese Konstruktionen müssen daher beidseitig, also innen und außen gedämmt werden.

So sind durchgehende Balkone solche Wärmebrücken, aber auch Rolladenkästen sind hier zu nennen.

Die nachträgliche Wärmedämmung kann unter einer Fassadenverkleidung, wie auf Seite 92 dargestellt, auf der Außenwand befestigt werden.

Die Abbildung stellt eine Korkdämmschicht dar, die nachträglich in vorgeschraubte Kantholzfelder eingebracht wird.

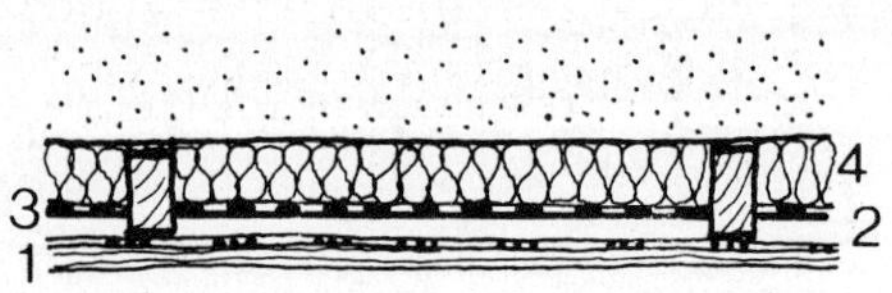

1) Profilholz
2) Hinterlüftung
3) Ölpapier
4) Korkplatten

Vor den Korkplatten wird eine sogenannte Dampfsperre errichtet. Diese Sperre besteht aus Pappe, die in Leinöl getränkt wurde. Durch dieses Ölpapier haben wir einen Schutz vor Durchlüftung und Durchfeuchtung, ohne die Atmungsaktivität der Materialien zu beeinträchtigen.

Auf diesem Ölpapier lagert sich eingedrungene Feuchtigkeit ab, die durch den Luftraum zwischen den Latten austrocknen kann.

Eine weitere Möglichkeit der Außendämmung stellt die Methode dar, Dämmplatten auf der Außenwand zu verkleben, bzw. zu vermörteln und anschließend zu verputzen, wie auf Seite 90 erklärt.

Im Zusammenhang mit der auf Seite 93 beschriebenen Klinkervorsatzschale ist eine sogenannte Kerndämmung zwischen den beiden Schalen möglich.

Als Dämmstoff ist dafür besonders Blähton und Perlit-Gestein geeignet.

Blähton wird aus Tonkügelchen hergestellt, die bei 1200 °C aufgebläht werden. Dabei verschmilzt die Oberfläche zu einer glasurartigen Struktur, und erhält somit eine wasserabweisende Außenhaut.

Von oben gesehen: Die Ziegel in Längsformation bilden die Vorsatzmauer, die quergestellte Ziegelschicht die eigentlich tragende Außenwand. Links ist die Lösung bei einem Fensteranschluß erkennbar.

Perlite Dämmstoffe werden ähnlich hergestellt. Das Perlit-Gestein wird kurzfristig Temperaturen von ca. 1000 °C ausgesetzt und damit zum Schmelzen gebracht. Der dabei freiwerdende Wasserdampf bläht die Glasschmelze um ein Vielfaches des Volumens auf.

Damit ist ein Schüttgut hergestellt, das nicht brennbar und feuchtigkeitsunempfindlich ist und gleichzeitig über wärmedämmende Eigenschaften verfügt (Wärmeleitzahl ist 0,055 W/mK).

Als letzte Dämmart, die jedoch nur für den Neubau von Außenwänden interessant ist, will ich der Vollständigkeit halber noch die Leichtmauerziegeln nennen.

Bei Leichtmauerziegeln werden der Ziegelgrundmasse Sägespäne oder Blähtonkügelchen beigemischt, um so eine höhere Wärmedämmleistung (Wärmeleitzahl 0,06 W/mK) zu erzielen. Zudem sind diese Leichtmauerziegel meist als Hohlkammerziegel geformt.

Innendämmung

Noch einmal wiederholt, eine Außendämmung ist die bauphysikalisch und baubiologisch richtige Dämmweise für Außenwände.

Wenn jedoch eine Außendämmung nicht möglich ist, z. B. bei Belangen des Fassadenschutzes oder bei uneinsichtigen Vermietern, kann mit allen bisher erwähnten Vorbehalten eine Innendämmung vorgenommen werden.

Diese Innendämmung darf jedoch nie direkt mit den Wandflächen der Außenwand in Berührung kommen. Zwischen der Innendämmung und der Wand muß ein entsprechend breiter Raum zur Hinterlüftung dieser Konstruktion vorhanden sein.

Ein Kantholzrahmen wird innen vor die Wand gestellt. Ein dazwischenliegender Dachlattenrahmen schafft eine Hinterlüftung von mindestens 2,5 cm, damit auftretendes Kondensatwasser wieder austrocknen kann.

Die Konstruktion aus Dämmstoff und Kanthölzern kann mit Profilhölzern, Naturgipsplatten oder Holzwolle-Leichtbauplatten verkleidet werden.

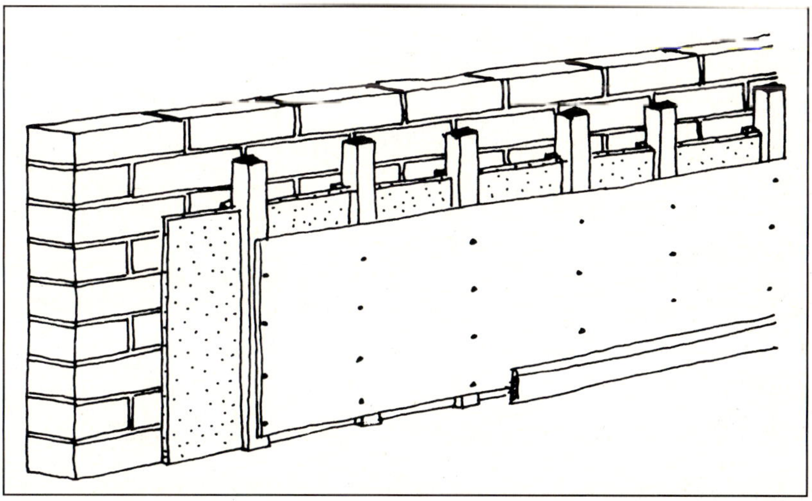

Hier die Konstruktion für eine Innendämmung: Zwischen den Kanthölzern werden die Korkplatten auf Spannung eingelegt, davor werden Verlegeplatten befestigt. Bei dieser Konstruktion ist unbedingt auf die allseitige Hinterlüftung zu achten.

Dämmung von Innenwänden und -decken

Massive Innenwände, deren Wärmespeichervermögen zu niedrig ist, können ohne Bedenken gedämmt werden. Auch dann, wenn diese Wände die Abgrenzung zum Treppenhaus, unbeheizten Dachspeicher oder zu Toilettenanlagen bilden. Die Temperaturunterschiede zwischen den beiden Wandseiten werden niemals so hoch sein, wie das bei Außenwänden der Fall ist. Außerdem sind diese Wände nicht dem extremen Feuchtigkeitsgehalt der Außenwände (Regen und Schnee) ausgesetzt.

Bei harmonierenden Baustoffen können die Dämmstoffe direkt auf der Innenwand montiert werden.

Für die Dämmung bieten sich hier vor allem Korkplatten an. Diese Korkplatten können recht einfach mit einer Fuchsschwanzsäge zugeschnitten und so den räumlichen Gegebenheiten gut angepaßt werden.

Korkplatten und Wand werden mit einem Kalk-Zement-Mörtel verbunden.

Der Mörtel wird aus je 1 Teil Kalk, 0,5 Teilen strahlungsfreiem Zement und 1 Teil feinem Sand zusammengemischt.

Dieser Mörtel wird in der »Wulst-Punkt-Methode« auf die Korkplatten aufgetragen werden.

Bei der »Wulst-Punkt-Methode« wird der Mörtel an den Rändern der Korkplatte als gleichmäßiger Wulst und zur Plattenmitte hin als Punkte aufgetragen.

Die Korkplatten werden dann leicht schiebend an die angrenzenden Platten angesetzt.

Auf der Oberfläche der Korkplatten können dann Schilfrohrmatten als Putzträger befestigt und anschließend mit Kalkputz verputzt werden.

Diese Dämmethode ist gleichfalls für Decken möglich, z. B. zwischen Keller und Wohnung.

Hierzu muß vor Beginn der Arbeiten die Deckenfläche von Staub, Schmutz und abblätternden Anstrichen gereinigt werden.

Auf die Korkplatte wird mit der Kelle der Kalkzementmörtel aufgetragen ...

... und dann sofort an die Wand gedrückt.

Tragstrukturen der Wände

Wanddurchbrüche

Das Errichten bzw. Ändern von Tragstrukturen wird normalerweise nicht dem Renovierbereich zugeordnet.

Sollten sich jedoch im Rahmen der Renovierung Erfordernisse ergeben, wie z.B. die Zusammenlegung zweier Räume oder der Durchbruch für eine Türe, so ist ein Statiker zu Rate zu ziehen. Er muß die statischen Gegebenheiten prüfen und so ermitteln, wo ein Träger, Unterzug oder Pfosten eingezogen werden muß, damit die Decke oder das restliche Mauerwerk abgestützt werden. Das kann je nach Konstruktionsverbund auch für nichttragende Wände erforderlich werden.

Wichtig bei Wanddurchbrüchen ist für unsere Belange vor allem die Ausführung der Stützkonstruktionen. Träger und Unterzüge werden von den meisten Baufirmen nur mit Stahlträgern ausgeführt. Als Sockel für die senkrechten Träger wird dann Beton verwendet.

Hierdurch entstehen jedoch elektromagnetische Störfelder.

Nach unseren Kriterien ist eine solche Trägerkonstruktion vom Material her abzulehnen.

Statt dessen sollten senkrechte Träger gemauert und darauf aufliegende Längsträger aus entsprechend stabilen Holzbalken (am besten Eiche) bestehen.

Diese Konstruktion ist allerdings zum einen meist teurer und nicht jeder Boden, der diese zusätzlichen Lasten aufnehmen muß, ist dafür ausgerichtet.

Diese Probleme lassen sich mit Hilfe des Statikers und der eigenen Kompromißbereitschaft lösen. So können z.B. statt einem großen Durchbruch, zwei kleinere Durchbrüche bereits mit einer wesentlich geringeren Auffangkonstruktion auskommen, die dann auch im Gewicht und in der Gewichtsverteilung den Boden nicht über Gebühr belastet.

Schäden am Mauerwerk

Bei Feuchtigkeitsschäden der Wände müssen nicht nur die in den Wohnklimaten (Seite 61 bis 76) abgehandelten Symptome schuld sein.

Eine undichte Wetterschale der Außenfassade oder aufsteigende Nässe aus dem Kellerbereich können ebenso die Ursache sein.

Aber auch undichte oder »schwitzende« Wasserrohre wie auch fehlende Abdichtungen von Bauteilen, die aus der Fassade herausragen, sind als Schadensursache möglich.

Mit anderen Worten: die Ursachen sind vielfältig und selbst für einen Handwerker nicht immer sofort erkennbar.

Daher muß hier unbedingt ein Fachmann herangezogen werden, der die Ursache ergründet und beseitigt. Das gilt ebenso, wenn tiefe Risse sich durch das Mauerwerk ziehen, die vielleicht sogar über mehrere Geschosse gehen.

Diese Risse können zum Beispiel anzeigen, daß mit den Fundamenten und mit der Statik des Hauses etwas nicht stimmt.

Hier gilt es für den Fachmann zu prüfen, ob diese Rißbildung weiter fortschreitet oder bereits zur Ruhe gekommen ist.

Fazit: Die Behebung dieser Ursachen ist Voraussetzung für den Erfolg der Renovierung.

Diese Schadensbehebung muß von Fachfirmen ausgeführt werden. Dabei ist jedoch vor der Auftragsvergabe bereits unsere Intention einer baubiologischen Lösung festzuschreiben.

Gerade bei der Behebung von Feuchtigkeitsschäden werden eine Unmenge von nicht biologischen Materialien verwendet, welche die Atmungsaktivität des so präparierten Mauerwerks zumindest empfindlich herabsetzen.

Schwerpunkt der Schadensbehebung sollte daher der sogenannte »konstruktive« Bautenschutz sein.

Also nicht mit irgendwelchen Mitteln eine Beseitigung des Schadensbildes herbeiführen, sondern wirklich die Ursache des Schadens beheben. Und die liegt in aller Regel in der falschen Konstruktion eines Bauteils oder in der falschen Wahl eines Materials.

Diese Forderung bewirkt jedoch meist umfangreichere Sanierungsarbeiten, die sich leider auch entsprechend im Preis ausdrücken werden.

Eine baubiologische Behandlung sei hier aber doch für durchfeuchtetes Mauerwerk empfohlen:

Zur Vorbereitung muß der Untergrund gut gereinigt und entstaubt werden. Ein Moosbefall ist gründlich abzubürsten.

Sodann erfolgt eine hydrophobierende Grundierung des durchfeuchteten Mauerwerks bzw. der Vormauersichtschale mit einem hochalkalibeständigen Siloxan.

Hierbei wird die kapillare Saugfähigkeit des Untergrundes reduziert und, aufgrund der wasserabweisenden Wirkung, der Wassertransport in der hydrophobierten Baustoffschicht unterbunden.

Die Grundierung verbindet sich mit dem Mauerwerk so, daß daraus eine feuchtigkeitsresistente Verbindung entsteht, die sehr dauerhaft ist.

Bau von Innenwänden

Bei unserer Renovierung kann es sich auch als notwendig oder wünschenswert erweisen, einen größeren Raum zu teilen. Hier gibt es zwei Möglichkeiten der Tragstrukturen.

Zum einen die Massivbauwand, die gemauert wird. Eine gemauerte Wand weist das beste Schall- und Wärmespeichervermögen auf. (Diese Lösung setzt ein Einverständnis des Hausbesitzers voraus.)

Eine solche Wand hat jedoch ein ziemliches Gewicht und kann daher nicht überall errichtet werden.

Zum anderen die Leichtbauwand, die aus einer Konstruktion aus Holzträgern, meist eingelegtem Dämmaterial und davorgesetzten Leichtbauplatten besteht.

Diese Konstruktion erzeugt wenig Schmutz beim Bau und kann auch gute Wärmedämmeigenschaften haben. Zudem ist sie leicht, so daß sich statische Probleme hier nur noch bei schwimmenden Bodenaufbauten ergeben.

Da Leichtbauwände meist ohne großen Aufwand wieder entfernt werden können, ist das Einverständnis des Vermieters im Prinzip nur einzuholen, wenn dafür Veränderungen am Bodenaufbau notwendig sind.

Massivbauweise

Für die Errichtung einer Halbsteinmauer sprechen folgende Möglichkeiten:

- als Zwischenwand zwecks Raumteilung;
- als Atmungsschicht zur Regulierung des Raumklimas, z. B. vor Betonwänden;
- als Speicherschale in Häusern aus Leichtbauweise zur Verbesserung des Raumklimas;

- als zweite, getrennte Schale vor einer vorhandenen Wand zur Verbesserung des Schallschutzes.

Zu untersuchen ist, ob der Untergrund die Mauer tragen kann oder ob erst die Möglichkeit hierfür geschaffen werden muß. (Dafür brauchen wir den Rat eines Statikers.)

Generell empfiehlt sich die Verwendung eines Holzbalkens auf dem Fußbodenbelag, auf dem die Wand errichtet wird.

Bei einer Holzbalkendecke mit aufliegenden Dielen kann eine Wand nur entlang der Dielen oder direkt auf einem Holzträgerbalken errichtet werden.

Ist auf dem eigentlichen Boden eine schwimmende Bodenkonstruktion aufgebracht, muß diese im Bereich der zu errichtenden Wand ausgestemmt werden, so daß die Wand dann später auf dem eigentlichen Boden steht. (Die schwimmende Verlegung wird dann später wieder hergestellt.)

Eine Lehmziegelwand, bei der die Lagerfugen nur zu zwei Drittel mit Lehmmörtel gefüllt wurden. Beim Versetzen der Steine bleibt dann ein Hohlraum, der den Charakter eines Sichtmauerwerks verstärkt. (Ein nachträgliches Auskratzen der Fugen ist bei diesen Lehmrohlingen nicht möglich, da sie dadurch beschädigt würden.)

Gemauert werden sollte die Wand aus Lehmsteinen, sogenannten Rohlingen. Lehm ist aufgrund seiner Eigenschaften, z. B. dem hohen Wasserdampfaufnahmevermögen, einer der biologisch hochwertigsten Baustoffe.

Bei diesen Lehmsteinen handelt es sich um ungebrannte Ziegel, die bei Ziegeleien oder dem örtlichen Baustoffhändler erhältlich sind. Sie sollten jedoch vorgetrocknet sein.

Vermörtelt werden sie mit sich selbst. Hierzu füllt man vor Beginn der Arbeiten in ein Speißfaß oder vergleichbare Wanne Wasser ein und läßt einige Lehmsteine über Nacht einweichen.

Für etwa 1 m^2 einlagige Mauer, die sogenannte Halbsteinmauer, braucht man etwa 62 Rohlinge:

davon 50 Rohlinge zum Vermauern und 12 Rohlinge, um hierfür den Mörtel zu gewinnen.

Bei 12 Rohlingen brauchen wir etwa 15 bis 20 l Wasser zum Einweichen.

Am nächsten Tag wird das Restwasser abgegossen, und die aufgeweichten Steine werden nun als Lehmmörtel verwendet.

Durch diesen homogenen Aufbau wird die Wand spannungsfrei.

Vor Beginn der Arbeiten wird eine Schnur gespannt, die den Verlauf der

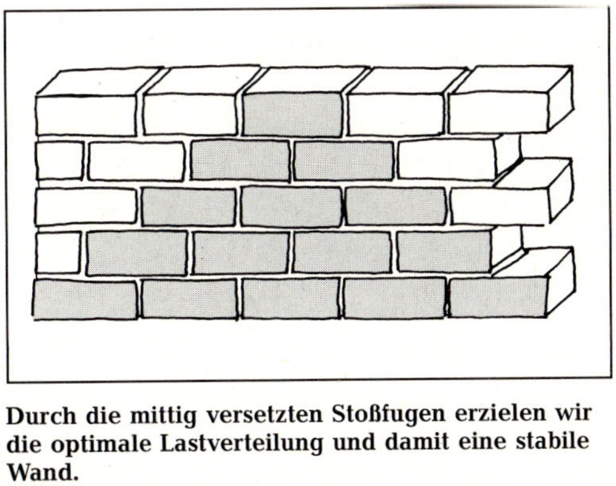

Durch die mittig versetzten Stoßfugen erzielen wir die optimale Lastverteilung und damit eine stabile Wand.

Mauer vorgibt und die jeweilige Steinlage in Richtung setzen läßt.

Das lotrechte Vermauern wird mit Hilfe der Wasserwaage erreicht. Die Stoßfugen der Ziegel sind versetzt anzuordnen.

Zunächst wird auf dem Holzträger eine etwa 3 mm dicke Schicht Lehmmörtel aufgetragen, als sogenannte Lagerfuge.

In diese Schicht wird dann der erste Stein leicht eingedrückt.

Dann werden die weiteren Steine an ihrer Schmalseite, die an den Vorziegel stößt, ca. 3 mm dick mit Lehmmörtel bestrichen und leicht schiebend an den zuvor gesetzten Stein auf die Lagerfuge gedrückt.

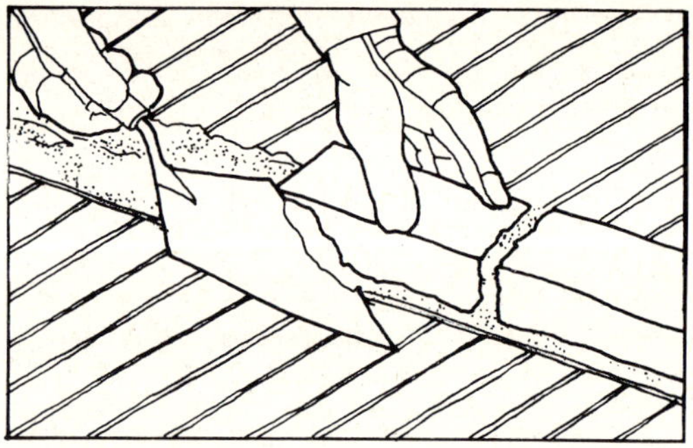

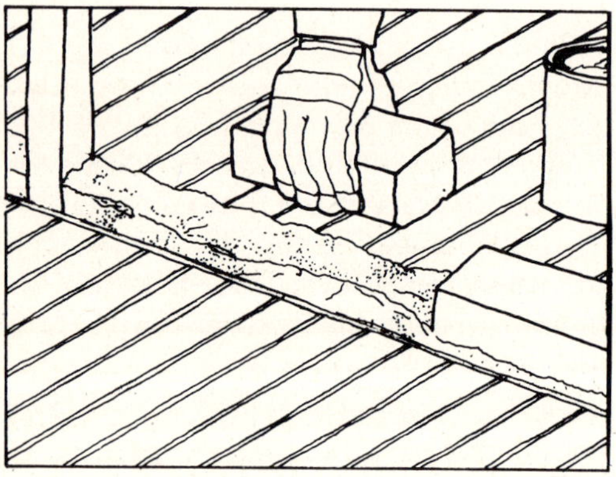

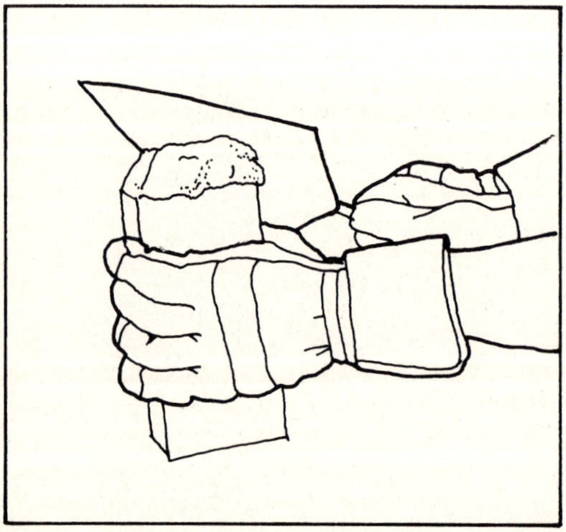

Überquellende Fugenreste werden mit der Kelle abgestrichen.

Die Oberfläche kann als Sichtmauerwerk mit Kalkfarbe gestrichen oder mit einer Weichfaserbeschichtung überzogen werden.

Fertigtrennwand

Alternativ gibt es die Möglichkeit der Verwendung von sogenannten Fertigtrennwänden, die zwar nach dem Prinzip der Ständerbauweise aufgebaut sind, aber durch das Gewicht des gepreßten und verdichteten Strohanteils der Massivbauweise zugerechnet werden müssen.

Sie werden aus gepreßtem Getreidestroh hergestellt und haben eine umlaufende Kartonarmierung. Bei einer Stärke von 50 mm erreichen sie eine hohe Wärme- und Schalldämmung.

Leichtbauweise

Diese Ständerwerkkonstruktionen können durch die trockene Verarbeitung (ohne Vermörteln) einfach und mit sehr geringer Schmutzbildung hergestellt werden.

Im folgenden wird die Errichtung einer leichten Trennwand mit einer Holzunterkonstruktion beschrieben,

Dieses Teil einer Fertigtrennwand zeigt die zwischen zwei Naturgipskartonplatten gepreßte Strohschicht, die eine gute Wärme- und Schalldämmung bewirkt.

wobei Kanthölzer hier das Ständerwerk bilden. Die Kanthölzer sollten mindestens 60 x 80 mm dick sein.

Wird die Unterkonstruktion doppelt eingebaut, wobei die Kantholzrahmen voneinander getrennt aufgebaut werden müssen, und wird dazwischen Dämmmaterial eingelegt, erreicht man so die besten Schalldämmwerte.

Zunächst werden der Standort der Wand und die entsprechenden Markierungslinien im Raum festgelegt, per Schnur angezeichnet und danach mit Lot und Wasserwaage überprüft.

Anschließend werden Kanthölzer zugesägt, vorgebohrt und auf einer Trennlage aus Jutefilz mit Dübeln und Schrauben rundum befestigt.

Hier im Schnitt die optimale Konstruktion für Leichtbauwände mit Gipskartonplatten: Auf die Kanthölzer wird rechts und links eine zusätzliche Lattung aufgeschraubt. Auf dieser Lattung werden dann die Gipskartonplatten befestigt.

Dieser Aufbau bietet einen guten Schallschutz: Auf zwei voneinander getrennten Ständerwerken werden Weichfaserplatten montiert, die mit Profilhölzern beplankt werden. Zwischen den Ständerwerken wird eine Dämmung, hier am besten Kokosfasermatten, eingebracht.

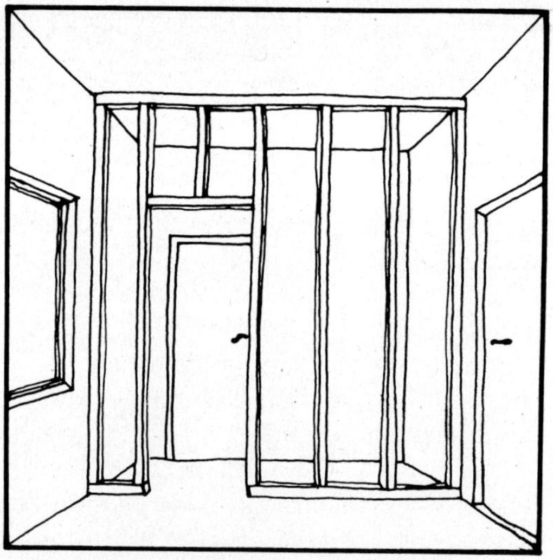

Für Türaussparungen muß, je nach Gegebenheit, von den Abständen der Kanthölzer abgewichen werden. Jedoch darf auch hier der Abstand der senkrechten Hölzer nie größer als 60 cm sein.

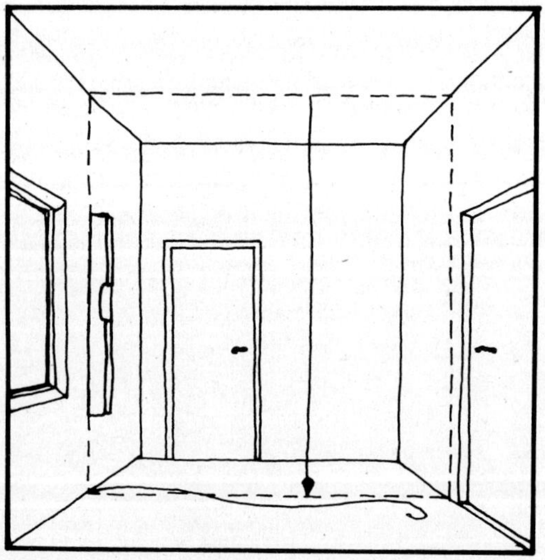

Standort und Ständerwerk der Leichtbauwand werden mit Wasserwaage, Lot- und Richtschnur ausgerichtet.

Die Kanthölzer werden schräg vernagelt oder verschraubt. Durch die zusätzliche Befestigung von Beihölzern wird die Konstruktion stabiler.

Der Abstand der senkrechten Kanthölzer richtet sich nach der Breite der später darauf zu montierenden Platten, jedoch darf der Abstand zwischen zwei Kanthölzern nie größer als 60 cm sein. (Würden später 80 cm breite Platten aufmontiert, wäre ein Abstand von 40 cm zu wählen.)

Die Hölzer werden schräg mit Nägeln oder Schrauben verbunden.

Nun kann bereits eine Seite der Unterkonstruktion mit Naturgipsplatten geschlossen werden.

Diese Naturgipsplatten müssen mindestens 12,5 mm dick sein. Wenn wir stärkere Platten wählen, wirkt sich das positiv auf die Schalldämmung aus.

Diese Gipskartonplatten werden mit einem Teppichmesser oder mit der Stichsäge durchgetrennt. Die Schnittstellen sollten geschliffen werden.

Die Gipsplatten können mit den Kanthölzern genagelt oder verschraubt werden. Bei beiden Verfahren ist anzumerken, daß nur rostfreies Material verwen-

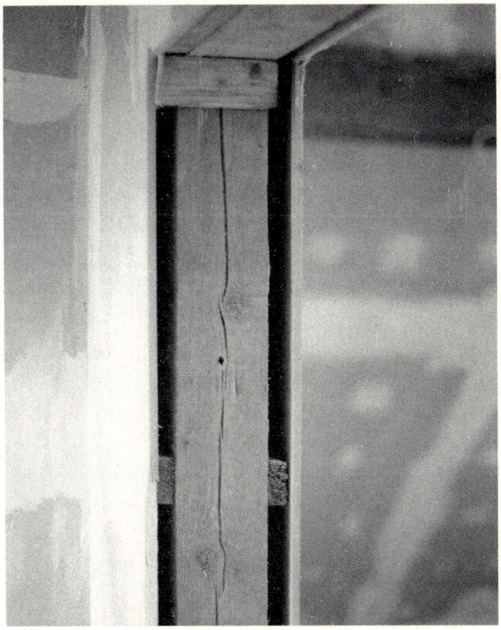

Bei Türaussparungen kann zur Verkleidung eine Türleibung (nach dem Verputzen) aufgeschraubt werden. Sonst muß der Abstand zwischen Gipsplatten und Kantholz mit Latten gefüllt werden. Die Ränder der kaum stoßbelastbaren Gipsplatten sind dann aber auf jeden Fall mit Holzprofilleisten zu schützen.

Sobald das Ständerwerk steht, kann eine Seite bereits beplankt werden.

det werden kann und die Nagel- oder Schraubenköpfe nicht aus der Platte hervorstehen dürfen.

Als Dämmung werden Kokosfasermatten in die Felder eingelegt und die zweite Seite ebenfalls mit Naturgipsplatten geschlossen.

Wenn die Platten dann übertapeziert werden sollen, ist folgendes zu beachten:

Sofern die Platten an den seitlichen Rändern nicht bereits eine leichte Vertiefung haben, muß diese selbst hergestellt werden.

Dazu wird ein Streifen der Kartonage eingeritzt und abgezogen, der so breit ist, wie das später darauf zu befestigende »Bewehrungsband«.

Die Konstruktion einer einschaligen Trennwand mit eingelegtem Dämmaterial und entsprechender Hinterlüftung.

Um eine ebene, fugenlose Wandoberfläche zu erreichen, sind die Anschlußfugen (und auch eventuelle Beschädigungen) mit Stuckgips als Fugenfüllmasse zu verspachteln. Auf die so vorbereiteten Fugen wird nun ein etwa 25 cm breites Jutegewebe in die Spachtelmasse eingedrückt und glatt gezogen.

Als dritter Arbeitsgang wird dann etwa 30 cm breit erneut Stuckgips nachgespachtelt, so daß der Gips das Gewebe zu beiden Seiten hin gleichmäßig überlappt.

Damit der Gips nicht zu schnell abbindet, kann er mit einer Seifenlösung angereichert werden. Diese Seifenlösung stellt einen natürlichen Abbindeverzögerer dar.

Statt den eben beschriebenen Gipsplatten eignen sich auch Holzwolle-Leichtbauplatten, die jedoch mindestens 25 mm dick sein müssen.

Holzwolle-Leichtbauplatten lassen sich jedoch nur schwer ohne nachher erkennbare Fugen montieren. Daher sind sie in erster Linie dann geeignet, wenn die Leichtbauwand anschließend verputzt werden soll.

Wandbeläge innen

Putze

Gesundheitlich unbedenkliche und baubiologisch sinnvolle Innenputze sind auf der Grundlage von Kalk, Gips und Lehm herzustellen.

Sumpfkalkputz

Bewährt haben sich hier Putze aus Sumpfkalk, die gegenüber einem Traßkalkputz, wie wir ihn als Außenputz bereits kennen (Seite 89) eine höhere Elastizität aufweisen.

Ein Sumpfkalkputz wird in zwei Schichten an die Wand gebracht. Dabei sind die Mischungsverhältnisse exakt einzuhalten.

Die erste Schicht wird als sogenannter Rauhbewurf mit der Kelle aufgetragen.

Die Mischung für diese Schicht besteht aus 1 Teil Sumpfkalk, 2,5 Teilen Brechsand (3 bis 8 mm Körnung) und 0,5 Teilen feinem Flußsand (0 bis 3 mm Körnung).

Die zweite Schicht wird durch einen glatten Kellenputz gebildet.

Die Mischung für diese zweite Schicht besteht aus 1 Teil Sumpfkalk, der durch ein 0,5 mm poriges Sieb gedrückt wird, und aus 2,5 Teilen feinem Flußsand (0 bis 3 mm Körnung).

Für beide Schichten werden zusammen etwa 5 bis 7 l pro m^2 benötigt.

Auf diesen Putz wird als Schlußanstrich eine Sumpfkalkmalschicht aufgetragen.

Die Mischung für diese Malschicht besteht aus 10 l Sumpfkalk, 0,5 l Leinölfirnis und 500 g Magerquark.

Der Sumpfkalk ist jedoch meist nur schwierig zu beschaffen, da er von konventionellen Baustoffhandlungen selten geführt wird. So kann statt des Sumpfkalks auch gelöschter Weißfeinkalk genommen werden.

Weißfeinkalkputz

Dieser Weißfeinkalk muß dann gut 10 Stunden vor der Verarbeitung gelöscht werden. Löschen bedeutet nichts anderes, als den Kalk mit Wasser verbinden.

Für das Einlöschen braucht man eine Löschpfanne, ein Speißfaß oder ähnlichen Bottich.

Für 10 kg ungelöschten Kalk braucht man etwa 30 bis 35 l Wasser.

Die Löschpfanne wird entsprechend der Kalkmenge mit Wasser gefüllt, dann wird der Weißfeinkalk eingeschüttet und sofort gründlich durchgemischt.

Nach 10 Stunden — quasi über Nacht — ist der Kalk eingesumpft und zu einem raum- und damit feuchtigkeitsbeständigen Kalkteig geworden.

Der Putzgrund wird nun gesäubert und mit einem Quast gut vorgenäßt.

Die erste Putzschicht ist ein Spritzbewurf. Hierzu müssen jeweils ein Raumteil des eingesumpften Kalkteigs mit zwei Raumteilen scharfkantigem Sand (Körnung 0 bis 5 mm) vermengt werden.

Eine zweite Lage, der sogenannte Unterputz, wird nach dem Abbinden des Spritzbewurfs im Mischungsverhältnis 1 Teil Kalk zu 3 Teilen Sand, mit gleicher Körnung, aufgetragen.

Der folgende Feinputz, im Verhältnis 1 Raumteil Kalkteig zu 3 Raumteilen feinem Flußsand (Körnung 0 bis 3 mm), bildet die oberste Schicht, die nun abgerieben bzw. nach Wunsch plastisch geformt wird.

Der Verbrauch liegt bei insgesamt 6 l pro m².

Für Naßräume wie auch stark beanspruchte Räume sollte statt Weißfeinkalk hochhydraulischer Kalk verwendet werden. Dabei gilt das gleiche Mischungsverhältnis und die gleiche Prozedur des Löschens und Einsumpfens.

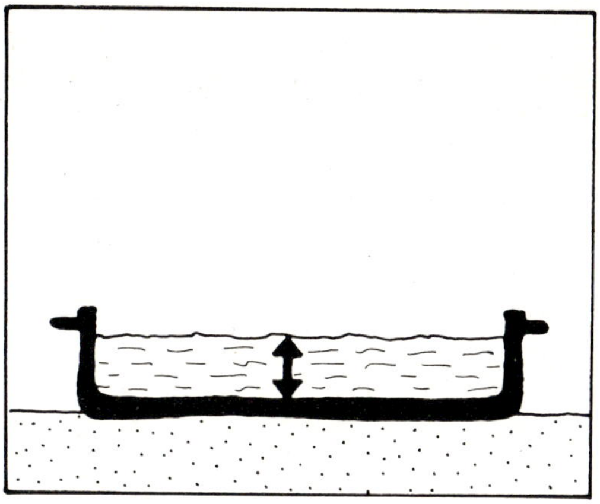

In eine Löschpfanne Wasser füllen, ...

... Kalk einschütten und gründlich durchmischen ...

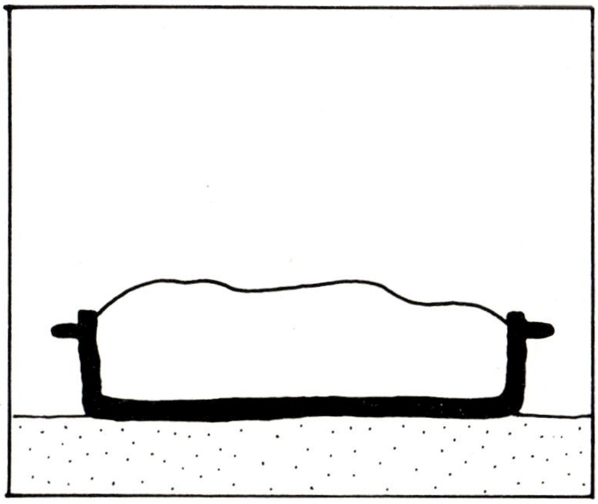

... und zehn Stunden einsumpfen lassen.

Gipskalkputz

Putze aus Gips und Kalk sind aufgrund ihrer höheren Elastizität einfacher zu verarbeiten.

Allerdings haben sie ein schlechteres Feuchtigkeitsverhalten als reine Kalkputze. Für Naß- und Feuchträume, wie Badezimmer oder Küche, sind sie daher nicht zu empfehlen.

Gipskalkputze haben folgendes Mischungsverhältnis:

1 Raumteil Naturgips, 1 Raumteil Kalkteig, wie eben beschrieben, 3 Raumteile Sand (Körnung 0 bis 4 mm).

Der Aufbau der Putzschichten erfolgt zweilagig. Für den Unterputz wird die Putzmischung mit weiterem Sand vermengt (Verhältnis 1 Teil Putz zu 2 Teilen Sand, gleicher Körnung).

Für den darauffolgenden Feinputz liegt die Mischung dann bei 1 Teil Putz zu 1,5 Teilen Sand.

Lehmputz

Bezüglich des Wasserdampfhaushaltes und einer natürlichen Be- und Entlüftung ist ein Lehmputz zu empfehlen.

Zuerst erfolgt ein Spritzbewurf aus reiner Lehmschlämme, ohne Sandzugabe.

Hierzu wird mittelfetter Lehm in Wasser eingeweicht bis ein Lehmkakao, genannt Lehmschlämme, entsteht, der an der Fingerkuppe hängenbleiben muß, also nicht abtropft.

Dann sind Proben auf kleinen Wandflächen anzubringen, um den Fettgehalt des Lehms zu prüfen.

Reißt der Putz beim Trocknen zu stark, ist er zu fett.

Dann muß der Lehmschlämme Sand zugefügt werden (Körnung 0 bis 3 mm).

Danach wieder die Fettgehaltprobe durchführen, bis die richtige Fettkonsistenz erreicht ist.

Jetzt kann der Spritzbewurf endlich erfolgen.

Auf dem Spritzbewurf wird ein Unterputz aufgezogen.

Für diesen Unterputz wird der Lehmschlämme Sand beigemischt. Die Mischung besteht aus 5 Raumteilen Lehmschlämme und 3 Raumteilen scharfkörnigem Sand (Körnung 0 bis 5 mm), dem kleingehäckseltes Hanfseil beigemischt wird. Verhältnis Sand zu gehäckseltem Hanf: 1 zu 0,2.

Darauf erfolgt dann der Feinputz. Der Feinputz besteht aus 6 Raumteilen Lehmschlämme, 2 Teilen Quarzsand (Körnung 0 bis 2 mm), dem im Verhältnis 1 zu 0,2 Tier- oder Menschenhaar beigemengt ist, um Spannungen zu überwinden.

Auf eine Holzwolleleichtbauplatte wurde ein Lehmputz zweilagig aufgebracht und anschließend mit einem Feinputz versehen.

Praxis des Verputzens

Damit der Putz überall gleich dick und eben wird, bringt man zuerst Putzlatten an der Wand an. Diese Latten müssen die Dicke des beabsichtigten Putzes haben, also ca. 15 bis 20 mm.

Die Putzlatten werden mit der Wasserwaage so ausgerichtet, daß sie senkrecht im Lot sind. Der Abstand zwischen den Putzlatten sollte ca. 50 cm betragen.

Dann gibt man den Lehmmörtel auf ein Reibebrett und bringt damit den Putz zwischen den Latten auf.

Dazu wird das Reibebrett gegen die Wand gedrückt und langsam von unten nach oben hochgezogen.

Nun wird die Putzmörtelschicht mit einem Abziehbrett, das auf den Putzlatten aufliegen muß, von unten nach oben abgezogen. Damit wird die Putzmörtelschicht auf eine einheitliche Ebene mit den Putzlatten gebracht.

Sollte der Putz an einigen Stellen dieses Niveau noch nicht erreichen, muß noch einmal Mörtel aufgetragen und abgezogen werden.

Bei Kalk- wie auch bei Gipskalkputzen wird der Putzmörtel für den Spritzbewurf mit einer Kelle angeworfen.

Auch die untere Putzschicht kann mit dem Kellenrücken angeworfen und so fest wie möglich angedrückt werden.

Nach dem Abbinden wird frischer Putz mit dem Reibebrett aufgebracht, dann mit dem Abziehbrett abgezogen und schließlich in kurzen, kreisenden Bewegungen mit dem Reibebrett abgerieben.

Zum Schluß wird der Putz glattgerieben. Das kann mit einem Glätter oder einem nassen Schwamm geschehen.

Mit dem Schwamm ergeben sich jedoch unregelmäßige Strukturen.

Das Putzen auf alten, verstaubten und verschmutzten Untergründen ist unmöglich. Darum sind die Untergründe und Schadstellen mit einem nassen Quast oder Pinsel zu säubern oder oberflächlich abzuschlagen.

Abgebröckelter Putz (auch außen) wird mit einem Flachmeißel oder einem Spachtel entfernt, bis der Untergrund

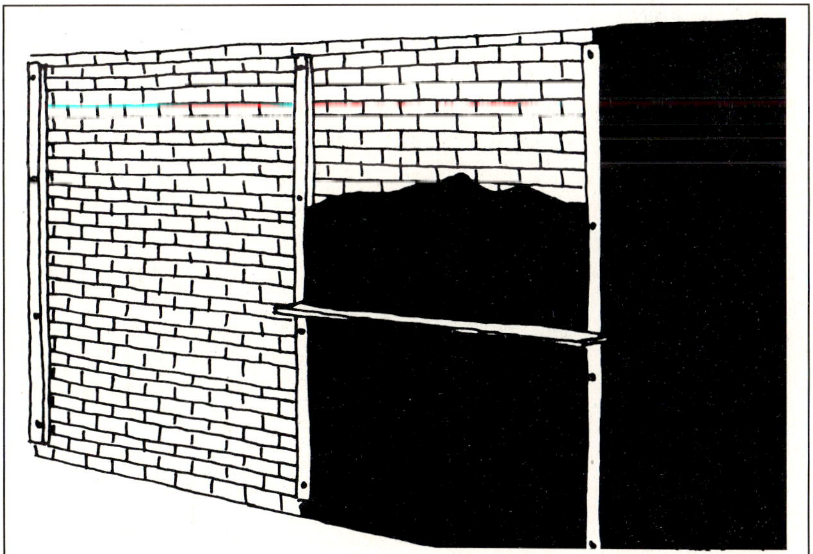

Für den Anfang ist es sinnvoll, nicht gleich die ganze Fläche zwischen zwei Lehren abzuziehen, sondern schrittweise vorzugehen.

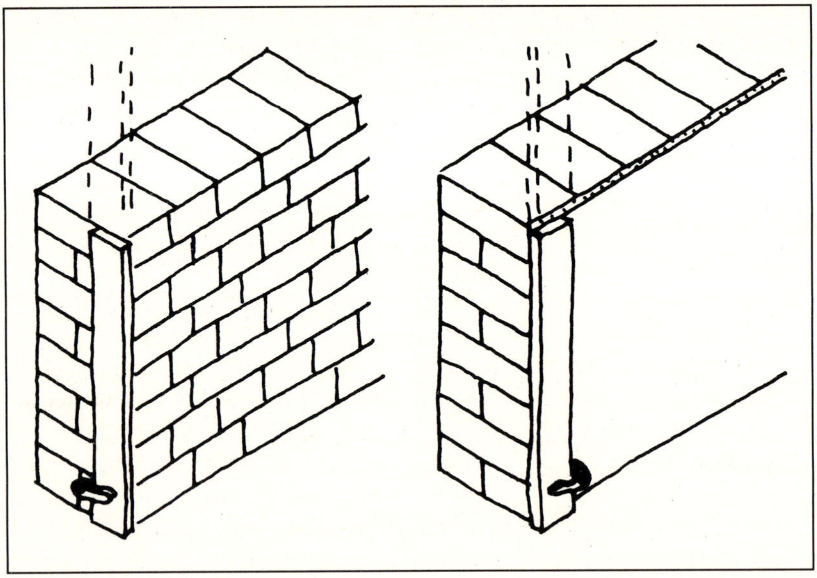

Anbringen der Putzlehre bei Mauerecken: Links die Lehre für das Verputzen der langen Wandseite, rechts für das Verputzen der kurzen Seite.

erscheint, der gegebenenfalls noch mit einer Drahtbürste aufgerauht wird.

Fugen im freiliegenden Mauerwerk sollten etwa 1 cm tief ausgeschlagen werden.

Die untere Putzlage muß vor dem Aufbringen der neuen Lage durchhärten.

Bei Mauerecken, Fenster- und Türleibungen ist an der so gebildeten Stirnseite der Wand/Mauer eine gerade Latte zu befestigen.

Diese Latte muß mit ihrer Kante so vorstehen, daß sie in der Flucht auf der gleichen Höhe liegt wie die übrigen Putzlatten.

Wenn über der Fenster- oder Türöffnung noch ein Stück Wand verputzt werden soll, muß auch eine überstehende Latte an der waagerechten Leibung angebracht werden.

Sind die Leibungen noch mit Türfüllungen oder Fensterbrettern verkleidet, so müssen diese vor den Putzvorbereitungen entfernt werden.

Auf glatten Oberflächen, an denen der Putz schlecht haftet, ist vorher ein Putzträger anzubringen. Hierfür eignen sich die magnesitgebundenen Holzwolle-Leichtbauplatten (Seite 98) oder Schilfrohrmatten, die gleichzeitig auch eine Wärmedämmfunktion übernehmen und eine puffernde Wirkung für Wasserdampf haben können.

Der Draht, der das Schilfrohr zusammenhält, darf nicht rosten. Sonst würden bei Kalkputzen Rostflecken durchdringen.

Trockenputz

Bei großen Unebenheiten des vorhandenen Putzes oder beim Einbau von leichten Innenwänden ist die Verwendung von Trockenputz in Form von Platten aus Naturgips und Zellulose zu empfehlen.

Gipskartonplatten

Beim Kauf der Gipskartonplatten sollte der Naturgips im Gegensatz zum Chemiegips eindeutig zu identifizieren sein, gegebenenfalls ist der Händler um eine schriftliche Bestätigung zu bitten.

Generell haben Gipskartonplatten den Vorteil, daß im Gegensatz zu den vorher beschriebenen Putzen kaum Wasser benutzt werden muß, das nur sehr langsam aus den Putzen herausdiffundiert und somit das Feuchtklima maßgeblich längere Zeit beeinflußt.

Zudem haben sie gegenüber den Putzen den Vorteil, daß sie für den Selbstbau einfacher zu handhaben sind.

Vor allem als sogenannte »Ein-Mann-Platten«, die meist 60 bis 90 cm breit und 200 bzw. 260 cm hoch sind.

Für Feuchträume sind Gipsplatten allerdings nur geeignet, wenn sie mit einer Wasserglaslösung imprägniert werden.

Die handelsüblichen Feuchtraumplatten sind für die biologische Renovierung nicht geeignet, da hier die Imprägnierung aus meist toxischen Stoffen besteht.

Aussparungen, z. B. für Steckdosen, werden genau ausgemessen, angezeichnet und mit einem Stichling ausgesägt oder einer Dosenfräse, als Vorsatzgerät für die Bohrmaschine, ausgefräst.

Gipskartonplatten können auf zwei Arten befestigt werden:

- Mit Ansetzgips:

  Hierfür wird Gips auf der Rückseite der Platte an den Rändern streifenförmig und im Mittelfeld punktförmig aufgebracht (Wulst-Punkt-Methode).

  Die so vorbereitete Platte wird leicht an die Wand gedrückt, mit einem Richtscheit angeklopft und mit der Wasserwaage ausgerichtet.

  Die Platten werden so angebracht, daß oben und unten ein Luftspalt zur Hohlraumbelüftung während der Abbindezeit bleibt, so daß sich zwischen den Wulsten und Punkten des Ansetzgipses noch Luft bewegen kann.

- Befestigung auf einer Unterkonstruktion:

  Dafür werden die Platten auf eine unbehandelte Lattenkonstruktion montiert. Diese auf eine Lattung aufgebrachten Platten können in Ausnahmefällen auch eine Innendämmung aufnehmen, die aber zwischen der vorhandenen Mauer und Dämmung noch eine Luftschicht aufweisen muß.

  Diese Luftschicht muß sich austauschen können, so daß am unteren und oberen Abschluß entsprechende Lüftungsöffnungen mit eingeplant werden müssen.

  Als Dämmaterial bietet sich Kork als Plattenware an (Seite 96).

  Als Matte kann auch wasserglasimprägnierte Kokoswolle verwendet werden (Seite 97).

  Auch als Schallschutzkonstruktion, z. B. gegen die Nachbarwohnung, ist Trockenputz zu verwenden, der gleichfalls auf eine Lattenkonstruktion aufgebracht wird, die allseitig mit einer Filzlage von der umgebenden Konstruktion getrennt ist.

  Auch hier ist auf den ausreichenden Abstand zur Wand und eine funktionierende Hinterlüftung zu achten.

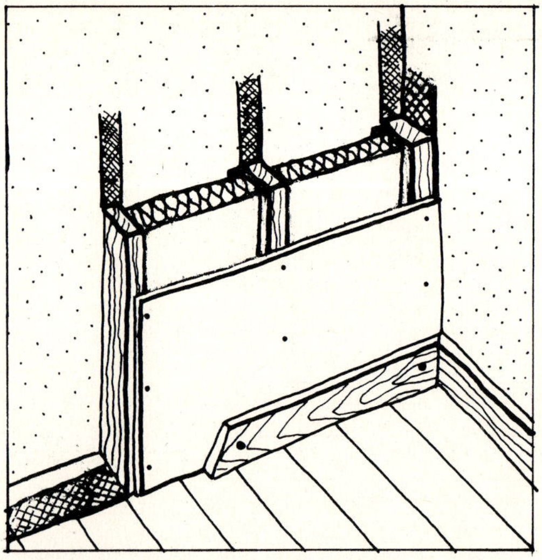

Eine Vorsatzwand, deren Ständerwerk zur Schalldämmung allseitig mit Filzstreifen isoliert ist. Die einliegende Korkdämmung muß beidseitig einen ausreichenden Abstand zur Wand und zur Verschalung haben.

Die oben dargestellte Abbildung zeigt eine Konstruktion, die durch Filzstreifen von den umgebenden Umfassungen getrennt ist.

Hierdurch und durch das Einbringen einer imprägnierten Kokosfaserdämmung oder Backkorkplatte (die durch ihr Gewicht noch mehr Masse aufweist) wird ein Schallschutz und gleichzeitig eine Wärmedämmung erreicht.

Die Dämmlage wird dann in die Felder der Lattenkonstruktion eingelegt.

Im Prinzip ist der Aufbau der Lattenkonstruktion für den Trockenputz sehr ähnlich angelegt, wie die Ständerkonstruktion einer Leichtbauwand (siehe Seite 108).

Diese vor die Wand gebaute Konstruktion mit eingelegten atmungsaktiven Dämmstoffen, die zudem noch eine Filterfunktion ausüben, ist auch zu empfehlen, wenn die Bausubstanz der Wände stark atmungsinaktiv sind oder elektrostatische Aufladungen bewirken.

Der Aufbau einer solchen Vorkonstruktion ist als Verbesserung des Wohnklimas bei Beton- und Stahlbetonwänden, bei Wänden aus Kalksandstein und Gasbeton sehr sinnvoll.

Die Oberfläche kann dann gestrichen, tapeziert oder mit Profilhölzern verkleidet werden.

Holzverkleidungen

Holzverkleidungen schaffen eine filternde Wirkung für die Raumluft und verbessern damit die Qualität des Wohnklimas.

Sie können daher die Wirkung atmungsinaktiver Wände zu einem Teil ausgleichen.

Zudem haben sie den Vorteil, daß sie leicht aufgebaut und bei einem Wohnungswechsel genauso problemlos abgebaut und später wiederverwendet werden können.

Profilholzverkleidungen erfolgen auf einer Lattenkonstruktion mit Quer- und Längslatten, die identisch ist mit der beschriebenen Konstruktion der Fassadenverkleidung (Seite 91).

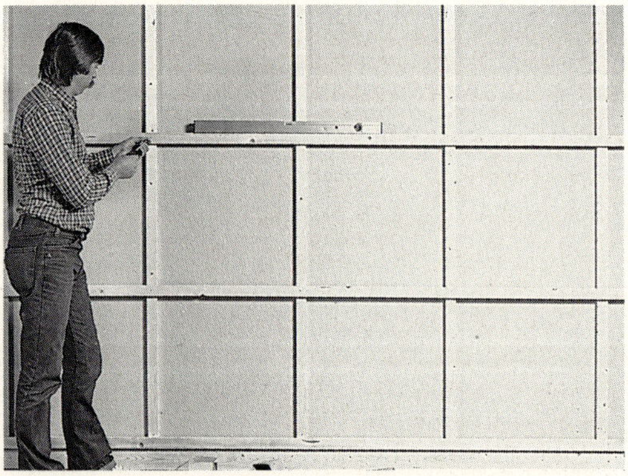

Diese kreuzweise Lattenkonstruktion gewährleistet eine vertikale und horizontale Hinterlüftung.

Neben der einfachen, durchgängigen Montage von Profilbrettern können durch die Gliederung in Teilflächen mittels gehobelter Bretter und Latten (links oben und unten) auflockernde Wirkungen erzielt werden. Ebenso eine versetzte Anordnung von Profilholz- oder Lattenabschnitten (rechts oben). Diagonale Anordnungen und Fischgrätmuster (rechts unten) können Raumwirkungen am stärksten verändern.

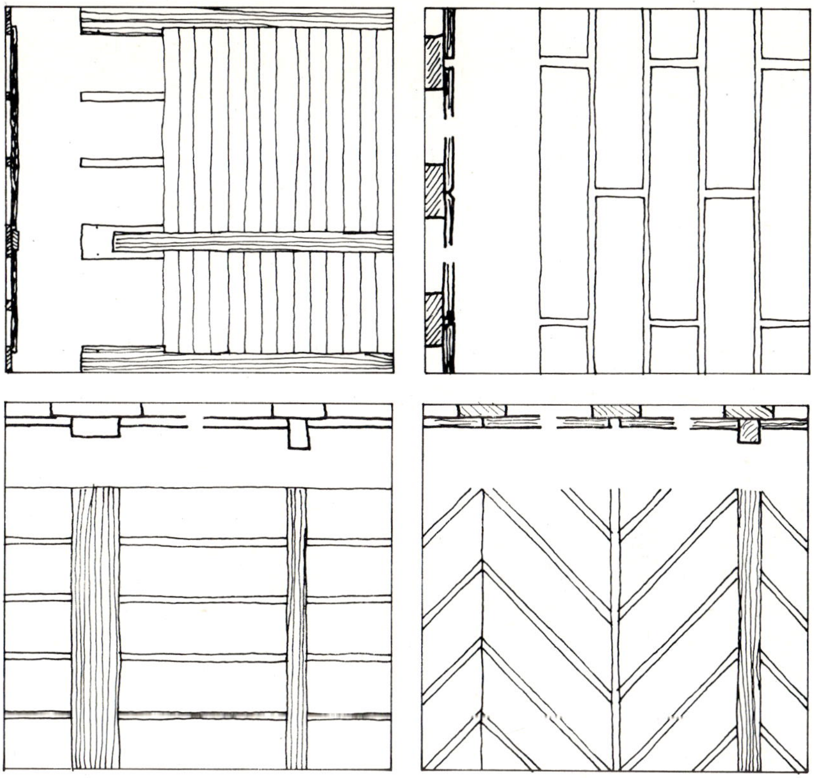

Brettverkleidungen lassen zudem die unterschiedlichsten Gestaltungsmöglichkeiten zu. Durch Betonung der Horizontalen werden Räume optisch breiter, während bei Hervorheben der Vertikalen der Raum höher wirkt.

Eine Vielfalt weiterer Variationen kann auch völlig andere Betonungen möglich machen.

Grundsätzlich eignen sich alle unbehandelten Massivhölzer. An heimischen Holzarten sind Kiefer und Lärche als Weichholz und Eiche als Hartholz gängig. Red Cedar empfiehlt sich aufgrund der hohen Feuchtigkeitsbeständigkeit für den Einbau in Naßräumen.

Bei allen Holzverkleidungen ist auf eine ausreichende Hinterlüftung zu achten.

Dafür muß sowohl der nötige Abstand zur Wand durch die Unterkonstruktion, wie auch der Abstand der Profilhölzer zu Boden und Decke gewährleistet sein.

Die Abstände der Holzverkleidung zu Wand, Boden und Decke richten sich nach dem Feuchteverhalten des Wandmaterials und dem Feuchtegehalt des Raumes.

Der Mindestabstand bei geringem Feuchtevolumen sollte 2 cm betragen, bei hohem Feuchtevolumen mindestens 4 cm.

Um eine ausreichende Luftzirkulation hinter der Verkleidung zu gewährleisten, sind folgende Mindestabstände unbedingt einzuhalten:

	Abstände in cm zu Wand	Boden	Decke
Bei geringem Feuchtevolumen	2-3	3	3
Bei hohem Feuchtevolumen	4-6	4-8	4-8
In Naßräumen	5-6	9-12	9-12

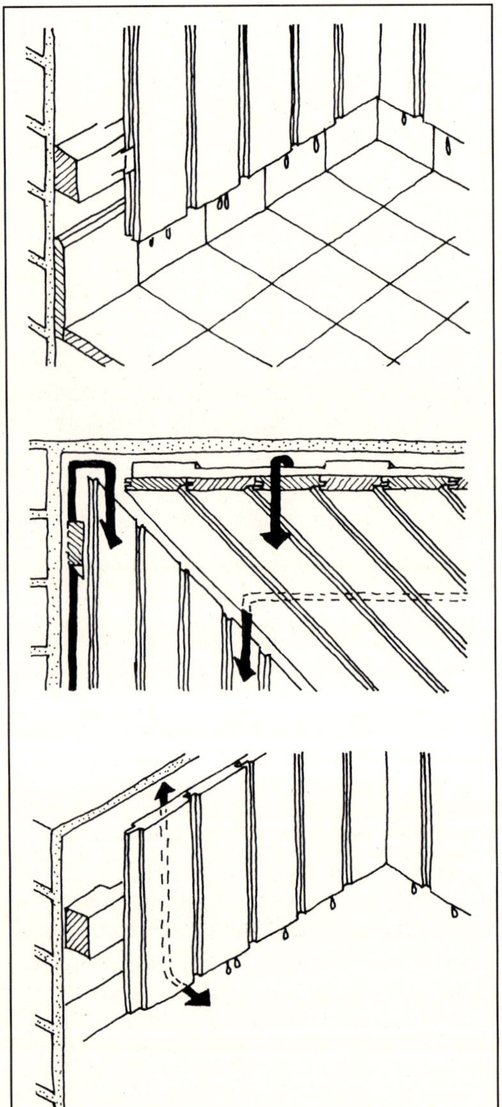

Eine allseitige Luftzirkulation sollte dringend gewährleistet sein.

Kanten können auf Gehrung gesägt ...

Wenn im Badezimmer auch über der Badewanne eine Holzverkleidung montiert wird, ist hier mindestens 3 cm über dem Badewannenrand zu beginnen.

Als Deckenabschluß kann, um die Lüftungsfuge zu verdecken, eine Holzverblendung montiert werden. Der Abstand dieser Verblendung ist dann gleich dem Abstand der Profilhölzer zur Wand.

Eine Fußleiste mit Lüftungsöffnungen ist nur zu empfehlen, wenn die verkleidete Wand selbst atmungsaktiv ist.

Beim Kauf der Hölzer ist es wichtig sich bestätigen zu lassen, daß diese wirklich unbehandelt sind. Eine schriftliche Erklärung schafft zwar nicht gerade Freude beim Händler, aber Sicherheit über die Unbedenklichkeit.

Ferner sollte möglichst nur trockenes Holz eingebaut werden, da hier die Gefahr des späteren Schwindens oder Drehen des Holzes sehr gering ist.

Hierfür ist es ratsam, etwas über den Feuchtegehalt des Holzes in Erfahrung bringen. Prinzipiell sollte das Holz nicht sofort verarbeitet werden.

... oder mit Profilleisten verdeckt werden.

Das Holz muß sich erst akklimatisieren. Dazu werden die Profilhölzer in dem Raum, in dem sie verarbeitet werden sollen, für etwa 7 bis 14 Tage gelagert.

Für diese Trockenlagerung müssen die Hölzer aus den etwaigen Verpackungen genommen und auf dem Boden ausgelegt werden. Die Verwendung von Holzschutzmitteln in Innenräumen ist nicht erforderlich.

Wandoberfläche

Wie schon mehrmals ausgeführt, bildet vor allem die Renovierung der Wandinnenhaut eine wirkungsvolle Möglichkeit, die Wohnumgebung mit biologischen Materialien und Eigenschaften so zu gestalten, daß sie erheblich zu einem gesunden Raumklima beitragen.

Grundsätzlich ist bei einer biologischen Oberflächenbehandlung die Haut mit ihrer regulierenden Wirkung das Vorbild.

Es liegt jedoch in der Natur der Sache, daß wir nicht einerseits eine Oberfläche erzielen können, die allen biologischen Anforderungen genügt und gleichzeitig in puncto Pflegeleichtigkeit, Kratzbeständigkeit oder gar Chemikalienfestigkeit mit den herkömmlichen Versiegelungsprodukten konkurrieren kann.

Das bedeutet, daß die biologische Oberfläche gegenüber der konventionellen mehr Pflege braucht.

Dafür erhalten wir aber ein sinneshygienisches Gegengewicht, das durchaus auch therapeutische Qualität und Wirkung besitzt, entsprechend dem homöopathischen Prinzip »Lebendiges wirkt verlebendigend«.

Naturfarben

Der oberste Grundsatz bei der Oberflächenrenovierung ist der weitgehende Verzicht auf synthetisch hergestelltes Material.

Durch die zunehmende Anfälligkeit zur Allergienbildung stellen sich aber auch Naturfarben als nicht völlig unbedenklich heraus.

Auch Naturfarben enthalten Lösungsmittel, die allerdings organischer Natur sind und z.B. durch Destillation mittels

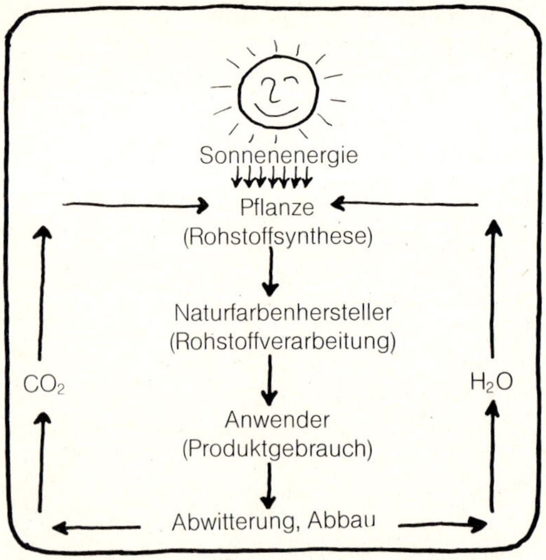

Das Prinzip eines geschlossenen Stoffkreislaufes

Wasserdampf aus dem harzigen Ausfluß lebender Nadelhölzer gewonnen werden.

Die Wirkung der organischen Lösungsmittel ist auch nicht vergleichbar mit der Wirkung synthetischer Lösungsmittel, jedoch sind erste Naturfarbenallergien bereits bekannt geworden.

Daher sollten Allergiker hier beim Verarbeiten vorsichtig sein und am besten eine feuchte Atemmaske verwenden.

Aber auch mit dieser Vorsichtsmaßnahme ist noch nicht alle Gefahr behoben: nach der Verarbeitung dünsten die natürlichen Lösungsmitteln weiter aus.

Wie lange die Gefahr einer Allergienbildung andauert, ist bei diesem recht neuen Phänomen noch nicht geklärt.

Daher rate ich, hier lieber von den Ausdünstungswerten der synthetischen Lösungsmittel auszugehen und bei starker Allergieneigung auf diese Farben zu verzichten.

Obwohl gerade Naturfarben harmonische, unaufdringliche Farbtöne hervorbringen und einen angenehmen, natürlichen Duft und eine tastsympathische Oberfläche haben.

Sie heben charakteristische Eigenschaften hervor und schaffen ein behagliches, gesundes Raumklima.

Ihre Herstellung verursacht im Prinzip keine Umweltbelastung und sie bilden einen geschlossenen Stoffkreislauf.

Daher möchte ich, bevor wir zur Anwendung von Naturfarben kommen, hier auf eine unbedenkliche Alternative eingehen.

Diese Alternative besteht in der Verwendung sogenannter Strukturputze, die also direkt auf einen vorhandenen Putz aufgetragen werden.

Diesen Putzen können Farbpigmente beigemischt werden, die in ihrer Wirkung den eben beschriebenen Eigenschaften der Naturfarben gleichkommen.

Strukturputze

Strukturputze können als Feinputz auf jeden Kalk- oder Lehmputz aufgetragen werden.

Bei Gipsputzen und Oberflächen aus Holz oder Naturstein werden diese Putze, mit Sand vermischt, in zwei Lagen aufgetragen.

Diese Putze schaffen eine neue, atmungsaktive Haut und können auch Risse im Untergrund dauerhaft schließen.

Silikat-Strukturputz

Als Strukturputz sehr gut geeignet sind Silikatputze. Hierbei handelt es sich um Putze auf Wasserglasbasis, die mit den calciumhaltigen Mineralien des Untergrundes eine feste Verbindung eingehen, oder fachlich ausgedrückt, verkieseln.

Da Silikatputze nicht ausschließlich unter baubiologischen Aspekten hergestellt werden, ist darauf zu achten, daß diese Putze keine Zuschlagstoffe enthalten.

Hier ist mal wieder die Unbedenklichkeitserklärung des Händlers vonnöten.

Voraussetzung für das Aufbringen eines Silikatputzes ist ein trockener, griffiger und normal saugender Untergrund.

Alte, versiegelnde Farbanstriche auf dem Putz sind zu entfernen, indem sie abgespachtelt oder mit der Drahtbürste weggekratzt werden.

Silikatputze können bis maximal 3% mit Volltonfarben abgetönt werden. Volltonfarbe bedeutet, daß die Farbpigmente als Paste oder Pulver noch nicht verdünnt sind. Die so abgetönten Putze werden mit Wasser vermischt und müssen dann etwa 10 Stunden lang stehen, also einsumpfen.

Silikatputze dürfen nur bis zu einer Temperatur von plus 8 °C verarbeitet werden.

Nachdem sie eingesumpft sind, werden sie vor der Verarbeitung kräftig aufgerührt, damit die Farbpigmente sich gleichmäßig in der Putzmasse verteilen können.

Der Putz wird dann etwa 2 bis 3 mm dick mit einer Edelstahlkelle aufgezogen und im unmittelbaren Anschluß daran strukturiert.

Das kann mit einem Holzbrett, einem Lappen oder einer Kelle geschehen.

Der Materialbedarf pro m^2 liegt bei etwa 2 l.

Dieser Putz stellt allerdings hohe Anforderungen an das handwerkliche Können, da wir hier den Putz völlig frei, ohne Hilfe von Putzlatten und Abziehbrettern auftragen müssen.

Sumpfkalk-Strukturputz

Alternativ kann eine Mischung aus 10 l Sumpfkalk, 0,5 l Leinölfirnis und 500 g Magerquark verwendet werden, der bis zu 5% Farbpigmente beigemischt werden können.

Auch dieser Putz muß erst etwa 10 Stunden stehen und wird unmittelbar vor der Verarbeitung kräftig durchgerührt.

Die Arbeitsweise ist mit der des Silikatputzes identisch. Eine Verarbeitung muß »naß in naß« erfolgen, eine Strukturierung also unmittelbar nach dem Auftragen vorgenommen werden.

Der Verbrauch liegt auch hier bei etwa 2 l pro m^2 Wandfläche.

Weißkalk-Strukturputz

Statt dem nicht überall erhältlichen Sumpfkalk kann auch mit gelöschtem Weißkalk (vgl. Seite 89) ein Strukturputz erfolgen.

Hierfür wird der Weißkalk mit 3% Leinöl und maximal 3% Farbpigmenten im Wasser vermischt.

Die Verarbeitungsweise ist dann völlig identisch mit den vorher beschriebenen Strukturputzen.

Auf Gips, Naturstein und Holz haften diese Kalkputze jedoch nur, wenn sie mit Quarzsand (Kornung 0 bis 3 mm) vermischt, etwa im Verhältnis 1 Teil Putz zu 1,5 Teilen Sand, kräftig in den Untergrund eingerieben werden.

Vor dem Auftragen muß der Untergrund gut vorgenäßt werden.

Bei reinem Auftrag liegt der Verbrauch bei etwa 2 l pro m^2.

Bei der Zugabe von Quarzsand bei etwa 2,5 l pro m^2.

Weichfaserputz

Diese Art der Wandbeschichtung eignet sich einerseits als Tapetenersatz in Form eines Strukturputzes, und andererseits als Feinputz auf jedem beliebigen Untergrund.

Eine Weichfaserbeschichtung weist eine hohe Atmungs- und Diffusionsfähigkeit auf und kann so auch bei diffusionsarmen Untergründen eine gewisse Feuchtigkeitsregulierung übernehmen.

Weichfaser-Strukturputz

Hierfür werden Zellstoffasern mit Naturleimen und Füllstoffen, zum Beispiel Marmormehl, vermischt.

Diesen Weichfaserputz gibt es als fertige Mischung im einschlägigen Handel.

Eine Zellstoffweichfaserbeschichtung wirkt warm, textilgriffig und ist zudem schallschluckend und wischfest.

Die kartonartige Verfilzung des Zellstoffs bewirkt, daß bei Stoß oder Schlag keine Teile abblättern.

Sie erhöht die Isolierwirkung der Flächen gegen Kälte und Wärme, wirkt staubabweisend und ist absolut schimmelpilzabweisend.

Somit eignet sich dieser Belag sogar für Kellerwände.

Noch nach Jahren kann der Belag ansatzlos ausgebessert und erneuert werden.

Strukturen lassen sich durch verschieden starken Materialauftrag, durch verschiedene Verfahren des Verwaschens, unter Verwendung unterschiedlichster Werkzeuge wie nasser Pinsel, Spachtel, Bürste oder Besen erreichen.

Als Vorbereitung des Untergrundes müssen alte Tapeten, Leim-, Binder- oder Dispersionsfarben entfernt werden.

Die so vorbereiteten Untergründe werden dann mit einem nassen Quast gereinigt.

Auch unverputztes Mauerwerk und dazu zählt auch eine Lehmwand, muß genauso entstaubt werden.

Lose Putzstellen werden abgeschlagen. Der entfernte Putz muß erst ab einer Tiefe von etwa 5 mm ausgebessert werden.

Kleinere Vertiefungen, wie auch kleine Risse und Sprünge im Untergrund, können mit dem Weichfaserputz überbrückt werden.

Das Weichfaserpulver wird sackweise, das heißt, für jeden 30 kg Sack brauchen wir eine eigene Wanne, in 32 bis 40 l Wasser eingestreut.

Eingestreut ist hier wörtlich zu nehmen, also weder einschütten noch einrühren sind erlaubt.

Brockenbildungen des Pulvers müssen wir zuerst zerreiben, bevor sie ins Wasser eingestreut werden.

Dann muß die Zellstoffweichfasermasse 24 Stunden stehen bleiben, also einsumpfen.

Erst danach wird sie intensiv zu einer gleichmäßigen Paste durchgerührt.

Nun können Einfärbungen je nach Wunsch vorgenommen werden.

Dafür können Farbpigmente in Pulver- oder Pastenform genommen werden. Der maximale, prozentuale Anteil beträgt jedoch 3%.

Die Farbwirkung der Mischung kann ausprobiert werden, indem wir die Probemischung auf einem Stück Karton oder Wand auftragen und antrocknen lassen.

Nun kann die Weichfaserbeschichtung mit einer Kelle aufgezogen werden.

Dabei ist darauf zu achten, daß parallel zur Wand gearbeitet wird, um das Material nicht zu verschieben.

Es kann aber auch mit einem Spritzgerät aufgetragen werden. Das Auftragen mit dem Spritzgerät erleichtert zudem eine Beschichtung der Decke ungemein.

Strukturen der Oberfläche lassen sich durch starkes »Verwaschen« erreichen, indem der aufgetragene Belag mit trokkenen oder nassen Pinseln, Bürsten oder Besen bearbeitet wird.

Auf Putzen als Untergrund reicht eine Lage, bei unverputzem Mauerwerk muß die Weichfaserbeschichtung zweilagig aufgezogen werden.

Dabei wird die erste Schicht gleichmäßig in ca. 2,5 mm Dicke aufgezogen.

Der Materialbedarf pro m^2 Wandfläche ist abhängig von der Art der Strukturierung und damit von der Dicke der Schicht. Pro 1 mm je m^2 Schicht braucht man etwa 2 l.

Wenn nach der Verarbeitung von der Zellstoffmasse noch etwas übrig bleibt, kann diese, mit einer dünnen Schicht Wasser bedeckt und dazu noch gut abgedeckt, unbegrenzt haltbar gemacht werden.

Weichfaserfeinputz

Neben den bereits genannten Vorteilen kommt hier noch ein positives Akustikverhalten hinzu: der Schall wird vom Fasergefüge absorbiert und damit spürbar die Geräuschentwicklung gedämpft.

Als Feinputzschicht, die gleichzeitig als Untergund für die Tapete dient, stellt dieser Putz eine baubiologische Alternative zur »Thermotapete« dar.

Weichfaserfeinputz ist als Fertigmischung im Handel erhältlich.

Die Mischung besteht aus Baumwollfasern, Gräsern und Zellulose.

Zuerst wird das Material in einen Behälter gegeben, dann erst wird Wasser dazugegeben.

Nun wird die ganze Masse von Hand gut durchgerührt und ca. eine Stunde stehen gelassen.

Der Auftrag der Beschichtung erfolgt mit einer Glättkelle. Auch hier muß unbedingt parallel zur Wand gearbeitet werden. Ein zu spitzes Abziehen führt zur Verschiebung des Materials.

Die Feinputzschicht sollte recht dünn sein, etwa 0,8 bis 1,2 mm.

Der Materialverbrauch liegt bei 1 l pro m^2.

Wenn sich in der Weichfaserbeschichtung Risse beim Trocknen bilden, können diese mit einer Trichter-Spritzpistole mit mindestens 8-mm-Düse, oder einer rostfreien Glättkelle problemlos nachgebessert werden.

Bei diesem mit der Bürste strukturierten Weichfaserstrukturputz wurde die maximale Pigmentierung von 3% voll ausgeschöpft.

Wandfarben

Silikatfarben

Farbanstriche auf Silikatbasis eignen sich auf Sichtmauerwerk, inklusive Lehmmauerwerk, Naturstein, nicht gipshaltigen Putzen, selbst auf Betonwänden, obwohl hier zur Verbesserung des Wohnklimas eine Vorkonstruktion errichtet werden sollte, wie eben (ab Seite 101) beschrieben.

Als Farbanstrich auf Tapeten eignen sich Silikatfarben nur bedingt. Sie gehen zwar eine hervorragende Verbindung mit der Tapete ein, aber bei entsprechenden Untergründen kann es dazu führen, daß sich die Tapete von der Wand löst.

Silikatfarben bestehen aus flüssigen Silikaten, Füllstoffen, wie Kreide, Talkum oder Marmormehl, aus Kaliwasserglas als Bindemitel und Farbpigmenten.

Sie ergeben damit eine wasserdampfdurchlässige aber wasserhemmende Beschichtung.

Beim Verarbeiten müssen wir uns jedoch mit Schutzbrille und geeigneter Kleidung vor Farbspritzern schützen, da das Kaliwasserglas stark ätzt. Ebenso sind die im Raum verbliebene Einrichtung, Fenster, Türen und Boden ausreichend abzudecken.

Silikatfarben werden von mehreren Herstellern angeboten.

Ein eigenes Mischen ist sowohl durch die Verwendung des Kaliwasserglases wie auch durch die Gefahr von falschen Reaktionen der Farbe bei leichter Veränderung der Mischungsverhältnisse nicht empfehlenswert. Zudem ist hier die Kostenersparnis im Vergleich zum Fertigprodukt äußerst gering.

Auf mineralischen Putzen und Natursteinen verbinden sich die calciumhaltigen Minerale des Untergrunds unlöslich mit den Silikaten durch das Wasserglas als Bindemittel.

Ein Abblättern der Farbe ist daher ausgeschlossen. Sie bietet keinen Nährboden für Schimmelpilze oder Bakterien.

Als direkte Putzbeschichtung ergeben sie eine sehr beständige Oberfläche, bei schlecht gedämmten Außenwänden und Verdacht auf leicht feuchte Wände (Westseite) sollten sie ebenfalls eingesetzt werden.

Eine solche Beschichtung ist sehr wasch- und damit auch witterungsbeständig und eignet sich bei mineralischen Putzen und Natursteinfassaden somit auch als Fassadenanstrich.

Als Fassadenanstrich ist aber zu beachten, daß dieser bei hoher Außenluftverschmutzung schnell ergraut.

Silikatanstriche neigen nämlich zur Rußabsorption.

So lagern sich die vom Regenwasser aufgenommenen Rußpartikel an der Wetterseite der Fassade ab und werden dort vom Silikatanstrich absorbiert. Daher sollten für die Wetterseite der Fassade keine zu hellen Anstriche verwendet werden.

Ein Anstrich mit Silikatfarben erzeugt bei einwandfreier Anwendung Resultate, die zu den haltbarsten gerechnet werden können, die überhaupt erreichbar sind.

Beim Kauf der Silikatfarben ist unbedingt darauf zu achten, daß diese keine Kunststoffdispersionen als Stabilisatoren aufweisen.

Durch eine Kunststoffdispersion würde der Silikatanstrich keinerlei baubiologische Qualität haben, er wäre atmungsinaktiv und elektrostatisch aufladbar.

Notfalls hilft als Sicherheit auch hier die schriftliche Unbedenklichkeitserklärung.

Der Untergrund muß folgende Voraussetzungen bieten: er muß tragfähig, trokken und fest sein.

Alte, atmungsaktive Farbanstriche sind gründlich abzuwaschen.

Sonstige, versiegelnde Oberflächen sind zu entfernen, ebenso lose Anstrichschichten oder Putzteile.

Im Innenbereich können Silikatfarben für Risse oder Vertiefungen auch als Spachtelmasse verwendet werden.

Dafür wird der Farbe Quarzsand (0 bis 2 mm Körnung) beigefügt, bis eine spachtelfähige Konsistenz erreicht ist.

Stark saugende, sandende oder auch sehr glatte Untergründe erfordern eine Grundierung mit einem Fixativ auf rein mineralischer Basis, damit die Silikatfarbe noch verkieseln kann.

Um diese Verkieselung nicht zu beeinträchtigen, ist es ratsam, hier das Produkt vom gleichen Hersteller der Silikatfarbe zu verwenden.

Beim Voranstrich wird dann die Anstrichmasse aus etwa 30% Fixativ zu 70% Silikatfarbe gemischt.

Beim darauf folgenden Deckanstrich etwa 20% Fixativ und 80% Silikatfarbe.

Zwischen den einzelnen Anstrichen müssen mindestens zwölf Stunden Trocknungszeit eingehalten werden.

Der Verbrauch für jeden Anstrich liegt bei etwa 0,4 l pro m^2.

Eine Verdünnung der Farbe mit Wasser ist bis zu 100% (Verhältnis also 1 zu 1) möglich.

Diese Wandfarbe kann mit Erdfarben zum gewünschten Farbton abgetönt werden, der Anteil der Farbpigmente kann maximal 30% betragen.

Die Erdfarben können sowohl als Pigmentpulver wie auch als Abtönpaste beigemengt werden.

Diese Erdfarben können jedoch nicht untereinander gemischt werden.

Reste von Silikatfarben bleiben bis zu einem Jahr haltbar, wenn sie dicht verschlossen aufbewahrt werden.

Naturharz-Dispersionsfarben

Diese Dispersionsfarben bestehen aus Dammarharzen, Leinölen, Bienenwachs und ätherischen Ölen. Als Füllmittel enthalten sie Kreide oder Titanweiß.

Sie sind hochdeckend und für alle üblichen Innenflächen bis hin zum Tapetenanstrich geeignet.

Sie werden vorwiegend im einschlägigen biologischen Fachhandel angeboten.

Eine eigene Herstellung der Grundfarbe ist zwar möglich aber nicht sinnvoll, da der Herstellprozeß so kompliziert ist, daß ein Erfolgserlebnis zumindest fraglich ist.

Der Materialverbrauch pro m^2 und Anstrich liegt bei etwa 0,2 l.

Bei Renovierungsanstrichen muß die Tragfähigkeit des (atmungsaktiven) Altanstrichs geprüft werden. Dafür drücken wir an mehreren Stellen ein Klebeband an die Wand und ziehen es ruckartig wieder ab. Bleiben auf der Klebefläche keine bis minimale Rückstände des Altanstrichs, reicht deren Tragfähigkeit aus.

Sonst müßte der Altanstrich mit der Stahlbürste oder einem Spachtel abgekratzt werden. Ferner muß der Untergrund fest, trocken, sauber und saugfähig sowie frei von Fett und Trennmitteln sein.

Sehr saugfähige Untergründe, z. B. poröse, sandende Putze sind vorher mit einer Grundierung, z. B. Leinölfirnis vorzustreichen.

Naturharz-Dispersionen werden durch Streichen, Spritzen oder Rollen aufgebracht.

Beim Erstanstrich ist die Wandfarbe mit 10% Wasser zu verdünnen.

Bei den weiteren Anstrichen wird die Farbe unverdünnt aufgetragen.

Die einzelnen Schichten werden, um eine gleichmäßig deckende Farbschicht zu erhalten, kreuzweise gegenläufig aufgetragen.

Auch diese Wandfarbe kann mit Erdfarben zum gewünschten Farbton abgetönt werden.

Hierfür können Farbpigmente als Pulver oder Paste bis zu 30% der Dispersion beigemengt werden.

Ein Mischen dieser Farben ist nicht möglich.

Kalkkaseinanstriche

Diese Farbe ist bei richtiger Herstellung nicht nur wischfest, sondern auch wasserabweisend, ohne den Diffusionsaustausch der Wand zu beeinträchtigen.

Kalkkaseinanstriche eignen sich für alle tragfähigen, mineralischen Untergründe.

Besonders geeignet sind sie als hochweißer Untergrund für Aquarellfarben und Wandlasurtechniken.

Aber auch Farbtönungen innerhalb des Anstrichs erzielen höchst interessante, lasierende Farbwirkungen.

Kalkkaseinfarben können selbst hergestellt werden, wobei das in mehreren Etappen geschieht:

Zunächst wird Kreide mit Wasser zu einem Brei verrührt, der dann mindestens zehn Stunden stehen bleiben (=einsumpfen) muß und dabei aufquillt.

Dieser eingesumpfte Kreidebrei bildet die Grundlage für den späteren Farbbrei.

Als weitere, getrennte Vorbereitung muß das Bindemittel, das Kalkkasein, hergestellt werden. Dafür werden 4 Teile Magerquark mit 1 Teil gelöschten Kalk (siehe Seite 111) oder Kalkhydrat unter ständigem Rühren zusammengemischt.

Der versumpfte Kreidebrei wird dann mit Erdfarbpigmenten angereichert, die durch Rühren gleichmäßig in der Masse verteilt werden müssen.

Zum Verarbeiten wird dann 1 Teil der Kalkkaseinmischung mit 4 Teilen Farbbrei gleichmäßig durchgemischt.

Die fertige Kalkkaseinmischung kann mit destilliertem Wasser oder Magermilch bis zur zehnfachen Menge verdünnt werden und so sehr zarte Farbschleier bilden.

Der Verbrauch liegt beim Grundieranstrich bei etwa 0,4 l pro m^2, bei den weiteren Anstrichen jeweils bei 0,2 l m^2.

Bei der Mengenberechnung sollte man möglichst genau vorgehen, da die angerührte Farbe nicht lagerfähig ist.

Um die richtige Farbmischung und Wirkung herauszufinden, empfiehlt sich ein Probeanstrich.

Dafür muß dann eine entsprechend geringe Mischung aus Kalkkasein und Farbbrei miteinander vermengt werden. (Aber möglichst so, daß der Anteil der Pigmentierung sich auf größere Einheiten später umrechnen läßt, z. B. in dl oder ml auf Liter.)

Für stark saugende Untergründe empfiehlt sich ein Grundieranstrich, dem Farbpigmente nur bis zu 3% beigemengt werden können.

Die Farbmasse kann auch mit destilliertem Wasser oder Magermilch bis maximal dem Zehnfachen der gesamten Menge verdünnt werden.

Für eine hochweiße Natur-Kaseinfarbe muß der Kreidebrei mit einer Titanoxidmischung ergänzt werden. Bei dieser Farbproduktion ist zu beachten, daß Dünnsäure anfällt.

Als Alternative kann statt dem Titanoxid auch gesumpfter Kalk hinzugefügt werden.

Diese hochweiße Farbe ist besonders als Untergrund für Wandlasuren geeignet.

Nach der Grundierung sollten noch zwei weitere Anstriche mit dann maximal 5% Farbpigmentierung vor dem Schlußanstrich erfolgen.

Der lasierende Schlußanstrich ist die logische Folge einer Kaseinwandbehandlung, der enorme Gestaltungsmöglichkeiten eröffnet.

Bei dieser Technik wird das Licht nicht einförmig von einer einheitlichen Oberfläche reflektiert, sondern es durchdringt Lasurschicht um Lasurschicht, um schließlich auf dem weißen Untergrund reflektierend die Farbschichten »von hinten« zu beleuchten und zu durchfluten.

Diese vielfältige Lichtbrechung und das Entstehen der Sekundärfarben erreichen wir durch ein Übereinanderlegen mehrerer Anstrichschichten. Dabei können wir zusätzliche Farbeffekte erzielen oder aber auch eine Farbtönung Schicht um Schicht vertiefen.

Die pastöse Farbe kann bis zur zehnfachen Menge mit destilliertem Wasser verdünnt werden, um ganz zarte Farbschleier zu erzeugen.

Diese Lasur-Pflanzenfarben bestehen aus Baumharzen, Lein- und Pflanzenölen mit Bienenwachs.

Angeboten werden sie in den Farben Krapprot, Resedagelb, Indigo, Waidblau, Catechubraun und Campechschwarz.

Das Auftragen geschieht mit einer Lasurbürste, die einen ruhig bewegten Anstrich hinterläßt. Die sattgefüllte Bürste wird in zügigen Bewegungen ausgemalt und zwar im Naß-in-Naß-Verfahren aus der Farbe heraus.

Kreide-Leimfarbe

Diese Wandfarbe ergibt einen wischfesten, aber nicht waschfesten Anstrich.

Kreide-Leimfarbe zählt zur preiswertesten baubiologischen Wandfarbe.

Wer sich jedoch für diese Anstrichart entscheidet, muß beachten, daß ein späterer Renovierungsanstrich durch Naturharz-Dispersionsfarben oder ähnliches auf dieser Farbe nicht möglich ist.

Der Anstrich müßte dafür gänzlich abgewaschen werden, da andere Farbschichten auf der Leimfarbe zum Abblättern neigen.

Kreide-Leimfarben eignen sich für alle nichtsandenden, nichtsaugenden, festen Untergründe und Tapeten.

Diese Farbe ist als weiße Farbpulvermischung im Handel erhältlich, kann aber auch selbst hergestellt werden.

Zur Herstellung brauchen wir Zelluloseleim als Bindemittel, der entsprechend der Packungsrezeptur angerührt und über Nacht zum Eindicken stehengelassen wird.

Eine zweite Mischung wird für die Farbgebung aus Kreide angesetzt, die zu einem flüssigen Brei mit Wasser verrührt wird und dann zwölf Stunden einsumpfen muß.

Dieser Mischung aus Kreide und Wasser kann dann bis zu 15% Farbpigmente (Pulver oder Paste) zugegeben werden.

Zum Verarbeiten wird 1 Teil Kreidebrei mit 3 Teilen Leim verrührt.

Diese Mischung soll noch einmal eine Stunde quellen.

Um eine weiße Beschichtung zu erreichen, ist der Zusatz von Titanoxid unerläßlich, versumpfter Kalk als Ersatz funktioniert hier nicht. Daher also Vorsicht bei der Verarbeitung, durch die Dünnsäurebildung des Titanoxides.

Ein Probeanstrich zeigt, ob man durch Leimzufügung einen intensiveren Glanz erreichen will.

Die Kreideleimfarbe kann mit einer Lammfellrolle aufgetragen werden. Ist die deckende Wirkung beim Erstanstrich nicht überzeugend, wird die Fläche ein zweites Mal gegenläufig zur ersten Streichrichtung beschichtet.

Farbreste können bis zu einem Jahr haltbar sein, wenn sie dicht verschlossen aufbewahrt werden.

Kalkanstriche

Diese Anstriche eignen sich nur auf Lehm- oder Kalkputzen.

Zur Herstellung wird eingesumpfter Weißkalk mit Wasser verdünnt und mit Traßkalk und Quarzsand (Körnung 0 bis 3 mm) angereichert.

Das Mischungsverhältnis setzt sich aus 1 Teil Weißkalk, 1 Teil Traßkalk und 1 Teil Quarzsand zusammen.

Der Materialverbrauch liegt bei 0,25 l pro m^2 und Anstrich.

Diese Kalkanstriche beseitigen gleichzeitig schädliche Mikroorganismen, Bakterien und Sporen, und bilden somit, unabhängig vom Feuchteklima, keinen Untergrund für Schimmelpilzbildung.

Der Untergund muß, wenn er stark saugend ist (z. B. bei mageren Lehmputzen), vorbereitet werden.

Das geschieht durch einen Voranstrich mit verdünnter Kalkfarbe. Dabei wird der Kalkfarbe Magermilch zugesetzt. (Auf 6 l Kalkfarbe kommt 1 l Magermilch.) Zur weiteren Verdünnung wird dann Wasser genommen.

Kalkanstriche werden in dünner, milchiger Konsistenz aufgetragen.

Dadurch sind stets mehrere Anstriche erforderlich.

Ein frischer Putz braucht mindestens drei Anstriche.

Um eine glatte Oberfläche zu erhalten, legt man die Anstriche gitterförmig übereinander.

Das Abbinden des Kalks durch Aufnahme von Kohlensäure geschieht nur im feuchten Zustand. Daher müssen Kalkanstriche genügend lange naß bleiben. Die Wandfläche ist daher vor dem Anstrich mit Wasser zu Benetzen.

Kalkanstriche sind nicht lagerfähig.

Kalkfarben

Neben dem gerade beschriebenen Kalkanstrich besteht eine preiswerte Alternative im Sumpfkalk, dessen Wischfestigkeit sich durch Zugabe von etwas Leinölfirnis verbessern läßt.

Kalkfarben widerstehen schadlos starken Temperaturschwankungen, wechselnder Luftfeuchtigkeit und Kondenswasser.

Daher eignet sich diese Farbe besonders für Küchen und Bäder.

Kalkfarben sind innen jedoch auch nur auf Kalkputzen oder als Erneuerungsanstrich auf alten Kalkfarben geeignet.

Zwar eignet sich Kalkfarbe auch für Beton- oder Zementflächen, die wir im Zuge unserer biologischen Renovierung aber so unverkleidet nicht stehen lassen wollen.

Bei den geeigneten Untergründen muß darauf geachtet werden, daß sie nicht sanden, sonst müssen wir den Untergrund, trotz der Beimengung in der Kalkfarbe, mit einem Leinölfirnisanstrich vorstreichen.

Der Untergrund muß satt mit einem Quast angefeuchtet werden, damit er sauber wird und die Farbe mit der Kohlensäure der Luft reagieren und abbinden kann.

Kalkfarben bestehen aus Sumpfkalk oder gelöschtem Weißfeinkalk und Wasser. Um die Abriebfestigkeit zu erhöhen, werden 2 bis 3% Leinölfirnis zugefügt.

Eine Farbpigmentierung kann bis zu 10% der fertigen Kalkmilch beigemengt werden.

Jedoch nur Farbpigmente (in Form von Pulver oder Abtönpaste), die »kalkecht« sind, können hier verwendet werden. Dazu zählen in erster Linie alle Oxide, z. B. Eisenoxid.

Beim Auftragen eines Probeanstrichs ist zu berücksichtigen, daß Kalkfarben im feuchten Zustand weißgrau sind und erst beim Trocknen wieder weiß werden.

Kalkfarben müssen mehrfach dünn aufgestrichen werden. Auch hier ist ein gegenläufiges Auftragen der einzelnen Anstrichschichten sinnvoll.

Vor allem muß dafür Sorge getragen werden, daß die Farbe nicht zu schnell austrocknet.

Der Verbrauch pro m^2 und Anstrichschicht liegt bei 0,2 l.

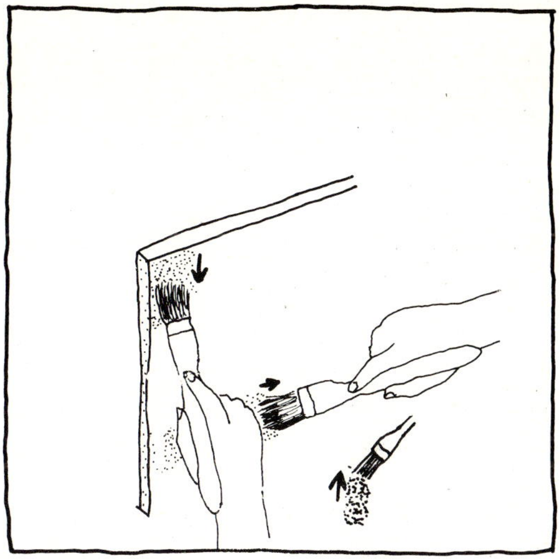

Bei Kalkanstrichen werden die Schichten gegenläufig aufgetragen; je nach Wandstruktur auch gitterförmig.

Hier noch einmal die Arten der baubiologischen Wandanstriche in einer tabellarischen Form zusammengefaßt:

	Weichfaser-beschichtung	Silikatfarbe	Naturharzdispersion
Geeignete Untergründe	alle Untergründe	mineralische Untergründe für besonders beanspruchte Stellen	Kalksandputz, Stein, Holz, Tapeten, alte Anstriche
Zusammensetzung	Zellstoff, Baumwolle	Kaliwasserglas mit Farbstoffen, Silikate	Naturkautschuk, Kolophonium, Bienenwachs, Kreide, Zellulose, Leinöle
Eigenschaften	elastischer Belag, reißt nicht, hohe Strapazierfähigkeit	Farblos, lasierend bis farbig deckend, pilztötend	leicht zu verarbeiten, abtönbar
waschfest	ja	ja	ja
Trocknungszeit	24 Std.	12 Std.	ca. 24 Std.
Verbrauch	1 l für 1 m^2	1 l für 2 m^2	1 l für 8 m^2
Preis	etwas teurer	teuer	normal preiswert
kann selbst hergestellt werden	nein	nein (nicht sinnvoll)	nein (nicht sinnvoll)

	Kalkkaseinfarbe	Kreide-Leimfarbe	Kalkfarbe
Geeignete Untergründe	Kalksandputz, Tapeten, Lehm, Stein, Holz	Kreide, Methyl-Zelluloseleim, Titanoxid	reiner Kalk
Eigenschaften	begrenzt abtönbar	leicht glänzend, wischfest, bietet anderen Farben keinen Haftgrund	inniger Verbund, wirkt desinfizierend
waschfest	ja	nein	nein
Trocknungszeit	4 bis 6 Std.	je nach Untergrund, mindestens 4 Std.	je nach Untergrund, mindestens 6 Std.
Verbrauch	1 l für 10 m^2	1 l für 7 m^2	1 l für 5 m^2
Preis	etwas teurer	sehr preiswert	besonders preiswert
kann selbst herge-stellt werden	ja	ja	ja

Zu der Rubrik Preise sei angemerkt, daß hier nur als Annäherungswert diese biologischen Farben in etwa vergleichbaren konventionellen, nicht-biologischen Produkten gegenübergestellt wurden. Folgekosten der konventionellen Farben wurden dabei nicht berücksichtigt.
(Nicht alle Behandlungen gegen Allergien oder psychosomatische Krankheitsbilder werden von den Krankenkassen finanziert.)

Naturfarben

Unter dem Sammelbegriff »Naturfarben« verbergen sich Erd-, Pflanzen- und Mineralfarben.

Die wichtigsten Rohstoffgruppen dieser Naturfarben sind:

- Naturharze, z. B. Dammar, ein helles, gilbungsfreies Laubbaumharz, das von der Insel Sumatra kommt.

Dieses Harz wird zunächst von seinen Ölen getrennt. Bei dieser Trennung wird Balsamterpentinöl gewonnen.

Bernstein gehört wohl zu den bekanntesten Naturharzen und ist fossilen Ursprungs.

Schellackharz ist das Produkt der indischen Lackschildlaus. Das Wort Lack kommt aus dem Indischen und bedeutet »Einhunderttausend«.

Das dürfte auch die Anzahl der Schildläuse sein, um eine nennenswerte Menge des Schellacks zu erhalten.

- Natur-Wachse, z. B. Karnauba-Wachs, ein pflanzliches Hartwachs, von einer brasilianischen Palmenart gewonnen.

Bienenwachs ist das bekannteste Wachs. Wegen seines niedrigen Erweichungspunktes wird Bienenwachs meist mit härteren Wachsarten kombiniert.

Bei der aus Mexiko stammenden Candelillawachsart liegt der Erweichungspunkt doppelt so hoch wie beim Bienenwachs.

- Natürliche Füllstoffe, z. B. Talkum, ein natürliches Schichtsilikat.

Füllstoffe werden den Farben zugesetzt, um diese zu verdicken, zu konservieren oder um die Haftung auf dem Untergrund zu verbessern. Talkum wird zudem auch in Lacken als Mattierungsmittel verwendet. Auch Kieselsäure, Alaun oder Pottasche sind natürliche Füllstoffe.

- Getrocknete Pflanzenöle, z. B. Leinöl, das gereinigte Samenöl der Leinpflanze, das vor allem aus Argentinien stammt.

Auch ätherische, duftende Öle werden den Farben beigemischt. Der Geruch von Farben hat als eine geistig-seelische Wirkung große Bedeutung.

- Erd- und Mineralpigmente, z. B. Ocker, eine natürliche Erdfarbe aus Frankreich.

Krappwurzel ist der Farbstoff für Krapprot. Dieser klassische Pflanzenfarbstoff wird vor allem für Wandlasuren verwendet.

- Wirkstoffdrogen, z. B. Sojalecithin, ein Eiweißstoff, der aus der Sojabohne gewonnen wird.

Für Wandfarben können diese Naturfarben einmal als Fertigprodukt gekauft werden, aber auch, und das wirkt sich vom Preis her wesentlich günstiger aus, selbst hergestellt werden.

Kolophoniumharz

Oben: Bernsteinharz **unten: Schellackharz**

Harzgewinnung

Karnaubawachs

Oben: Candelillawachs unten: Bienenwachs

In den Gläsern der unteren Reihe sind Kieselsäure, Alaun, Pottasche und Talkum.

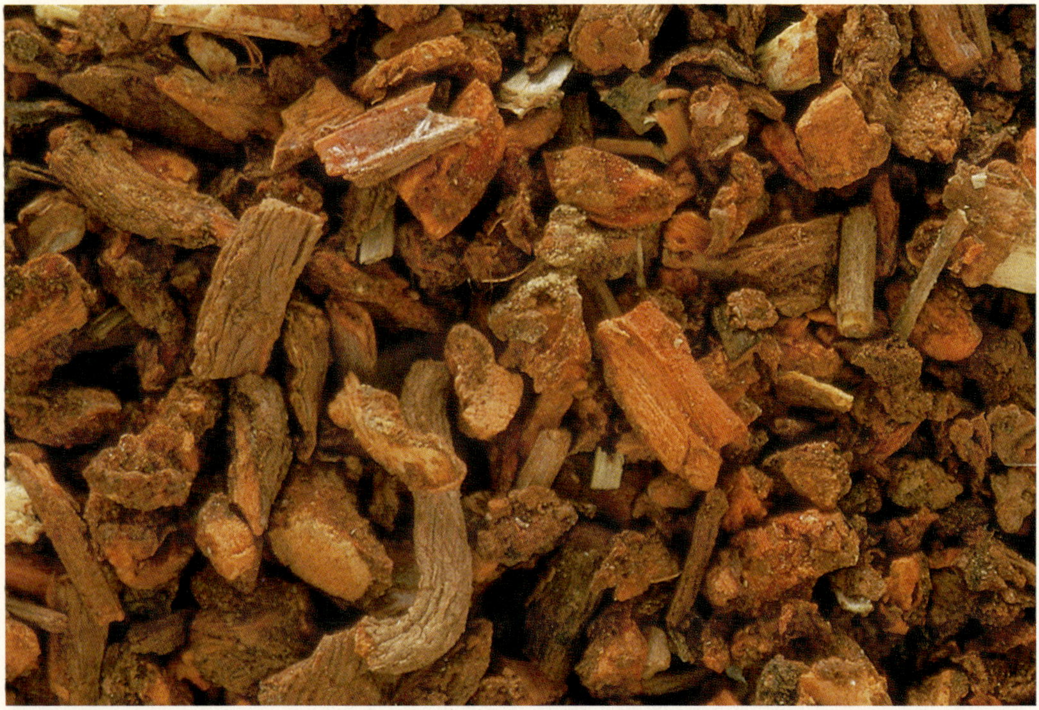

Oben: Krappwurzel unten: Getrocknete Rosenblüten

Tapeten

Für eine biologische Wandbekleidung gelten die gleichen Forderungen, wie für alle Baustoffe:

Sie müssen atmungsaktiv sein, sollen Feuchtigkeit speichern und bei Bedarf wieder abgeben können und dürfen sich nicht elektrostatisch aufladen.

Zudem sollen Tapeten luftdurchlässig sein, damit sie ihre Funktion als Luft- und Schmutzfilter wahrnehmen können.

Bei einem atmungsaktiven Untergrund, also Wand- oder entsprechende Vorbaukonstruktion und Verputzart, filtert die Tapete beim Luftaustausch zwischen Wand und Raum einen Großteil der Schadstoff- und Schmutzpartikel aus.

Daher sollen diese Tapeten etwa alle zehn Jahre, in Gegenden oder auch Wohnungen mit stark schadstoffhaltiger Luft sogar alle fünf bis sechs Jahre ausgetauscht werden.

Diese baubiologisch wichtigen Eigenschaften besitzen die sogenannten Naturtapeten.

Diese Naturtapeten gibt es als Rauhfasertapete und als beschichtete Tapete.

Naturrauhfasertapeten bestehen aus unbehandelten Holzfasern, die zwischen zwei Papierschichten mit Naturharzen gebunden werden.

Die Rauhfaser wird dann mit einer der eben beschriebenen Wandfarben (ab Seite 124), also Naturharz-Dispersion, Kalkkaseinfarbe oder Kreideleimfarbe überstrichen.

Bei beschichteten Tapeten werden unbehandelte Gras- oder Textilfasern, wie Jute, Sisal, Rupfen, Flachs, Baumwolle, Seide oder Schafwolle, mit Naturharzen auf einer Papierträgerschicht kaschiert, also aufgeklebt.

Alternierend zu den mit Naturfasern beschichteten Papiertapeten bieten sich Gewebetapeten an, die aus einem Textilgewebe, Jute, Rupfen oder Glasseide, dem sogenannten Schwedengewebe, bestehen, als Trägerschicht also kein Papier haben.

Diese unbehandelten Gras-, Textil- und Gewebetapeten müssen dann mit einer Naturharzdispersion überstrichen werden, um ihnen neben einer farblichen Oberflächenwirkung die nötige Wisch- und Abriebfestigkeit zu geben.

Ein Streichen mit Kreideleimfarben ist zwar auch hier möglich, aber dann kann danach kein anderer Anstrich auf dieser Tapete mehr erfolgen (siehe auch Seite 127).

Ebenso zählen auch Korktapeten zu den Naturtapeten. Als Naturtapete darf die Korkschicht jedoch nur durch Naturharze mit dem Papierträger verbunden sein, eine Oberflächenbehandlung des Korks ist ebenso für unsere Belange unzulässig.

Als Kleber für alle Naturtapetenarten sollte natürlicher Leim, sogenannte Methylzellulose, verwendet werden.

Diesen Methylzellulose-Leim bzw. Kleister bieten verschiedenste Firmen an. Hierbei ist unbedingt darauf zu achten, daß keine Zuschlagstoffe, vorwiegend sind das dann Kunstharze, beigemischt wurden.

Diese Kunstharze erhöhen zwar die Klebkraft, bilden aber gleichzeitig eine atmungsinaktive Schicht, die zu von uns nicht gewollten Wirkungen führt (vergleiche Seite 41).

Vorbereitung zum Tapezieren

Als erstes müssen die alten Tapeten entfernt werden. Das ist auf jeden Fall angeraten, sowohl bei früher geklebten, atmungsaktiven Tapeten als auch vor allem bei den auf Seite 40 beurteilten atmungsinaktiven Tapeten.

Um die alte Tapete zu entfernen, versuchen wir zunächst, diese mit Hilfe eines breiten Spachtels abzureißen.

Leistet die Tapete dagegen Widerstand, wird sie mit Wasser eingeweicht. Damit das Wasser auch bis zur Leimschicht der Tapete vordringen kann, wird diese durchgehend eingeritzt. (Hierfür gibt es sogar spezielle Nadelwalzen.)

Wenn die Tapete eingeweicht ist, erfolgt der erneute Versuch mit dem Spachtel.

Läßt sich die Tapete danach immer noch nicht lösen, erfolgt ein weiteres Einweichen. Diesmal fügen wir dem ca. 35 °C warmen Wasser jedoch Seifenlauge bei.

Zeigt auch das keine Wirkung, müssen wir zum härtesten Mittel greifen: zu einem Anlauger, den wir durch Mischen von Wasser, Soda und Kalkteig im Verhältnis 5 zu 1 zu 1 herstellen.

Diesen Anlauger brauchen wir auch, um alte Haft- und Tiefengrundschichten auf versiegelnder Kunststoffbasis zu entfernen, wenn wir das staubende Abschleifen der so behandelten Putzschicht vermeiden wollen.

Alsdann gilt es, den Untergrund auf seine Eignung für unsere Naturtapete hin zu prüfen.

Feuchtigkeit

kann mehrere Ursachen haben. Zunächst versuchen wir die feuchten Wandstellen zu trocknen (gut durchlüften und warten).

Verschwinden die Flecken schon nach kurzer Zeit, lag es nur an den feuchten Versuchen, die alte Tapete zu entfernen.

Trocknet der Feuchtefleck innerhalb eines Tages merkbar, lag es an der dampfundurchlässigen alten Tapete.

Bleibt der Feuchtefleck jedoch unvermindert bestehen, liegt ein ernsthafter Feuchteschaden vor, dessen Ursache ein Fachmann ergründen muß (vergleiche Seite 103).

Ausblühungen

sind immer die Auswirkungen von Feuchtigkeit. Sie sind meistens weiß und ringförmig angeordnet. (Bei Geschmacksproben schmecken sie salzig oder bitter.) Wenn Ausblühungen nicht mit feuchten Flecken zusammen auftreten, also trocken sind, brauchen sie nur gründlich abgebürstet zu werden.

Verfärbungen,

also stark farbabweichende Flecken sollten zunächst mit einem Haftgrund auf Zellulosebasis überstrichen werden, damit der dunklere oder hellere Fleck nachher nicht durch die Tapete scheint.

Sind die Verfärbungen nur durch Schmutz hervorgerufen, reicht natürlich ein Abbürsten oder in hartnäckigen Fällen auch ein Abschleifen aus.

Risse

müssen wir auf ihre Tiefe und damit verstärkte Saugfähigkeit hin prüfen. Hierfür streichen wir mit einem dünnen Pinsel den Riß mit Wasser ein.

Färben sich dabei die Ränder des Risses dunkel, müssen wir den Riß aufkratzen. Dann wird er mit Naturgips zugespachtelt und ein Gewebeband als »Bewehrung« daraufgelegt, das dann ebenso mit Gips dünn überspachtelt wird.

Diese Methode ist jedoch nur für Risse im Putz anwendbar. Liegen tiefe Mauerwerksrisse vor, muß ein Fachmann erst die Ursache hierfür ergründen (vergleiche Seite 103 bis 104).

Schäden im Putz,

die zum Beispiel durch das Ablösen der alten Tapete entstanden sind, können ebenso mit Naturgipsspachtelmasse ausgebessert werden.

Bei Vertiefungen von über 10 mm ist es ratsam, das Ausspachteln in zwei Arbeitsgängen zu erledigen. Im ersten Gang wird bis auf ein Niveauunterschied von etwa 3 bis 5 mm vorgespachtelt. Dann erst (nach dem Abbinden der ersten Spachtelung) auf Wandausgleich gespachtelt.

So verhindern wir, daß der Gips, bevor er abgebunden hat, sich nasenförmig aus der Vertiefung herausdrückt.

Den absolut ebenen Ausgleich erhalten wir durch Nachschleifen mit feinem Sandpapier.

Saugfähigkeit der Untergründe

ist für eine dauerhafte Klebeverbindung der Tapete von sehr großer Bedeutung.

Die Saugfähigkeit des Untergrundes können wir durch die Benetzungsprobe in etwa feststellen.

Benetzungsprobe bedeutet, daß wir mit einem nassen Pinsel ein Stück Wand befeuchten. Zeigt sich keinerlei Verfärbung, besteht überhaupt keine Saugfähigkeit.

Da das direkt auf eine atmungsinaktive Beschichtung hindeutet, sollte die Wand mit grobem Schleifpapier angeschliffen werden.

Um zu ergründen, wieviel von der Wandbeschichtung abgeschliffen werden muß, nehmen wir uns zuerst nur eine kleine Probefläche vor, die nach mehreren Schleifgängen wieder mit Wasser benetzt wird. Sobald sich eine Verfärbung anzeigt, ist die versiegelnde Schicht entfernt.

Ist die sperrende Schicht sehr tief in den Putz eingedrungen, bleibt zu überlegen, ob statt des dann schweißtreibenden Abschleifens nicht eine Behandlung mit der Drahtbürste oder gar ein Abschlagen dieser Putzschicht sinnvoll ist.

Allerdings muß danach wieder eine glatte Oberfläche für die Tapete hergestellt werden und dafür müßte dann einer der beschriebenen Putze (Seite 110 bis 112) oder ein Trockenputz (ab Seite 115) aufgebracht werden.

Den Grad der Saugfähigkeit können wir mittels eines Klebebandes feststellen. Dieses Klebeband drücken wir gegen die Wand und reißen es dann ruckartig ab. Bleiben an dem Klebeband keine oder nur ganz wenige Putzteilchen hängen, ist er für unsere Belange genau richtig saugend.

Bleiben jedoch viele Putzteile auf dem Klebeband hängen, dann ist der Untergrund zu stark saugend.

Das ist meist bei Putzen aus Gipssand, Kalkgips oder Kalksand der Fall.

Diese stark saugenden Putze müssen vorbehandelt werden.

Haftgrund

Das geschieht mit einem biologischen Haftgrund.

Dafür müssen wir 25 g Zellulose in 1 l Wasser lösen und anschließend 0,5 l Leinöl darin verrühren.

Für 1 m^2 Fläche brauchen wir etwa 0,3 l Haftgrund.

Der Haftgrund wird dann gleichmäßig mit einem Quast auf die Wand aufgetragen. Dabei erfolgt eine leichte Dunkelfärbung, die nicht so intensiv wie bei unserer Benetzungsprobe ausfällt.

Streichmakulatur

Haben Wände zwar die nötige Saugfähigkeit, sind aber zu rauh, als daß so eine zufriedenstellende Klebeverbindung der Tapete mit der Wand hergestellt werden könnte, müssen wir diese Wandstrukturen durch eine Streichmakulatur ausgleichen.

Diese Streichmakulatur besteht aus der gelösten Zellulosemischung, wie beim Haftgrund (25 g Zellulose pro 1 l Wasser) und einer Zumischung von jeweils 1 l Füllstoff pro Einheit.

Der Füllstoff kann Marmormehl oder auch Papierfaser sein.

Diese Mischung muß dann etwa zehn Stunden stehen bleiben (einsumpfen).

Anschließend wird Leinöl (jeweils 0,5 l pro Einheit) untergerührt und die Mischung dann bis zur Streichfähigkeit mit Wasser verdünnt.

Diese Mischung hat eine verfestigende Wirkung auf den Putz. Sie wird am besten mit einer Deckenbürste aufgetragen. Der Anstrich sollte ausgiebig trocknen, bevor er tapeziert wird.

Ist der Untergrund nun geprüft, für hygienisch einwandfrei befunden und entsprechend behandelt, kann die Vorbereitung zum eigentlichen Tapezieren beginnen.

Diese Vorbereitung besteht zunächst in der Materialberechnung (Raumflächen umgerechnet auf Tapetenbahnen, wobei hier mindestens 10% für Verschnitt zugerechnet werden sollten).

Vorkleistern und Einweichen der Tapeten

Damit Tapeten leichter verarbeitet, besser den Wandgegebenheiten angepaßt und auch gut mit der Wand verklebt werden können, werden sie nach dem Zuschnitt direkt eingekleistert, um dann eine Zeitlang einweichen zu können. Das ist auch wichtig, da sich Papier bei Feuchtigkeit dehnt und so bei zu geringer Einweichzeit an der Wand Blasen bilden könnte.

Umgekehrt führt eine zu lange Einweichzeit sowohl zu einer Durchweichung als auch zur Formveränderung (Verwerfung), vor allem bei den Textil- und Grasfasertapeten.

Je nach Art der Naturtapete muß unser Tapetenkleister und diese Einweichzeit unterschiedlich gehandhabt werden:

Bei Rauhfasertapete:
Kleistermischung: 1 Teil Methylzellulose zu maximal 20 Teilen Wasser (= für 100 g Kleister brauchen wir 2 l Wasser).
Einweichzeit: etwa 10 bis 12 Minuten.

Bei beschichteten Grasfasertapeten:
Kleistermischung: 1 Teil Methylzellulose zu maximal 15 Teilen Wasser (= für 100 g Kleister brauchen wir 1,5 l Wasser).
Einweichzeit: etwa 6 bis 8 Minuten.

Bei beschichteten Textilfasertapeten:
Kleistermischung: 1 Teil Methylzellulose zu maximal 13 Teilen Wasser (= für 100 g Kleister brauchen wir 1,3 l Wasser).
Einweichzeit: etwa 5 bis 7 Minuten

Bei Gewebetapeten:
Kleistermischung: 1 Teil Methylzellulose zu maximal 10 Teilen Wasser (= für 100 g Kleister brauchen wir 1 l Wasser).
Einweichzeit: etwa 3 bis 5 Minuten.

Bei Korktapeten:
Kleistermischung: 1 Teil Methylzellulose zu maximal 13 Teilen Wasser (= für 100 g Kleister brauchen wir 1,3 l Wasser).
Einweichzeit: etwa 7 bis 9 Minuten.

Mit einem Liter hergestellten Kleister können wir etwa 5 m^2 Tapete einkleistern.

Tapezierpraxis

Wenn neben den Wänden auch die Decke tapeziert werden soll, wird zuerst die Decke tapeziert.

Bei Wandschrägen werden diese vor den geraden Wandteilen tapeziert.

Die Längsseiten einer Tapete werden auf Stoß, also nicht überlappend geklebt.

In Ecken, egal in welchem Winkel, darf nie eine Tapetenbahn herumgezogen werden. Hier muß (notfalls in Teilbahnen) eine Tapetenbahn knapp um die Ecke herumführen (ca. 2 cm), die andere Bahn muß genau mit der Eckenkante abschließen.

Beim Tapezieren der Decke sollten die Tapetenbahnen längs der Richtung des in den Raum einfallenden Tageslichtes liegen, damit so keine der Stoßkanten der Tapeten erkennbar werden.

Beim Tapezieren der Wand wird aus dem gleichen Grund immer an einem Fenster begonnen.

Vor dem Tapezieren sind alle Elektroschalterabdeckungen (nachdem der Strom abgestellt ist) zu entfernen.

Dadurch kann über diese Hindernisse einfach hinweg tapeziert werden. Wenn die Tapete getrocknet ist, können die Öffnungen ausgeschnitten und die Schalterabdeckungen wieder montiert werden.

Für die erste Tapetenbahn ist es sehr sinnvoll, eine Hilfslinie zu markieren, an der diese Bahn dann ausgerichtet werden kann.

Sobald die Bahn korrekt anliegt, drückt man sie mit einer Bürste oder einem Tuch an. Dabei wird erst in Längsrichtung die Tapetenmitte angedrückt, danach wird von der Mitte aus schrägt nach außen zu den Kanten gestrichen.

Mit Ausnahme des verwendeten Materials unterscheidet sich die Praxis unseres Tapezierens nicht von der für konventionelle Tapeten.

Nach dem Tapezieren muß der Kleister zunächst gründlich durchtrocknen. Das dauert mindestens 24 Stunden.

Nun erst können die Tapeten mit Wandfarbe gestrichen werden.

Für die Gewebe- und Fasertapeten ist eine Naturharzdispersionsfarbe am sinnvollsten, die mit Naturfarben in Pulver- oder Pastenform abgetönt werden kann.

Bei diesem Anstrich sollte jedoch nicht die Obergrenze der Verdünnung (bis 30% Wasserzugabe) erreicht werden. Hier sollte bei den Gras- und Textilfasertapeten nicht mehr als 10% und bei den Gewebetapeten möglichst garnicht mit Wasser verdünnt werden.

Durch eine sparsamere Pigmentierung lassen sich die gleichen Abtönungen herstellen.

Eine zu starke Wasserzugabe in die Wandfarbe hat bei diesen Tapeten den Nachteil, daß dadurch die Gefahr besteht, daß der Kleister durchnäßt wird und sich somit vom Untergrund löst.

Passiert das an einigen kleineren Stellen, ist das nicht tragisch, da beim Austrocknen die alte Klebkraft wieder hergestellt wird.

Lösen sich beim Streichen Tapetenteile an den Rändern, geben wir mit einem Pinsel etwas Farbe unter den Tapetenrand und drücken die Tapete wieder an die Wand.

Wandanstriche mit Naturharzdispersionen können mit der Lammfellrolle aufgerollt werden.

Dieser Anstrich läßt sich mehrfach ohne Haftungsprobleme überrollen und kann auch bei einem späteren Renovieranstrich (innerhalb der filteraktiven Zeit der Tapete) verwendet werden.

Es lassen sich mit ihm auch Haarrisse und andere Oberflächenmakel kaschieren.

Bei Deckenanstrichen empfiehlt sich das Auftragen mit einem Quast, da durch die Saugkraft einer Fellrolle hier mitunter die Gefahr besteht, daß wir die vom Kleister durchfeuchtete Tapete beim Rollen lösen.

Bei Korktapeten ist eine farblose Beschichtung sinnvoll, um so eine Abriebfestigkeit der unbehandelten Oberfläche zu erhalten. Hierfür ist eine Bienenwachsbeschichtung sinnvoll, wie sie zur Holzoberflächenbehandlung verwendet wird.

Decken- und Wandanstrich

Wie schon im Bewertungsteil erklärt, sollten bei unserer baubiologischen Renovierung die alten Tapeten auf jeden Fall entfernt werden.

Die Poren eine Tapete enthalten quasi die Stoffwechselschlacken der Hautfunktion in Form neutralisierter oder schädigender Gifte.

Mit welchen Tricks und Möglichkeiten eine Tapete entfernt wird, habe ich eben bereits beschrieben (Seite 137).

Hier geht es um die Anstrichtechniken und bei Streichen auf Fein- oder Strukturputz um die Frage »Neuanstrich auf Altanstrich oder Altanstrich entfernen?«.

Um das zu klären, wird ein Pinsel in klares, kaltes Wasser getaucht und ein Stück Wand- oder Deckenfläche naß gemacht. Ist das Wasser aufgesogen, wird die Fläche nochmals mit kaltem Wasser angetupft.

Dunkelt die Naßstelle dann nach, so handelt es sich um einen Leimfarbenanstrich, wenn beim Darüberwischen mit dem Finger Farbe übertragen wird.

Alter Kalkanstrich wird ebenfalls dunkel, sobald er angefeuchtet wird; es wird aber keine Farbe auf den Finger übertragen, wenn man die Teststelle abwischt.

Alte Dispersionsfarbe dunkelt nur leicht und gibt auch keinen Farbstoff ab.

Erfolgt keine Wasseraufnahme, handelt es sich um Emulsions-, Öl-, Kunststoffdispersions- oder Lackfarben, kurz alle Farben, die filmbildend eine Atmungsaktivität verhindern und eine elektrostatische Aufladefähigkeit fördern.

Aus baubiologischen Gründen ist das Entfernen dieser so angezeigten Farben auf jeden Fall sinnvoll und notwendig.

Entfernen von alten Wand- und Deckenfarben

Zunächst sollte ein mechanisches Entfernen mit Hilfe einer Drahtbürste oder einem Spachtel versucht werden.

Ein Abwaschen ist bei den Kunststoffanstrichen unmöglich.

Sollten diese Bemühungen nicht zum Erfolg führen, muß die Farbe abgebeizt werden.

Zum Abbeizen bieten sich biologische Abbeizmittel an, die als Lösungsmittel Zitronenschalenöl enthalten.

Die empfohlenen Sicherheitsvorkehrungen der Hersteller sollten beachtet werden.

Alkalische Abbeizmittel können durch Mischen von 1 Teil Kalkbrei (Weißfeinkalk in Wasser eingesumpft) und 1 Teil Soda auch selbst hergestellt werden.

Praxis des Anstreichens

Der Neuanstrich beginnt mit der Berechnung der zu streichenden Fläche. Zur Berechnung der Wandfläche addieren wir die Länge aller Wände und multiplizieren das Ergebnis mit der Zimmerhöhe.

Werden davon dann die Flächen der Fenster und Türen abgezogen, erhalten wir die genaue m^2-Zahl und dürften kaum Überschuß bei unserer Materialbedarfsberechnung haben.

Die Fläche der Decke berechnet man nach der Formel »Zimmerlänge x Zimmerbreite«.

Wer sorgfältig abklebt und abdeckt, hat später weniger Arbeit und bei dünnsäurehaltigen Anstrichen auch keinen Schaden.

Wände und Decken sollten möglichst in einem Arbeitsgang gestrichen werden.

Bei deckenden Anstrichen:

An Arbeitsmitteln sind eine Lammfellrolle, ein Pinsel und ein Abstreifgitter erforderlich.

Zuerst wird die Rollenoberfläche mit Farbe benetzt, die dann durch Abrollen auf dem Gitter gleichmäßig verteilt wird.

Ein erster Farbauftrag erfolgt stets von unten nach oben, die Farbe wird dann durch zickzackförmiges Rollen gut verteilt und abschließend durch einen zweiten Farbauftrag mit langen, gleichmäßigen Rollgängen von oben nach unten beendet.

Ecken, die wir mit dem Roller nicht erreichen, streichen wir mit einem Pinsel vor.

Decken werden mit kreuzweise geführten Strichen gerollt.

Bei lasierenden Anstrichen:

Diese Technik ist der Aquarellmalerei ähnlich.

Grundsätzlich werden die Lasurfarben »naß-in-naß« aufgetragen, wobei zu stark aufgetragene Farbe oder Farblaufnasen sofort mit einem trockenen Tuch abgenommen werden.

Die Lasurfarben können mit destilliertem Wasser verdünnt werden.

Gerade für den Anfang ist es ratsam, mit stark verdünnten Farben zu arbeiten und dafür dann mehrfach die Farbe zu schichten.

Wenn die Farbe zu dünn geraten ist, kann sie mit weiterer Zugabe von Lasurpigmenten wieder verstärkt werden. Dafür muß dann aber auch noch zusätzlich ein Bindemittel, meistens Talkum, mit eingerührt werden, um die alte Konsistenz der Wischbeständigkeit wieder zu erhalten.

Lasurfarben erhalten eine wirkungsvollere Farbtönung, wenn der Untergrund mit einer kräftigen, weißen Grundierung gestrichen ist. Dafür eignet sich als Pigmentierung Titanoxid oder bei Kalkkaseinfarben auch Sumpfkalk.

Lasurfarben eignen sich sehr gut für unterschiedlich kräftige Farbtönungen, die übergangslos ineinander übergehen können.

Verschiedene Pflanzenfarbstoffe zu einer Lasurfarbe zusammenzumischen dürfte nur in Ausnahmefällen zu einem Erfolg führen, da die Pflanzenteile unterschiedliche Pigmentieranteile und damit verschiedene Färbeverhalten haben.

Ein gewünschter Farbaufbau sollte daher möglichst nur im Schichtaufbau auf der Wand erfolgen.

Hier kann, von der Technik her beliebig, jeder Farbton auf oder neben den anderen aufgetragen werden.

Dabei sollte im Schichtaufbau mit der hellsten Farbe begonnen werden, um dann Schicht für Schicht zu den dunkleren Farbtönungen überzugehen.

Bei einem derartigen Schichtaufbau müssen wir zudem die Verdünnung der einzelnen Farbe mit ihrem jeweiligen Schichtauftrag abstimmen.

Die helleren Farben, die die ersten Schichten bilden, werden nur wenig verdünnt, die obersten Schichten, die hier von dunkleren Farben gebildet werden, müssen wir stärker verdünnen.

Vor Beginn der Arbeiten sollte die Lasur gründlich durchgerührt werden, damit sich die Farbpigmente gleichmäßig verteilen.

Zuerst ist es ratsam, nur eine kleine Probefläche mit einer Lasur zu versehen. Einmal um die Farbwirkung an der Wand auszuprobieren und auch, um sich überhaupt mit der Lasurtechnik vertraut zu machen.

Für Lasurfarben bieten sich drei Arbeitsmethoden an, die unterschiedliche Strukturen und Wirkungen erzielen:

Malen

Hierbei wird eine mit Farbe satt gefüllte Lasurbürste im Schwung von liegenden Achten zügig über die Wand bewegt.

Mit dieser Methode erhalten wir eine leicht bewegte Struktur, die aber sehr ruhig wirkt.

Hierbei müssen Laufnasen der Farbe unbedingt sofort mit einem Tuch abgenommen werden, da bei der geschwungenen Linienführung querlaufende Nasen empfindlich störend auffallen.

Diese Maltechnik mit der Lasurbürste läßt sich einfacher und somit schneller handhaben als die Tupftechnik.

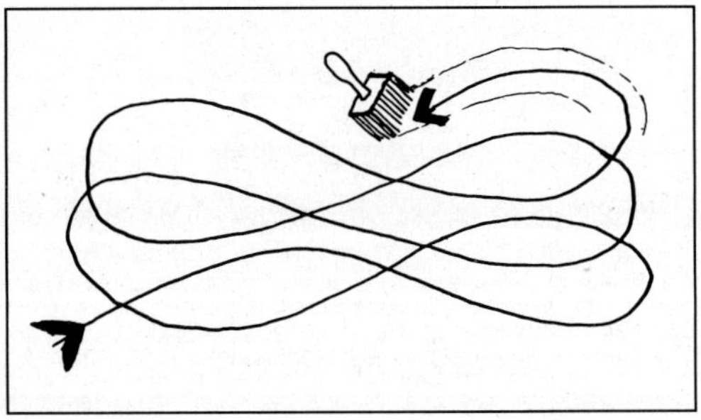

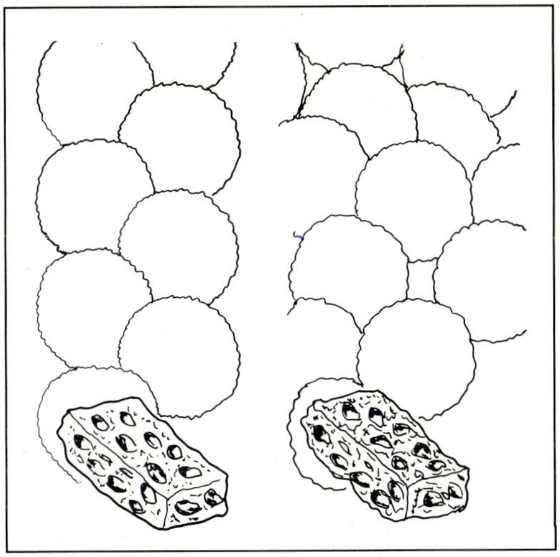

Um bei der Tupftechnik eine sehr regelmäßige Struktur zu erhalten (links), ist auf einen gleichmäßigen Farbauftrag in gleichbleibenden Abständen zu achten.
Bei unregelmäßiger Struktur (rechts) sollte darauf geachtet werden, daß nach Auftrag aller Lasurschichten keine Stelle ohne Farbauftrag ist.

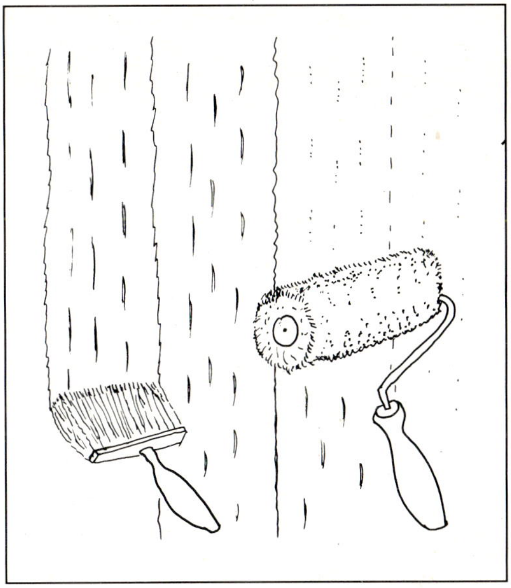

Neben der hier gezeigten senkrechten Linienführung, kann die Lasurfarbe auch quer oder diagonal aufgetragen werden.

Tupfen

Hierbei wird die Farbe mit einem Schwamm durch zügiges Tupfen aufgebracht.

Diese Tupfen können gleichmäßig gesetzt werden. Die Farbwirkung wird dann eine in sich gebrochene, aber regelmäßige Struktur sein.

Bei unregelmäßigen Tupfen erhalten wir eine dynamische Wirkung mit deutlich erkennbarer punktureller Struktur.

Direkt nach dem Tupfen kann mit einer trockenen Lammfellrolle darüber gerollt werden, um eine flächendeckendere Verteilung zu erhalten.

Rollen

Hierbei wird zunächst die Lasurfarbe mit einem Quast in parallel verlaufenden Strichen aufgetragen. Sodann wird sofort mit einer trockenen Farbrolle in gleicher Richtung des Farbauftrages darübergerollt.

Dadurch wird die nasse Farbe von der Rolle abgenommen und gleichzeitig weiter verteilt.

Das Ergebnis ist eine sehr gleichmäßige Farbfläche, die nur geringe Nuancen der Farbintensität aufweist.

Verschmutzte Wandanstriche und Tapeten

sind gut zu reinigen mit einem natürlichen »Radiergummi«: Brot.

Die besten Ergebnisse erzielt frisch gebackenes, noch warmes Roggenbrot.

Der Teig wird aus dem Inneren des Brotlaibes genommen und zu einem Ballen geknetet, mit dem dann die Tapete abgerieben wird. Der Schmutz bleibt an dem klebrigen Teig haften.

Holzoberflächenbehandlung

Gleich vorweg gesagt: ein gänzlich unbehandeltes Holz ist funktionstüchtig und bedarf keiner »schützenden« Behandlung im Innenbereich.

Holzoberflächen übernehmen eine sehr wichtige filternde Funktion, die entscheidend zur Verbesserung des Wohnklimas beitragen kann.

Da Holz sehr stark atmungsaktiv ist, kann es Schadstoffe der Raumluft sogar besser filtern und binden als das Tapeten oder Struktur- und Feinputze können.

Diese Fähigkeit führt jedoch zu einem optischen Nachteil: gänzlich unbehandeltes Holz hat keinerlei Glanz und wirkt mit der Zeit stumpf.

Ferner nimmt Holz sehr stark Feuchtigkeit auf. Dies wiederum führt zur Formveränderung des Holzes, das bei starker Feuchtigkeitsaufnahme bis zu einem Zehntel seines Volumens aufquellen und bei Feuchtigkeitsabgabe auch wieder bis zu diesem Volumen schwinden kann.

Eine biologische Holzoberflächenbehandlung hat daher die Aufgabe, dem rohen Holz einen dekorativen Anstrich zu geben, der auch eine gewisse Schutzfunktion vor Schmutz hat und in Feuchträumen auch Schutz vor Nässe bieten soll, ohne jedoch die für uns wichtige Atmungsaktivität des Holzes zu beeinträchtigen.

Dafür geeignete Möglichkeiten bieten:

- Bienenwachs
- Leinölfirnis
- Ölfarben
- Naturharzöle
- Holzlasuren
- Beizen
- und eingeschränkt auch Harzlacke

Vorbereitung des Untergrundes

Frisches Holz:

Als wichtigste Voraussetzung für gute Haftung und Haltbarkeit eines Anstriches muß das Holz trocken sein.

Da wohl kaum ein Holzhändler mit Sicherheit sagen kann, welches seiner Hölzer wann geschlagen wurde, müssen wir, wie bereits bei den Holzverkleidungen erwähnt (Seite 119), das Holz zunächst ca. ein bis zwei Wochen in dem Raum, in dem es verarbeitet werden soll, trocken lagern.

Die Frage nach dem Zeitpunkt, wann das Holz geschlagen wurde, hätte insofern einen Sinn, als ein Baum in den einzelnen Monaten einen unterschiedlichen Feuchtehaushalt hat. Dieser eigene Feuchtehaushalt ist im Sommer hoch und im Winter niedrig. Der absolut niedrigste Feuchtewert eines heimischen Holzes liegt im Dezember bei Neumond vor.

Dieser Termin sei daher allen empfohlen, die ihr Holz selbst schlagen. (Die Genehmigung beim zuständigen Forstamt dafür zu erhalten ist im Vergleich zum eigentlichen Schlagen und Abtransportieren relativ einfach.)

Bereits behandeltes Holz:

Hier müssen wir den Altanstrich restlos entfernen.

Eine Ausnahme bilden atmungsaktive Altanstriche, die auf dem Holz belassen werden können, wenn wir als Neuanstrich die gleiche Behandlung wählen.

Bei einigen atmungsaktiven Beschichtungen können aber auch andere Anstriche aufgetragen werden und zwar bei:

Leinölfirnis

Auf diesem Anstrich haften auch Naturharzlacke und Ölfarben, wenn wir vorher mit einem feinen Schleifpapier die Fläche anschleifen.

Beizen

Ebenso nach einem Anschliff können wir hier Leinöl- und Naturharzlackanstriche aufbringen.

Mit einer Bienenwachsbehandlung können wir alte, atmungsaktive Oberflächen auch aufmöbeln. Das trifft zu bei Anstrichen mit Leinölfirnis, Naturharzlacken, Ölfarben, Naturharzöl-Imprägnierung, Holzlasuren und bei Beizen.

In allen anderen Fällen müssen Altanstriche restlos entfernt werden.

Das kann je nach Art des Anstrichs durch Ablaugen, Abbeizen, Abbrennen oder Abschleifen geschehen.

Bienenwachsbehandlung:

Durch kräftiges Abbürsten mit der Wurzelbürste und heißem Wasser, dem Salmiakgeist zugesetzt wird. In hartnäkkigen Fällen ist eine reine Salmiakgeistbehandlung notwendig.

Leinölfirnisbehandlung:

Muß mit einem alkalischen Abbeizer behandelt werden.

Ölfarben:

Können abgelaugt werden.

Naturharzöl-Imprägnierung

wie auch

Naturharzlackbehandlung:

Müssen abgebeizt werden.

Holzlasuren:

Müssen ebenso abgebeizt werden.

Schellack:

Diese Beschichtungen müssen abgeschliffen werden.

Beizen:

Durch Abschleifen mit etwa 120er Schleifpapier bis zur unbehandelten Holzschicht. Bei Weichhölzern ohne große Astbildung ist auch ein Abhobeln möglich.

Kunstharzlack:

Durch Ablaugen mit Kali- oder Natronlauge.

Emulsionslack:

(Zweikomponentenlack): Durch Abbrennen mit Heißluftgebläse oder Gaslötlampe.

Öllack:

Durch Abbeizen mit einem alkalischen Abbeizmittel.

Nitro- und Alkyllack:

Durch Abbrennen mit Heißluftgebläse oder Gaslötlampe.

Holzschutzmittel:

Wenn das Mittel nicht tiefer als 4 mm ins Holz eingedrungen ist, durch Abhobeln oder Abschleifen. Sonst ist die Entfernung des so behandelten Holzes angeraten. Als Kompromiß kann eine Versiegelung mit Wasserglas erfolgen. Auf diese dann atmungsinaktive Schicht können Ölfarben oder Naturharzlacke aufgebracht werden.

Biologische Ablauger und Abbeizer gibt es im einschlägigen Handel, können wir aber auch selbst herstellen.

Bei der Anwendung dieser Mittel müssen wir Hände, Augen und Kleidung vor ätzenden Spritzern schützen.

Ferner müssen alle umliegenden Flächen gut abgedeckt werden.

Wenn Ablauger oder Abbeizer aufgetragen sind, müssen sie einige Zeit einwirken.

In dieser Zeit gehen diese Mittel eine Reaktion mit dem Altanstrich ein, der sich dadurch dann vom Holz löst.

Mit Hilfe eines Spachtels oder einer speziellen Abziehklinge kann dann der gelöste Belag abgekratzt werden.

Wenn beim ersten Mal nicht alle Anstrichschichten gelöst werden, muß erneut Ablauger oder Abbeizer aufgetragen werden, der dann wieder die gleiche Zeit einwirken muß.

Natronlauge:

Dieser Ablauger besteht aus Natriumhydroxid. Dieses Natriumhydroxid in Körnerform wird im Verhältnis 1 zu 10 in Wasser aufgelöst.

Da dieser Natronablauger recht dünnflüssig ist, eignet er sich vorwiegend für waagerechte Flächen.

Die Natronlauge wird mit einem Pinsel in einer etwa 1 mm dicken Schicht auf die Altfarbe aufgetragen und muß dann etwa eine Stunde einwirken. In dieser Zeit geht die Lauge eine Verbindung mit dem Farbanstrich ein, die diese vom Holz löst. Diese Reaktion wird durch eine kräftige Blasenbildung erkennbar.

Ab dem zweiten Arbeitsgang nimmt die Lauge die Farbe des Altanstriches an.

Kalilauge:

Diesen Ablauger stellen wir aus Schmierseife und gelöschtem Kalk im Verhältnis 1 zu 1 her.

Die Kalilauge wird mit einem Pinsel etwa 3 mm dick auf die Altfarbe aufgestrichen. Die Einwirkzeit beträgt etwa eine Stunde.

Die Wirkung des Ablaugers ist identisch mit der Natronlauge (kräftige Blasenbildung und ab dem zweiten Arbeitsgang Farbannahme des Altanstriches).

Da die Kalilauge im Gegensatz zur Natronlauge sehr dickflüssig ist, kann sie gut auf senkrechte Flächen aufgebracht werden kann.

Abbeizer:

Hierfür können wir einen alkalischen Abbeizer herstellen, indem wir 1 Teil gelöschten und eingesumpften Kalkbrei mit 1 Teil Soda mischen.

Sind nur dünne Farbschichten abzubeizen, kann der Abbeizbrei mit Wasser verdünnt werden, bis er eine dickflüssige Konsistenz erreicht.

Dieser Abbeizer wird mit dem Spachtel bzw. Pinsel etwa 3 mm dick auf den Altanstrich aufgetragen und muß etwa 24 Stunden einziehen.

Die Wirkung des Abbeizers wird erkennbar durch eine kräftige Blasenbildung und spätere Farbannahme des Altanstriches.

Nach dem Abheben der gelösten Farbe wird nun bei allen Methoden des Ablaugens oder Abbeizens die bearbeitete Fläche gründlich mit Wasser abgewaschen und anschließend mit Essigwasser (Verhältnis ca. 1 Teil Essig zu 4 Teilen Wasser) nachgespült.

Das Abwaschen sollte unbedingt mit einer Wurzelbürste geschehen.

Die entstehenden Abfälle sind sorgsam auf einer Sondermüllstelle zu entsorgen.

Abbrennen:

Am schnellsten entfernt man alte Farbe, indem wir sie mit einer Gaslötlampe oder einem Heißluftgebläse abbrennen.

Hierbei ist das Gerät auf der Fläche hin und her zu bewegen, bis die Farbe schmilzt, die dann mit einem gezahnten Spachtel abgenommen wird.

Das Holz darf dabei nicht verbrannt oder angesengt werden.

Anschließend wird der Untergrund mit feinem Schleifpapier, etwa 120er Körnung, geschliffen und entstaubt.

Entfetten:

Nach dem Entfernen von Altanstrichen ist meistens ein noch hoher Fettanteil im Holz. Dieser Fettgehalt kann die Haftung des neuen Anstrichs behindern.

Für das Entfetten bietet sich eine Seifenlösung an, die, warm bis heiß, mit einer Wurzelbürste auf das Holz aufgetragen wird. Für die Seifenlösung brauchen wir 25 g Kernseife auf 1 l Wasser.

Durch die Seifenlösung erhalten wir zwar eine recht fettfreie Holzoberfläche, der Neuanstrich kann jedoch nicht sehr tief in das Holz eindringen.

Ist für den Neuanstrich ein offenporiges Holz erforderlich, ist zur Entfettung Salmiakgeist zu verwenden.

Der Salmiakgeist wird unverdünnt mit einem Pinsel aufgetragen und muß dann etwa 20 Minuten einwirken.

Bei beiden Entfettungsmethoden sind anschließend die behandelten Flächen mit klarem Wasser nachzuspülen und gründlich zu trocknen.

Ausbesserungen:

Vertiefungen und Beschädigungen können mit Leinölkitt verschlossen werden.

Bei allen Oberflächenbehandlungsmethoden — mit Ausnahme des Beizens — geschieht das als Vorbereitung.

Nur wenn wir das Holz beizen wollen, werden diese Ausbesserungen erst nachher vorgenommen, da das Leinölkitt keine Beize annimmt, und somit die Ausbesserungsstelle sonst deutlich erkennbar wäre.

Damit dieser Kitt auch haftet, muß vorher das Holz mit Leinöl grundiert werden.

Die zu behandelnde Stelle wird zunächst gründlich gesäubert. Sofern es die Verhältnisse zulassen, am besten mit feinkörnigem Schleifpapier, sonst mit in Wasser gelöster Kernseife (etwa 25 g auf 1 l Wasser).

Beide Verfahren sollen dazu dienen, das Holz zu entfetten, damit das Leinöl auch ausreichend eindringen kann.

Dann wird mit einem feinen Pinsel unverdünntes Leinöl aufgetragen, solange bis das Holz kein Öl mehr aufnimmt. (Diese Prozedur kann bei größeren Flächen einige Stunden dauern.)

Nun kann der Kitt in die Vertiefung eingespachtelt werden.

Leinölkitt gibt es als Fertigprodukt, kann aber auch recht einfach selbst hergestellt werden.

Leinölkitt besteht aus Leinöl und Kreide, dem wir, entsprechend der Farbgestaltung des Anstriches, Farbpigmente zugeben können.

Das Verhältnis Leinöl zu Kreide liegt bei etwa 1 zu 6.

In das Leinöl wird das feinkörnige Kreidepulver unter ständigem Rühren langsam eingestreut.

Bei einem späteren farbigen Anstrich wird gleich mit dem ersten Einstreuen der Kreide die gleiche Farbpigmentierung bis maximal 5% des Leinölanteils mit eingestreut.

Dadurch wird die Ausbesserungsstelle nach dem Anstrich kaum noch erkennbar sein.

Durch das sukzessive Einstreuen des Kreidepulvers entsteht ein zunehmend sich verdickender Brei.

Sobald die Masse nicht mehr verrührbar ist, wird sie, bei weiterem Einstreuen von Kreidepulver, nun mit der Hand geknetet, bis eine knetgummiartige Masse entstanden ist.

Dieser Kitt wird dann mit Hilfe eines Messers oder Spachtels kräftig in die Vertiefung gedrückt und glatt gestrichen.

Bienenwachsbehandlung

Das Bienenwachs erzeugt die Biene durch Enzymwirkung aus Kohlehydraten, die an den letzten Bauchringen des Hinterleibes in Form von feinen Lamellen ausgeschwitzt werden.

Der füllende Porenverschluß, der aber gänzlich dampfdurchlässig bleibt, verbessert das Holz in seinen vortrefflichen Eigenschaften und läßt diese voll zur Wirkung kommen.

Der dezente, seidenmatte Glanz hebt die Farb- und Strukturwirkung der Holzmaserung hervor.

Bienenwachs ist elektrisch leitfähig, lädt sich also elektrostatisch nicht auf.

So kann jede Kunststoff- oder elektrisch aufgeladene Fläche durch eine Bienenwachsbehandlung neutralisiert werden.

Die Bienenwachsprodukte gibt es in verschiedenen Ausführungen und für die unterschiedlichsten Anwendungen, z.B. als Fußbodenwachs, Bienenwachsbalsam oder Flüssigbalsam, als Hartwachs oder als Bienenwachsanstrich. Die entsprechenden Verarbeitungshinweise der Hersteller sind einzuhalten.

Diese Produkte können jedoch auch selbst hergestellt werden.

Zur Behandlung von Oberflächen empfiehlt es sich nicht, Bienenwachs ohne einen Zusatz zu verwenden.

Das ist bedingt durch die schwer zu verarbeitende Konsistenz, die zudem auch eine recht klebrige und damit stark schmutzanfällige Oberfläche bilden würde.

Je nach der Beanspruchung oder dem gewünschten Oberflächeneffekt werden dem Bienenwachs unterschiedliche Stoffe zugemengt.

So kann Bienenwachs mit Balsamterpentinöl vermischt werden (Verhältnis Wachs zu Öl von 1 zu 0,5 bis maximal 1 zu 1).

Dadurch läßt sich das Wachs leichter verarbeiten und dringt durch das Terpentinöl, das hier als Lösungsmittel fungiert, auch stärker in das Holz ein.

Statt dem Terpentinöl kann auch für wenig beanspruchte Flächen Leinöl genommen werden (Verhältnis Wachs zu Öl von 1 zu 1).

Durch die Zugabe von Leinöl ist die Konsistenz des Wachses zwar härter und dringt auch kaum in das Holz ein, aber wir erhalten dadurch eine wesentlich stärker glänzende Oberfläche.

Bei Verwendung von Leinöl empfiehlt es sich jedoch, gleichzeitig noch ein stark ätherisches Öl mit hinzuzufügen, um die streng riechenden Ausdünstungen des Leinöls zu neutralisieren (der Anteil des ätherischen Öles sollte zwischen 3 bis 5% der Wachsmischung ausmachen).

Für stark beanspruchte Flächen und vor allem für Fußböden muß das Bienenwachs mit einem härteren Wachs vermischt werden.

Dafür eignet sich in erster Linie die Zugabe von Karnaubawachs.

Zur Verarbeitung dieser Wachsmischung ist die Zugabe von Balsamterpentinöl unerläßlich (Verhältnis etwa 1 zu 1 zu 1) .

Bei allen Zusammensetzungen kann das Mischungsverhältnis auch nachträglich noch korrigiert und verändert werden, ohne daß dadurch eine Qualitätsminderung der Oberflächengüte zu befürchten ist.

Vorbereitet mit den jeweiligen Zusätzen wird das Wachs durch Erhitzen.

Generell empfiehlt es sich, diese Erhitzung in einem Wasserbad vorzunehmen, wobei als erstes immer das Wachs flüssig gemacht werden muß, bevor die anderen Stoffe hinzugefügt werden.

Bei Verwendung von Balsamterpentinöl oder Leinöl ist auch bei Erhitzung im Wasserbad Vorsicht geboten, da bei diesen leichtentflammbaren Ölen immer eine Gefahr der Entzündung besteht.

Generell sollte jede Wachsmischung warm aufgetragen werden, da sie so besser auf dem Holz haftet.

Die zu behandelnde Fläche muß sauber, trocken und staubfrei sein.

Dafür eignet sich ein Anschleifen des Holzes in Faserrichtung mit einem feinen Sandpapier.

Je nach gewünschtem Effekt ist die zu behandelnde Fläche noch weiter vorzubereiten:
Bei Flächen, die möglichst intensiv glänzen sollen — und dabei wenig bis kaum beansprucht werden — empfiehlt sich eine Grundierung mit Leinöl, das ein wenig (ca. 10% der Menge) mit Balsamterpentinöl angereichert wird.

Durch diese Grundierung erreichen wir, daß der Wachsauftrag nicht in das vom Leinöl gesättigte Holz eindringt und dem Wachs auch keine Öle, die den Glanz ausmachen, entzieht.

Eine Grundierung vor der Wachsbehandlung empfiehlt sich vor allem bei ganz frischem Holz, das aber auch mit Leinölfirnis oder Naturharzöl grundiert werden kann.

Diese Leinölgrundierung wird mit dem Pinsel dünn aufgestrichen. Nicht eingedrungenes Öl (Nasenbildung) wird mit einem trockenen Tuch abgenommen.

Bei stark beanspruchten Flächen und Fußböden, wo die Wachsmischung in das Holz eindringen soll, um eine ausreichende Haftung zu erhalten, empfiehlt sich eine Vorbehandlung mit heißem Wasser, mit dem die Fläche gut genäßt wird.

Anschließend muß sie mit einem Lappen gründlich trockengerieben werden.

Mit dieser Behandlung erreichen wir, daß sich die Poren im Holz öffnen und somit einen besseren Haftgrund für den Wachsauftrag bieten.

Das Wachs wird nun, je nach Konsistenz mit einem nichtfasernden Stoff (Leinen oder Baumwolle) oder mit einem Pinsel hauchdünn in Richtung der Holzfasern eingerieben oder gestrichen, bis es gleichmäßig verteilt ist.

Nach mehreren Tagen Trocknung sind die gewachsten Flächen mit einem Stoffballen abzureiben und anschließend so lange zu polieren, bis eine gleichmäßig glatte, mattglänzende Oberfläche entsteht.

Je intensiver und mit je stärkerem Druck das Polieren geschieht, desto resistenter wird die Oberfläche. Entsprechend der Beanspruchung sollten die Flächen von Zeit zu Zeit nachpoliert werden.

Lappen, die mit Lein- oder Terpentinöl gemengten Wachsen getränkt sind, sollten in einem geschlossenen Blechbehälter aufbewahrt werden, weil durch den Leinölgehalt eine Selbstentzündungsgefahr besteht.

Ferner ist auf gute Durchlüftung der Räume zu achten.

Der Verbrauch pro m^2 liegt als Bienenwachspolitur (Balsamterpentinöl oder Leinöl) bei etwa 0,1 l, als Fußbodenwachs (mit Karnaubawachs) bei etwa 0,05 l.

Wenn sie luftdicht verschlossen sind, können Bienenwachsprodukte unbegrenzt haltbar sein.

Leinölbehandlung

Im Vergleich zu Wachsen stellen Leinölprodukte einen verbesserten Schutz dar, da diese Beschichtung stärker ins Holz dringt und gleichzeitig einen Nässeschutz bildet.

Leinöl wird durch Auspressen der Leinsaat gewonnen.

Jedoch muß das Leinöl auch mit Zusatzstoffen kombiniert werden, denn reines Leinöl trocknet relativ langsam, wird schnell ranzig und kann dann unangenehm riechen.

Pur mit dem Pinsel aufgetragen bleibt es an der Oberfläche des Holzes und erzeugt unterschiedlich glänzende Stellen, die noch längere Zeit kleben.

Daher wird reinem Leinöl Balsamterpentin beigemischt (Verhältnis 5 Teile Leinöl zu 1 Teil Balsamterpentin) und mit einem so getränkten Stoffballen kräftig in das Holz eingerieben.

Diese Oberflächenbehandlung, die als »Englische Politur« bekannt ist, führt nach schweißtreibender Bearbeitung zu einer zart glänzenden Holzoberfläche.

Meist wird Leinöl zu einem Leinölfirnis »veredelt«. Das geschieht durch mehrstündiges Aufkochen von Leinöl, dem Trockenstoffe, wie z. B. lösliche Kobalt- oder Manganverbindungen, zugesetzt werden.

Leinölfirnis ist dadurch besser haltbar und einfacher zu verarbeiten. Es kann als dünner Film auf das Holz aufgetragen werden.

Leinölfirnis wird als Grundiermittel benutzt, ist aber auch ein wichtiges Bestandteil bei der Ölfarbenherstellung.

Durch eine Mischung aus Leinölfirnis und Balsamterpentinöl im Verhältnis 1 zu 1 entsteht ein sogenanntes Halböl.

Es dringt sehr tief in das Holz ein und trocknet gut, ist gleichfalls feuchtigkeitsregulierend und wasserdampfdurchlässig.

Das Halböl ist noch streichfähiger als Leinölfirnis und wird zum Grundieren für alle Anstriche auf Leinölbasis genommen.

Leinöl-Holzlasuren

eignen sich zur Farbgestaltung und bestehen aus den Bindemitteln Leinöl, Leinhalböl, Dammar- und Kolophoniumharz, Karnaubawachs, Bienenwachs und Sojalecithin, aus Balsamterpentinöl und Zitrusverdünnung als Verdünnungsmittel und aus Farbpigmenten wie Umbra, Ocker, terra di Siena und Quarzmehl.

Eine Leinöllasur wirkt auf dem Holz wasserabweisend und läßt das Holz schmutzunempfindlich werden.

Die Lasur unterstreicht die Maserung des Holzes und kann ihm gleichzeitig eine Farbtönung geben.

Bei farbigen Leinöllasuren sollte der Pigmentierungsanteil mindestens 5% und höchstens 30% ausmachen.

Für den Erstanstrich werden die Oberflächen mit feinem Schleifpapier glattgeschliffen und entstaubt.

Bei bereits behandelten Oberflächen ist zusätzlich eine Behandlung mit Salmiakgeist angeraten, um das Holz zu entfetten und so eine bessere Haftung für den Anstrich zu erhalten.

Dann wird eine erste Schicht der Lasur aufgetragen, die hauptsächlich in das Holz eindringen soll.

Nach der Trocknung wird wieder leicht geschliffen und entstaubt. Dann erst wird die zweite, deckende Schicht aufgetragen.

Nach etwa zehn Minuten Einwirkzeit ist die Lasur ins Holz eingedrungen. Dann muß sofort zuviel aufgetragene Lasur mit einem trockenen, nicht flusenden Lappen abgenommen werden.

Jedoch, egal in welcher Zumischung, verliert Leinöl leider nicht die unangenehme Eigenschaft der leichten Entflammbarkeit. Daher dürfen Leinölprodukte nie der prallen Sonne oder Feuerstellen ausgesetzt werden. Mit Leinölprodukten getränkte Lappen müssen immer sorgfältig in Behältern verschlossen aufbewahrt werden.

Der Verbrauch von Leinölprodukten pro m² beträgt als Leinölpolitur (mit Balsamterpentin) etwa 0,1 l, ist aber stark von der Holzart abhängig. Als Leinölfirnis liegt der Verbrauch bei 0,08 l, als Leinhalböl bei etwa 0,06 l und als Leinöl-Holzlasur bei ca. 0,08 l.

Angebrochene Leinölprodukte sind, luftdicht verschlossen, etwa sechs bis zwölf Monate haltbar.

Ölfarben

werden aus Leinöl beziehungsweise Leinölfirnis hergestellt und daher auch als Leinöl-Lackfarben bezeichnet.

Neben Leinöl bestehen Ölfarben noch aus anderen pflanzlichen Ölen, Naturharzen, Trockenstoffen und Farbpigmenten.

Diese Leinöllackfarben schaffen eine farbig deckende, elastische Oberfläche, die daher nicht zu Haarrissen und Versprödung der Lackoberflächen führen.

Für das Holz bilden sie einen Schutz vor Schmutz und Wasser. Mit Ölfarben beschichtete Hölzer sind abwaschbar und damit gilt diese Beschichtung als pflegeleicht.

Ölfarben sind wasserdampfdurchlässig und beeinträchtigen die Atmungsaktivität nur geringfügig.

Zur eigenen Herstellung von Ölfarben brauchen wir Leinölfirnis, dem dann soviele Trockenpigmente zugegeben werden, bis ein knotenfreier Farbbrei entsteht.

Diesem Farbbrei wird dann entsprechend der folgenden Tabelle Balsamterpentinöl als Verdünnungsmittel zugesetzt.

Durch die Verdünnung wird der Fettgehalt der Ölfarbe herabgesetzt.

Dieser Fettgehalt richtet sich nach der Saugfähigkeit des Untergrundes: je saugfähiger der Untergrund, um so höher muß der Fettgehalt des Anstriches sein.

Bei extrem saugfähigen Untergründen, z. B. frisches, gänzlich unbehandeltes Weichholz, wird überhaupt kein Balsamterpentinöl zur Verdünnung eingesetzt, der Anstrich erfolgt in »vollfett«.

Bei minimaler Saugfähigkeit, z. B. vorbehandeltes Hartholz oder Holz mit einem mehrschichtigen, angeschliffenen Altfarbanstrich, überwiegt das Balsamterpentinöl in der Mischung; der Anstrich wird dann »mager« aufgebracht.

Anstrich:	Mischung:
»vollfett«	unverdünnt
»¾-fett«	3 Teile Leinölbrei zu 1 Teil Balsamterpentinöl
»½-fett«	1 Teil Leinölbrei zu 1 Teil Balsamterpentinöl
»mager«	2 Teile Leinölbrei zu 3 Teile Balsamterpentinöl

Für die ideale Mischung, sowohl bezüglich der Trockenpigmente wie auch der Verdünnung, ist ein Probeanstrich ratsam.

Vor dem Aufbringen der Ölfarbe muß das Holz angeschliffen und entstaubt werden.

Beim Anstrich auf alten Ölfarben sind diese vorher mit einer Natronlauge (Mischungsverhältnis etwa 1 Teil Natriumhydroxid zu 25 Teilen Wasser) anzulaugen und dann ebenfalls anzuschleifen.

Als erster Anstrich erfolgt eine Grundierung, die je nach Saugfähigkeit zwischen »vollfett« und »mager« liegt.

Sobald dieser Grundieranstrich getrocknet ist, wird er mit feinem Sandpapier angeschliffen und entstaubt.

Der nun folgende Zwischenanstrich richtet sich in der Verdünnung nach dem Anteil in der Grundierung: bei Grundierung »mager« nun »½-fett«, bei Grundierung »vollfett« nun »¾-fett«. Waren die Grundierungen bereits in »½«- oder »¾-fett« ausgeführt, wird diese Verdünnung auch hier beibehalten.

Mit diesem Zwischenanstrich soll die Saugfähigkeit aufgehoben und eine gute Haftung für die nächsten Anstriche erzielt werden.

Sobald dieser Anstrich getrocknet ist, was sich durch halbmatten Glanz andeutet, wird wieder angeschliffen und entstaubt.

Der nachfolgende, weitere Zwischenanstrich wird nun den Untergrund vollständig decken. Er wird in der gleichen Verdünnung wie der vorangegangene Zwischenanstrich aufgetragen.

Auch dieser Anstrich wird nach der Trocknung wieder angeschliffen und entstaubt.

Sodann erfolgt der Schlußanstrich. Dieser Schlußanstrich wird »vollfett«, also unverdünnt aufgetragen.

Erst durch das Zusammenwirken dieser vier Anstriche wird eine farbig dekkende Oberfläche geschaffen, die zudem dann wasser- und schmutzabweisend wird.

Der Verbrauch pro m^2 liegt bei 0,2 l.

Luftdicht verschlossen können angebrochene Ölfarben etwa vier bis acht Monate haltbar sein.

Naturharzöl-Imprägnierung

Dieses Imprägniermittel dringt tief ein und belebt die natürliche Maserung.

Harzöle werden auf der Grundlage von Halböl (Leinölfirnis und Balsamterpentin), Baumharzen, Kräuterextrakten und ätherischen Ölen, z. B. Orangenschalenöl hergestellt.

Sie können in beliebiger Höhe mit Erdfarben-Abtönpasten auf Ölbasis gemischt werden.

Damit sich diese Abtönpasten auch gut verteilen, empfiehlt sich hier unbedingt das Einrühren mit einem Quirl oder elektrischem Rührgerät.

Naturharzöl bildet eine wasserabweisende, offenporige Imprägnierung, die auch als Grundlage für eine anschließende Bienenwachsbehandlung eingesetzt werden kann.

Während der Bearbeitung besteht bei mit Harzöl getränkten Lappen die Gefahr der Selbstentzündung.

Daher dürfen diese Lappen nicht der prallen Sonne oder irgendwelchen Feuerstellen ausgesetzt werden.

Unmittelbar nach Gebrauch sind sie in Blechdosen aufzubewahren.

Bei Altoberflächen muß der Untergrund staubfrei und saugfähig sein. Eine Entfettung dieser Untergründe mit Salmiakgeist ist sinnvoll.

Eine Ölimprägnierung wird naß-in-naß aufgetragen. Das heißt je nach Aufnahmefähigkeit des Holzes muß direkt ein weiterer Anstrich erfolgen.

Wir warten also nur solange bis der jeweilige Voranstrich weitgehend in den Untergund eingezogen ist.

Das erkennen wir am Stumpfwerden der Oberfläche, die anfangs noch feucht glänzte.

Zuviel aufgetragener Anstrich, der nicht mehr in das Holz einzieht, muß mit einem nichtflusenden Lappen abgenommen werden, um so unregelmäßig, spekkig glänzende Flächen zu vermeiden.

Der Verbrauch pro m² liegt bei 0,1 l.

Luftdicht verschlossen, können Reste bis zu einem Jahr haltbar sein.

Naturharzlack-Behandlung

Naturharzlacke setzen sich aus Bindemitteln wie Naturharze, z. B. Lärchenharz, Kopale und Dammar, Balsamterpentinöl als Lösungsmittel und Erdfarbenpigmente als Farbstoff zusammen. Sie sind wasserabweisend und leider nur sehr eingeschränkt atmungsfähig. Der Wasseraustausch und die Dampfdurchlässigkeit sind sehr vermindert.

Für unsere Belange ist diese Bio-Farbe daher nur sehr eingeschränkt zu empfehlen.

Ihre Vorzüge liegen in der Pflegeleichtigkeit und in einer robusteren Belastbarkeit als zum Beispiel gewachste Oberflächen.

Zudem sind sie zumindest giftfrei, wenn auch durch Terpentinöl und teilweise Alkohol nicht frei von Lösungsmitteln.

Die Anstrichschichten sind jeweils sparsam aufzutragen. Wegen der Flüchtigkeit des Lösungsmittels und der damit verbundenen schnellen Trocknung muß zügig gearbeitet werden, um insbesondere bei der Schlußbeschichtung die Bildung von bleibenden, sichtbaren Ansätzen zu vermeiden.

Naturharzholzlack zum transparenten Lackieren aller Holzarten besteht aus Naturharzen, vor allem Schellack, der in Gärungsalkohol gelöst ist.

Dieser Gärungsalkohol wird, neben dem beigemischten Lösungsmittel, bei der Verarbeitung freigegeben.

Auf einen staubfreien, geschliffenen Untergrund wird ein mit 20% Balsamterpentinöl verdünnter Anstrich aufgetragen. Dieser Voranstrich wird nach etwa 24 Stunden wieder angeschliffen.

Nun erfolgt der zweite, deckende Anstrich, der die Glanzschicht bildet.

Der Verbrauch pro m² beträgt 0,2 l.

Luftdicht verschlossen sind Reste bis zu zwei Jahren haltbar.

Naturharzöllacke

Naturharzöllacke beinhalten neben den Bestandteilen der Naturharzlacke noch pflanzliche Öle und Trockenstoffe, wie Kobalt- und Manganverbindungen. Teilweise sind ihnen auch noch ätherische Öle beigemengt.

Genau wie die Harzlacke sind Naturharzöllacke nur bedingt für Holz einsetzbar, da sie die Atmungsfähigkeit stark einschränken.

Sie eignen sich aber gut als Anstriche auf Metall oder Stein.

Harzöllacke ergeben eine deckende, elastische Beschichtung mit einem halbglänzenden Lackfilm.

Für Buntlacke werden Erdfarbenpigmente verwendet, für Weißlack Titanweiß im Recyclingverfahren.

Naturharzöllacke werden wie die Harzlackfarben aufgetragen, also erst ein verdünnter Voranstrich, dann der zügig aufgetragene deckende Anstrich.

Die Trocknungszeit beträgt je nach Untergrund zwischen 24 und 48 Stunden.

Bei Oberflächen auf Metall oder Stein darf der Auftrag nicht zu dickschichtig sein, da sonst mit einer Verzögerung der Trocknungszeit zu rechnen ist.

Der Verbrauch pro m² liegt bei 0,15 l.

Gut verschlossen sind auch diese Reste bis zu zwei Jahren haltbar.

Holzlasuren

Im Gegensatz zu den atmungseinschränkenden Naturharzlack- und -ölbeschichtungen bildet die Holzlasur eine biologisch einwandfreie Behandlung für die farbige Holzgestaltung.

Die Lasur ermöglicht einen Farbanstrich, der den Holzcharakter nicht überdeckt, sondern betont.

Diese Technik bildet weder einen Film noch verschließt sie die Poren des Holzes.

Eine Holzlasur schützt das Holz vor dem Ausbleichen und hält auch den Schmutz ab.

Holzlasuren bestehen meist aus Kombinationen von Naturharzen, vorwiegend Baumharzen, in wäßriger Emulsion, denen Farbpigmente beigemischt werden.

Die zu streichende Fläche muß sauber, trocken und saugfähig sein.

Wurden vorher Altanstriche entfernt, empfiehlt sich ein Vorgrundieren mit Salmiakgeist, um die Anstrichfläche zu entfetten.

Eine Holzlasur kann mit dem Pinsel oder mit einer Schaumstoffrolle aufgetragen werden.

Je nach Anwendung und Intensität der Farbtönung sollten bis zu drei Anstriche erfolgen.

Der erste Anstrich schafft eine stumpfmatte, der zweite eine nahezu seidenmatte Oberfläche.

Vor jedem weiteren Anstrich muß der Voranstrich getrocknet sein. Das kann, je nach Hersteller der Lasur, zwischen acht und 24 Stunden dauern.

Der Verbrauch pro m^2 beträgt etwa 0,1 l.

Luftdicht verschlossene Reste können bis zu einem Jahr haltbar sein.

Schellackversiegelung

Schellack wird aus der Ausscheidung der indischen Schildlaus gewonnen und bildet eine Art Versiegelung, die die Atmung des Holzes deutlich mindert.

Zum Verarbeiten wird der Lack in Alkohol gelöst. Er wird mit einem Leinenballen als hauchdünner Film aufgetragen und ist sehr ergiebig.

Die Trocknung erfolgt durch die Verdunstung des Alkohols. Bereits eine Stunde nach dem Auftrag sind die Lacke schleiffähig.

Der Lack ergibt eine durchsichtige, harte, leicht glänzende Oberfläche und eignet sich daher besonders zur Behandlung von Möbeln, Tischplatten und Holzböden.

Zur Vorbehandlung empfiehlt sich ein Anschleifen und bei zuvor behandelten Flächen ein Entfetten mit Salmiakgeist.

Zunächst erfolgt ein Auftrag, dem eine Verdünnung von 30% Balsamterpentinöl beigemischt wurde.

Nach dem Auftrag können helle Streifen aufziehen, die jedoch beim nächsten Auftrag wieder verschwinden.

Der Auftrag muß durchtrocknen und wird dann mit ganz feinem Schleifpapier angeschliffen.

Der darauffolgende zweite Auftrag wird mit 20% Balsamterpentinöl verdünnt und nach der Trocknung angeschliffen.

Beim abschließenden Endauftrag erfolgt nur noch eine Verdünnung von 10%.

Beizen

Das Beizen bietet ein weites Feld der farblichen Gestaltung von Hölzern.

Beizen werden auf das unbehandelte Holz aufgetragen und geben der Holzoberfläche einen bestimmten Farbton.

Sie haben jedoch keinerlei schützende Funktion für das Holz und müssen entsprechend nachbehandelt werden, z. B. mit einer Wachsbeschichtung oder Naturharzöl-Imprägnierung.

Im Unterschied zu Lasuren können Beizen jedoch nur schwer (durch Abhobeln oder Schleifen) wieder entfernt werden.

Im biologischen Fachhandel wird eine Vielzahl unterschiedlicher Beizfarben angeboten, u.a. Catechubraun, Indigoblau, Nuß- und Gelbbraun oder Krapprot.

Für Beizen können auch verschiedene natürliche, pflanzliche Farbstoffe mit Wasser, Soda oder Alkohol selbst angesetzt werden.

Eine rosafarbene bis goldgelbe Tönung ergibt sich durch ausgekochte Zwiebelschalen in einer 50%igen Sodalösung.

Hierfür muß Soda und Wasser im Verhältnis 1 zu 1 gemischt werden. In dieser Lösung werden die Zwiebelschalen zwei Stunden lang gekocht.

Dunklere Beizen können durch Vermischen von Kaffeepulver mit einer 50%igen Sodalösung erzielt werden.

Das Kaffeepulver wird etwa eine Stunde gekocht.

Für ein warmes, etwas trübes Braun können zerkleinerte Buchenrinden in einer 5%igen Sodalösung mehrere Stunden lang gekocht werden.

Für gelbliche Farbtöne eignen sich Kirschbaumrinden. Diese werden in einer 10%igen Sodalösung ebenfalls mehrere Stunden lang gekocht.

Um die Farbwirkung der Beize auf dem Holz zu beurteilen, ist ein Probebeizen sinnvoll.

Wenn sich dabei noch nicht der gewünschte Farbton herausstellt, kann eine intensivere Farbtönung erreicht werden durch eine weitere Zugabe des Farbstoffes in die Beizflüssigkeit, die dann erneut aufgekocht werden muß.

Bei allen selbsthergestellten Beizen können die Farbintensitäten durch unterschiedliche Mengenbeigaben (Farbstoff wie auch Sodalösung) und auch unterschiedliche Kochzeiten völlig frei variiert werden.

Bei Fertigproduktbeizen lassen sich intensivere Farbtönungen jedoch nur durch eine mehrfache Beschichtung des Holzes erzielen.

Ist die Farbtönung zu intensiv geraten, können alle Beizen durch destilliertes Wasser oder Spiritus verdünnt werden.

Vor Beginn der Beizbehandlung müssen die Untergründe gut geschliffen, gewässert und entstaubt werden.

Ebenso sind alte Untergründe zu entfetten. Das kann mit Salmiakgeist oder mit einer Seifenwasserlösung geschehen, je nach der gewünschten Strukturierung.

Bei einer Salmiakgeistbehandlung öffnen sich die Poren im Holz. Nach der Ausdünstung des Salmiakgeistes wird der Untergrund damit stark saugend.

Das bewirkt, daß die Beize entsprechend der Holzmaserung unterschiedlich aufgenommen wird.

Dadurch wird die Farbe an Astbildungen oder Jahresringen geringer, an Splintstellen kräftiger angenommen.

Bei einer Seifenlösung, bei der 25 g Kernseife in 1 l heißem Wasser aufgelöst werden, wird durch die in den Poren verbleibende Seife die Saugfähigkeit stark gemindert.

Dadurch wird die Beize überall gleich gering aufgenommen und bildet so eine sehr einheitliche Farbtönung.

Nach den Vorbereitungen des Untergrundes kann die Beize aufgetragen werden.

Das ist mit einem weichen, saugfähigen Pinsel, einem Naturschwamm, Ballentuch und auch durch Tauchen oder Spritzen möglich.

Gebeizt wird in der »Naß-in-naß-Technik«, wobei darauf zu achten ist, daß die Beize flächendeckend aufgetragen wird, bevor sie trocknet.

Ist ein weiterer Anstrich nötig, um einen intensiveren Farbton zu erhalten, muß der Erstanstrich getrocknet sein.

Für einen Anstrich müssen wir mit etwa zwei bis drei Stunden Trocknungszeit rechnen.

Überschüssige Beize wird mit einem trockenen, nichtflusenden Lappen abgenommen.

Wenn sich nach der Trocknung herausstellt, daß die Beize unterschiedlich glänzt, kann das durch Anschleifen mit einem 120er Schleifpapier behoben werden.

Der Verbrauch pro m^2 liegt bei 0,1 l.

Wenn Beizreste dunkel und gut verschlossen gelagert werden, sind sie zwischen vier und acht Monaten haltbar.

Aufbereiten von Farbresten

Fast alle biologischen Lacke und Lasuren sind über einige Monate lagerfähig.

Wenn ein solches Restgebinde nach einiger Zeit wieder geöffnet wird, müssen Lack, Lasur und auch Beize zunächst gründlichst durchgerührt werden.

Bei ölhaltigen Anstrichmitteln kann sich jedoch die Streichfähigkeit reduziert haben.

Hier empfiehlt es sich, diesem Gebinde etwas Arvenöl beizugeben.

Arvenöl eignet sich auch, wenn der Farbrest bereits etwas angetrocknet ist.

Arvenöl besteht aus Harzen und dem ätherischen Öl der Zirbelkiefer.

Dieses Öl hat eine insektenabweisende Wirkung und wird daher auch als Mottenschutz eingesetzt.

Arvenöl hat einen strengen, doch wohlriechenden, frischen Duft und wird auch Leinöl- und Schellackbeschichtungen beigemischt.

Reinigen von Pinseln

Unmittelbar nach dem Anstrich sollten Pinsel, Quaste und Farbrollen sofort ausgewaschen werden.

Zum Auswaschen eignet sich eine warme Seifenwasserlösung, wie wir sie bereits zum Entfetten des Holzes verwendet haben.

Bei Harzlacken ist meist ein Vorwaschen mit einer Balsamterpentinölverdünnung angeraten.

Um Pinsel in der Form zu halten oder auch wieder in Form zu bringen, empfiehlt es sich, den ausgewaschenen und getrockneten Pinsel mit halbflüssiger Schmierseife zu tränken.

Der Pinsel wird dann wieder geformt, die Borsten also zusammengedrückt.

Vor dem nächsten Gebrauch des Pinsels wird die getrocknete Schmierseife herausgewaschen.

Auf den folgenden Seiten stelle ich zum besseren Vergleich alle Methoden zur Holzoberflächenbehandlung in tabellarischer Form gegenüber.

In der bisherigen Beschreibung wurden biologische Holzschutzmittel für den Außenbereich noch nicht direkt angesprochen, sondern werden ab Seite 243 gesondert behandelt.

Beim Streichen von Fenstern und Außentüren ist ein Abstimmen des Innen- und Außenanstrichs notwendig.

Die Dampfdiffusionsfähigkeit der Holzrahmen muß von innen nach außen zunehmen (wie diese Forderung uns schon von den Wänden her bekannt ist).

Das bedeutet, daß der Außenanstrich atmungsfähiger, sprich offenporiger sein muß als der Innenanstrich.

So empfiehlt sich für Fenster und Außentüren ein Innenanstrich mit Bienenwachs, Leinölfirnis oder Ölfarben, für den Außenanstrich dann eine pigmentierte Naturharzölimprägnierung.

Bei Harthölzern ist als Außenbehandlung auch eine Holzlasur möglich.

Die hier in der Tabelle empfohlenen Wachsbehandlungen sind bei diesem Außenanstrich dann nicht zu befolgen.

(Ausführlicheres zur Konstruktion von Fenstern und Türen im entsprechenden Kapitel ab Seite 209.)

Bei den hier beschriebenen Anstrichen sei noch erwähnt, daß die einzige Behandlung, bei der keinerlei Lösungsmittel verwendet werden, nur das Beizen ist.

Tabelle der Holzoberflächenbehandlungen

	Bienenwachsbehandlung	Leinölfirnisbehandlung	Ölfarben
Schutzfunktion:	füllender, aber dampfdurchlässiger Porenverschluß, Feuchteschutz, neutralisiert elektrostatische Aufladung	Nässeschutz, füllender, aber dampfdurchlässiger Porenverschluß	Nässeschutz, verminderte Dampfdurchlässigkeit
Zusatzstoffe:	Balsamterpentinöl, Leinöl, Hartwachse	Balsamterpentinöl, Leinöl. Als Lasur: Harze, Wachse, Sojalecithin, Zitrusverdünnung, Farbpigmente	Leinölfirnis, Trockenstoffe, Naturharze, Farbpigmente, Pflanzenöle, Balsamterpentinöl

	Bienenwachs-behandlung	Leinölfirnis-behandlung	Ölfarben
geeignet für:	Holz, nur im Innenbereich	Holz, als Lasur mit mindestens 5% (besser 8%) Farb-pigmentierung auch als Außenan-strich möglich	Holz, auch als Außenanstrich geeignet
Untergrund-behandlung:	anschleifen	anschleifen, evtl. entfetten mit Sal-miakgeist	anschleifen, evtl. entfetten mit Sal-miakgeist
Grundierung:	Leinöl oder Lein-ölfirnis oder Naturharzöl (bei Fußböden: heißes Wasser)	mit Erstanstrich wird grundiert	mit Erstanstrich wird grundiert
Auftrag mit:	Pinsel oder Stoff-ballen	Stofflappen oder -ballen, Pinsel	Pinsel oder Farb-rolle
Farbtönung möglich:	nein	als Lasur ja	ja, bis deckend
Trocknungszeit:	einige Tage	Als Firnis oder Halböl: einige Tage. Als Lasur: 10 Min. für Antrockung, jedoch einige Tage bis ausgetrocknet	bis zu 12 Stunden
zusätzliche Oberflächen-behandlung:	keine	keine	keine
besondere: Eigenschaft:	ohne Zusatzstoffe klebrig	leicht entflammbar	der einzige atmungsaktive, deckende Farb-anstrich
Verbrauch pro m^2:	0,05—0,1 l	0,08 l	0,2 l
Preis:	etwas teurer	normal	normal

	Naturharzöl-Imprägnierung	Naturharzlack- und -ölanstrich	Holzlasur
Schutzfunktion:	wasserabweisende, offenporige Imprägnierung	wasserabweisend, vermindert stark die Atmungsaktivität	Lichtschutz, Schmutz abweisend
Zusatzstoffe:	Leinöl, Baumharze, Kräuterextrakte, ätherische Öle	Naturharze, Lärchenharz, Kopale, Dammar, Balsamterpentinöl, Erdfarbenpigmente, pflanzliche Öle, Trockenstoffe, Schellack und Gärungsalkohol	Naturharze, Farbpigmente, ätherische Öle
geeignet für:	Holz, bei Pigmentierung von 5% auch als Außenanstrich geeignet	Metall, Stein, Holz (bedingt); für den Außenanstrich geeignet	Holz, bei Pigmentierung von 5% auch als Außenanstrich geeignet
Untergrundbehandlung:	anschleifen, evtl. entfetten mit Salmiakgeist	säubern und entstauben	evtl. entfetten mit Salmiakgeist
Grundierung:	Erstanstrich ist Grundierung	Erstanstrich ist Grundierung	Erstanstrich ist Grundierung
Auftrag mit:	Pinsel	Pinsel oder Rolle	Pinsel oder Rolle
Farbtönung möglich:	ja, lasierend	ja, deckend und glänzend	ja, lasierend
Trocknungszeit:	zwischen ein und zwei Tagen	zwischen ein und zwei Tagen	8—24 Stunden
zusätzliche Oberflächenbehandlung:	evtl. Wachsbehandlung möglich	keine	Wachsbehandlung
besondere Eigenschaft:	leicht entflammbar	einzige Farbe, die für Stein und Metall geeignet ist	keine
Verbrauch pro m^2:	0,1 l	0,1 l	0,1 l
Preis:	teuer	etwas teurer	preiswert

	Schellack	Beizen
Schutzfunktion:	Holzversiegelung (unterbindet die Atmungsaktivität)	Schützt nur vor Ausbleichen
Zusatzstoffe:	Schellack, Alkohol, Balsamterpentinöl	Pflanzliche Farbstoffe, Wasser, Soda, evtl. Alkohol
geeignet für:	Holz, nur im Innenbereich	Holz, nur im Innenbereich
Untergrundbehandlung:	anschleifen, evtl. entfetten mit Salmiakgeist	anschleifen und wässern, evtl. entfetten mit Salmiakgeist oder Kernseifenlauge
Grundierung:	mit Erstanstrich wird grundiert (Schellack ist für Lasuren auch Oberflächenbehandlung)	mit Erstanstrich wird grundiert
Auftrag mit:	Stoffballen	Pinsel, Naturschwamm, Stofflappen- oder Ballen, sowie durch Tauchen oder Spritzen
Farbtönung möglich:	nein	als Lasur ja
Trocknungszeit:	eine Stunde	2—3 Stunden
zusätzliche Oberflächenbehandlung:	keine	Bienenwachs, Leinölfirnis, Naturharzöl-Imprägnierung
besondere Eigenschaft:	sinnvoll bei furnierten Möbeln	läßt sich leicht selbst herstellen
Verbrauch pro m^2:	0,08 l	0,1 l
Preis:	teuer	äußerst preiswert

Farbgestaltung im Überblick

Eine Farbgestaltung kann die subjektive und objektive Behaglichkeit steigern.

Hierfür gibt es nach psychologischen Grundsätzen entsprechende Farbempfehlungen, doch der eignen Sympathie zu bestimmten Farben sollten wir den Vorzug geben.

Die Wirkung wird auch durch die Technik des Farbauftrages beeinflußt: Eine Lasur- oder Beiztechnik verstärkt den Charakter des Untergrundes, während eine deckende Beschichtung die Struktur und den Charakter des Farbträgers verschwinden läßt.

Eine weitere Bedeutung hat die Tatsache, ob die Farbe mit dem Untergrund innig verbunden ist oder ob sie als Beschichtung aufgetragen wurde.

So können bei der gleichen Farbtönung, je nach der Technik, völlig unterschiedliche Wirkungen erzielt werden.

Das können wir zum Beispiel sehr gut nutzen, um so bei einer farblich gleichen Gestaltung durch unterschiedliche Techniken einzelne Flächen oder Konstruktionsdetails in ihrem Charakter dezent zu betonen oder auch abzuschwächen.

Im folgenden nun einige Beispiele:

Bei diesem Silikatstrukturputz wurden die Farbpigmente bereits mit der Putzmasse vermischt (Rezept Seite 120). Dadurch erzielen wir eine innige Verbindung der Farbe mit dem Träger.

Oben: Weichfaserputz hat die Eigenschaft, Farben, Licht und Schatten sanft wiederzugeben (Rezept Seite 122).

Unten: Eine Wandlasur erzeugt zarte Farbschleier (Rezept Seite 126).

Oben: Hier wird eine krapprote Wandlasur in Pinseltechnik aufgetragen.

Unten: Die Wandlasur, mit der Rolle aufgetragen, ergibt eine sehr gleichmäßige Struktur.

Oben: Hier wird eine intensiv abgetönte Naturharz-Dispersionsfarbe aufgetragen (Rezept Seite 125).

Unten: Unterschiedlich intensive Tönungen des Silikatanstrichs (Rezept Seite 124).

Oben: Hier noch ein Anstrich mit Naturharz-Dispersionsfarbe. Der Träger ist eine Glasgewebetapete (siehe Seite 137).

Unten: Eine leicht pigmentierte Bienenwachsbeschichtung (Rezept Seite 150).

Erd- und Mineralfarbstoffe bilden die Grundlage für alle Naturfarben, hier in einem Farbspektrum für Holzlasuren (siehe Seite 156).

Oben: Auch Bienenwachsbeschichtungen können Farbpigmente beigemengt werden.

Unten: Für Holzbeizen können wir recht einfach eigene Farbtönungen herstellen (siehe Seite 157).

Leinöl-Holzlasuren (Rezept Seite 152).

Leinöllackfarbe (Rezept Seite 153).

Holzbeizen bieten neben der Farbgestaltung nur einen Schutz vor dem Ausbleichen.

Leinöl-Holzlasuren lassen die Struktur des Farbträgers zur Wirkung kommen. Diese Wirkung ist jedoch abhängig vom Anteil der Farbpigmentierung, die bis zu 30% ausmachen kann (Rezept Seite 153). Zudem bieten sie einen Schmutz- und Feuchteschutz, ohne die Atmungsaktivität des Holzes zu beeinträchtigen.

Die diagonal verlegten Holzpaneelen wurden mit einer weißen Lasur beschichtet. Die Tür erhielt eine Wachsoberflächenbehandlung. An der Fuge, am unteren Rand der Holzverkleidung, ist erkennbar, daß die besonders für Feucht- und Naßräume wichtige Hinterlüftung nicht vergessen wurde (siehe Seite 117).

Wandfliesen

Da jede Fliesenfläche grundsätzlich keinen Luftaustausch gewährleistet und versiegelnd wirkt, ist aus baubiologischer Sicht auf glasierte Wandfliesen weitgehend zu verzichten.

Nur im unmittelbaren Naßbereich, z. B. in einer Dusche oder über der Badewanne ist ein Fliesenbelag vertretbar. Etwaige bereits vorhandene Fliesenbeläge sollten auf diese Flächen reduziert werden.

In bezug auf Atmungsaktivität problemlos ist eine unglasierte Ware, die jedoch den Nachteil hat, daß sie im Naßbereich zur Bakterienbildung neigt.

Eine unglasierte Fliese kann eingedrungene Feuchtigkeit nicht schnell genug austrocknen und bietet daher für Bakterien ideale Bedingungen.

Als Alternative ist eine ausreichend hinterlüftete Holzverkleidung mit einer wasserabweisenden Ölfarbenbeschichtung möglich.

Für Naßräume ist unter baubiologischen Kriterien das optimale Material noch nicht gefunden.

Generell können wir aber mit einer Kombination von Maßnahmen Naßräume so ausstatten, daß damit keinerlei negative Auswirkungen auf die Bausubstanz oder das Feuchtklima der Wohnung erfolgen:

- Ausreichender Luftaustausch,
- mit Möglichkeiten der Stoßlüftung nach Baden oder Duschen.
- Bei Vorkonstruktionen als Pufferzone für atmungsinaktive Wände sind nur Dämmstoffe zu wählen, die feuchtigkeitsregulierend imprägniert sind (Borsalz oder Wasserglas).
- Im direkten Naßbereich kann ein glasierter Fliesenbelag verlegt werden.

Dabei ist aber darauf zu achten, daß der Anteil atmungsinaktiver Oberflächen nicht mehr als ein Fünftel der gesamten Wandflächen des Raumes beträgt.

Die restlichen Wandflächen sind besonders atmungsaktiv zu beschichten (z. B. mit Holzverkleidungen).

Für alle anderen Bereiche können vorbehaltlos die baubiologisch einwandfreien, unglasierten Tonfliesen empfohlen werden.

Sie haben zudem den Vorteil, daß sie leicht getrennt oder mit Öffnungen versehen werden können.

Untergründe für Fliesen

Die Ansprüche an den Untergrund sind für glasierte wie unglasierte Fliesen gleich. Fliesen sollten nur auf Putzen verlegt werden. Daher sind alle Wandbekleidungen wie Tapeten zu entfernen.

War auf einem Fein- oder Strukturputz nur eine Wandfarbe aufgetragen, so ist hier unterschiedlich zu verfahren.

Wir waren uns einig, daß alle atmungsinaktiven Anstriche entfernt werden (vergleiche Seite 41). Für Fliesen müssen zudem auch Leim- und Kalkfarbenanstriche restlos abgewaschen werden.

Atmungsaktive und tragfähige Anstriche (z. B. Silikatanstriche) werden nur angeschliffen und gereinigt.

Putze dürfen weder sanden noch stark saugend sein. Hierfür ist wieder die Wasserprobe wie bei der Untergrundprüfung für Tapeten (Seite 139) erforderlich. Zeigt der Putz die richtigen Voraussetzungen, sollte er abgebürstet und abgewaschen werden.

Bei sandenden und saugenden Putzen ist ein Grundieranstrich mit Wasserglas erforderlich. Nach diesem Grundieranstrich muß eine erneute Wasserprobe erfolgen, um gegebenenfalls einen zweiten Grundieranstrich aufzubringen.

Loser Putz ist abzuschlagen. Mit Kalkmörtel werden die Vertiefungen beigeputzt. Risse im Putz sind zu erweitern bis wir zum fest haftenden Putz gelangen. Der Riß wird mit Kalkmörtel vorgespachtelt. Darin eingedrückt wird ein Jutegewebe, das dann mit Kalkmörtel überputzt wird.

Trockenputze, also Verlegeplatten sind nur sehr bedingt für Fliesen geeignet. Da Fliesen in keiner Weise elastisch sind, können sie nur auf absolut formstabilen Untergründen aufgebracht werden. Daher sind Holz- oder Weichfaserplatten als Trockenputz für Fliesen nicht geeignet.

Diese Platten dehnen sich bei Feuchtigkeit und können damit ein Abplatzen der starren Fliesen verursachen.

Naturgipskartonplatten sind als Fliesenuntergrund in Räumen mit normaler Luftfeuchtigkeit vertretbar. Zur Vorsicht sollten diese Trockenputzplatten jedoch mit Wasserglas grundiert werden, um so das Aufnahmevermögen für Feuchtigkeit zu reduzieren.

Vorbereitungen

Vor der Fliesenverlegung sollte festgelegt werden, in welchem Raster die Fliesen verlegt werden. So kann zu einer Wandecke hin z. B. mit ganzen aber auch mit halben Fliesen begonnen werden.

Als geringen Spielraum haben wir die Breite der Fugen zwischen den Fliesen, die zwischen 1,5 und 2 mm liegen sollte.

Wer es optisch perfekt und vom Bearbeitungsaufwand her einfach haben will, sollte zudem die Verlegung so planen, daß alle Anschlüsse für Sanitärarmaturen entweder im Kreuzungspunkt der Fugen liegen oder im Zentrum einer Fliese.

Hierfür ist eine maßstabsgetreue Zeichnung der Wand unerläßlich. Wer auf Transparentpapier ein Raster zeichnet, das im gleichen Maßstab die Fliesen inklusive Fugen darstellt, kann damit dann die Zeichnung der Wand so lange hin- und herschieben, bis die optimale Anordnung gefunden ist.

Alsdann werden auf der Wand die Anschlaglinien markiert. Dafür wird eine Richtschnur gespannt, die zwischen der ersten und zweiten zu verlegenden waagerechten Reihe verläuft.

Wenn nicht mit einer ganzen Fliese begonnen wird, ist zudem der Anschlag für die erste senkrechte Reihe mit ganzen Fliesen zu markieren.

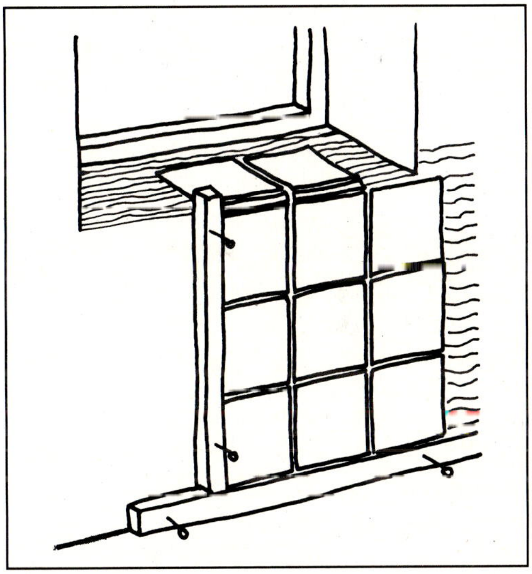

Als Abstandhalter zwischen den einzelnen Fliesen gibt es spezielle Fugenkreuze, jeweils gleich in der gewählten Fugenbreite.

Wer diese nicht sehr große Investition scheut, kann auch mit Streichhölzern oder ähnlichem die Fliesen auf Abstand halten.

Begonnen wird immer mit ganzen Fliesen entlang den Markierungslinien. Danach werden für die Anfangs- oder Endreihen die schmaleren Fliesenstücke verlegt. Fliesen können mit Fliesenkleber oder Kalkzementmörtel an der Wand befestigt werden.

Kalkzementmörtel

stellen wir aus 1 Teil Zement, der frei von Radioaktivität sein muß, 2 Teilen gelöschtem Weißfeinkalk und 8 Teilen Sand (Körnung 0 bis 4 mm) her.

Bei dieser Mörtelmischung sorgt der Zement für die hohe Festigkeit und der Kalk für die Formstabilität.

Dieser Kalkzementmörtel bindet jedoch recht schnell ab.

Zuerst wird der Untergrund vorgenäßt und mit einem Spritzbewurf aus verdünntem Kalkzementmörtel versehen.

Dann wird eine Mörtelschicht von etwa 2,5 cm auf die Unterseite der Fliese aufgetragen. Hierfür gibt es eine spezielle Fliesenlegerkelle, mit der das Auftragen entschieden leichter geht als mit der normalen Maurerkelle.

Mit der Kelle wird dann an allen vier Kanten der Fliese der Mörtel schräg abgezogen.

Die Fliese wird mit gleichmäßigem Druck an die Wand gebracht und senkrecht ausgerichtet. Zum Ausrichten kann die Fliese leicht angeklopft werden.

Wichtig ist, daß alle Fliesen auf einem Niveau liegen. Dafür ist der gleichmäßig dicke Auftrag des Mörtels auf allen Fliesen Grundvoraussetzung.

Fliesenkleber

dürfen für unsere Belange nur aus rein pflanzlichen Bindemitteln bestehen.

Diese Methode geht wesentlich einfacher, ist dafür aber auch teurer als Mörtel. Zudem muß der Untergrund absolut eben und glatt sein. Eine Wasserglasgrundierung ist hierfür fast immer erforderlich.

Der Fliesenkleber wird mit einem gezahnten Spachtel unter kräftigem Druck auf die Wand gestrichen.

Darauf wird dann die Fliese leicht schiebend angedrückt.

Da der Fliesenkleber schnell antrocknet, sollte eine nicht zu große Wandfläche vorgestrichen werden.

Bearbeitung von Fliesen

Um Fliesen zu kürzen brauchen wir zumindest einen Glasschneider. Damit wird mit gleichmäßigem Druck und zügig die Fliese auf der Oberseite angeritzt.

Dann wird die Fliese mit der Unterseite so auf ein Rundholz gelegt, daß das Holz genau unter der angeritzten Linie liegt. Mit beiden Händen und gleichmäßigem Druck brechen wir die Fliese durch.

Mit etwas Gespür kann das auch auf einer Tischkante gemacht werden. Durch den einseitigen Druck auf das überstehende Fliesenteil kann die Bruchstelle jedoch hier eventuell nicht überall mit der Ritzlinie übereinstimmen.

Vom Erfolg her sicherer ist die Verwendung einer speziellen Fliesenbrech- und Schneidekombination, die es als Zange und als Fliesenschneidmaschine gibt.

Für Rohraustritte kann die Ecke der Fliese mit einer schmalen Flachzange stückchenweise abgebröckelt werden, bis der entsprechende Viertelkreis für das Rohr hergestellt ist.

Dabei halten wir die Fliese so, daß die Oberseite nach oben zeigt, um die Fliesenstückchen nach unten hin wegzubrechen. Hierbei ist der Durchmesser etwa 2 mm größer zu wählen als der Rohrdurchmesser.

Muß innerhalb der Fliese ein Loch hergestellt werden, ist zwar die klassische Methode dafür die Bearbeitung mit einem Spitzhammer, aber vom Erfolg her sicherer ist ein Bohren mit der Bohrmaschine.

Entsprechend dem Durchmesser zeichnen wir auf der Unterseite der Fliese einen Kreis und bohren entlang des Kreises 6 mm große Löcher, die ganz eng beieinander liegen. Zum Bohren muß die Fliese auf eine weiche, elastische Unterlage gelegt werden.

Ist der gesamte angezeichnete Radius so »perforiert«, klopfen wir vorsichtig mit einem Hammer das Stück auf der Fliesenoberseite an, bis es herausfällt.

Überhängende Teile können dann mit der flachen Brechzange herausgebrochen werden.

Nachbehandlung

Bei unglasierten Fliesen ist vor einem Verfugen die Wachsoberflächenbehandlung vorzunehmen.

Die Behandlung sollte erst zwei Tage nach Verlegung der Fliesen erfolgen.

Hierfür werden die Fliesen zunächst mit Leinöl, das im Verhältnis 1 zu 1 mit Balsamterpentinöl verdünnt ist, grundiert. Danach werden die Fliesen mit Bienenwachs behandelt.

Der Auftrag von Leinöl und Bienenwachs ist identisch mit dem der Holzbehandlung (siehe Seite 150).

Erst danach können wir die Fliesen verfugen. Als Fugenmasse mischen wir 1 Teil Kalkhydrat mit ½ Teil Sand (Körnung 4 mm) und ⅛ Teil Leinöl.

Mit einem Schwamm wird dann diese pastöse Masse aufgetragen, bis die Fugen ganz gefüllt sind.

Etwa zwei Stunden danach werden die Fliesen mit einem Lappen abgewischt und so von der Fugenschlämme gereinigt.

Korkfliesen

Korkfliesen sind sehr atmungsaktiv, erhöhen die Schalldämmung und geben dem Raum einen warmen Charakter.

Allerdings sind Korkfliesen für Naßräume nicht geeignet.

Das Verlegen von Korkfliesen geht wesentlich einfacher als das Verlegen von Tonfliesen.

So können Korkfliesen problemlos mit einem scharfen Messer zugeschnitten werden.

Die Anforderungen an den Untergrund sind jedoch mit denen für Tonfliesen gleich: er muß atmungsaktiv, eben und fest sein.

Lose Putzstellen wie auch alle atmungsinaktiven Beschichtungen sind restlos zu entfernen.

Bei Trockenputzen können Korkfliesen jedoch auch auf Holz- und Weichfaserplatten verlegt werden.

Sandende und stark saugende Putze werden hier jedoch statt mit Wasserglas mit Leinöl grundiert.

Dem Leinöl wird Balsamterpentinöl im Verhältnis 1 zu 1 beigemischt.

Korkfliesen werden ausschließlich im Klebeverfahren befestigt.

Dafür ist sowohl die Wand wie auch die Fliese dünn mit einem speziellen Korkkleber auf Naturharzbasis zu bestreichen.

Um einen gleichmäßigen Kleberaufstrich zu erhalten, ist hierfür ein Zahnspachtel nötig.

Die Fliese wird dann leicht schiebend auf das Kleberbett gedrückt, bis ihre Kante an die der vorher verlegten Fliese stößt.

Bei Korkfliesen werden also keine Fugen gebildet.

Als Oberflächenbehandlung ist auch hier eine Bienenwachsbeschichtung sinnvoll.

Stoffverkleidung

Ein sehr gut geeignetes Gewebe für die Stoffverkleidung ist der Rupfen, der zudem in den verschiedensten Tönen gefärbt werden kann.

Seine grobmaschige Struktur paßt allerdings nicht in jeden Raum.

Feiner gewebt ist der Nessel, ein einfacher Baumwollstoff, aber auch Leinen- und Seidenstoffe sind geeignet.

Diese Stoffe können auf Lattengerüste genagelt werden.

Die Lattengerüste werden aus 4 x 2 cm starken Latten hergestellt.

Diese Latten werden an der Ober- und Unterkante der Wand verdübelt. Weitere Latten werden da befestigt, wo die Nähte von zwei Stoffbahnen zusammentreffen werden.

In die Felder zwischen den Latten sollten 2 cm starke Korkplatten eingelegt werden. Dadurch liegt der Stoff dann überall auf. Der Stoff wird dann mit kleinen, breitköpfigen Nägeln, sogenannten Polsternägeln fixiert.

Um den Stoff stramm und glatt zu spannen, müssen wir die Nägel an der oberen und unteren Latte jeweils abwechselnd anbringen. Hierbei wird

Stoffbespannung auf Rahmenkonstruktion.

Stoffverkleidete Weichfaserplatten.

der Stoff zunächst in der Mitte der Bahn gespannt und mit je einem Nagel fixiert. Anschließend arbeiten wir uns zu den Stirnseiten vor.

Danach erst werden die Seitenkanten, ebenso abwechselnd rechts und links fixiert. Die Nahtstellen können mit dünnen Holzleisten abschließend verdeckt werden.

Eine andere Möglichkeit wäre das Bespannen von wandhohen Weichfaserplatten.

Hierbei wird der Stoff etwa 10 cm um die Platte herumgezogen und auf der Rückseite der Weichfaserplatte fixiert.

Diese bespannten Platten können dann mit einer etwa 1 bis 2 cm breiten Schattenfuge direkt auf der Wand oder auf einer Lattenunterkonstruktion befestigt werden.

Die Montage auf einer Unterkonstruktion mit eingelegten Dämmstoffen empfiehlt sich vor allem bei dampfdiffusionsfesten Untergründen wie Beton.

Diese Vorkonstruktion ist jedoch nicht so wirksam wie die auf den Seiten 101 und 104 behandelten Vorbaukonstruktionen.

Boden und Decke

Die Fläche im Haus, mit der der Mensch den meisten Kontakt hat, ist der Fußboden.

Je härter und lebensfremder eine Fußbodenfläche ist, desto größere negative Wirkungen stellen sich beim Menschen ein. Von der Neigung zu Erkältungen bei ständig kalten Böden bis hin zu Krampfadern oder gar Haltungsschäden bei harten, unelastischen Böden.

Ein Boden sollte nach unseren Vorstellungen warm, trocken und trittelastisch sein. Zudem sollte er durch seine Struktur reflexzonenfreundlich und natürlich behaglich und auch schön sein.

Holzbeläge

Fußböden aus Holz sind aus baubiologischer Sicht in fast allen Fällen die gesündeste und damit beste Lösung. Holz besitzt eine geringe Wärmeleitfähigkeit und wirkt so Wärmeverlusten des menschlichen Körpers entgegen.

Sie haben aufgrund ihrer Trittelastizität eine besondere Bedeutung im baubiologischen Innenausbau, vermeiden sie doch Fuß- und Beinleiden, Krampfadern oder Verkrampfungen.

Bei richtiger Oberflächenbehandlung und Pflegemittelverwendung tragen sie zum gesunden Raumklima durch Aufnahme von Schadstoffen aus der Raumluft und durch Ausgleich der relativen Luftfeuchtigkeit erheblich bei.

Zudem lassen sich Holzbeläge auf verschiedenen Unterkonstruktionen aufbringen und können somit auch kalte, starre und atmungsinaktive Böden sanieren.

Als gebräuchliche Arten für hölzerne Beläge sind zu nennen:

Holzdielen — Fichte, Tanne, Kiefer
Parkett — Eiche, Esche, Buche
Holzpflaster — Kiefer, Eiche.

Für alle Holzböden ist das Raumklima während der Verlegung von grundlegender Bedeutung. Die Raumtemperatur sollte bei 20 °C liegen, die relative Luftfeuchtigkeit bei 50 bis 55%.

Einige Tage vor der Verlegung sind die Hölzer von irgendwelchen Verpackungen zu befreien und in dem Raum auszubreiten, in dem sie verlegt werden sollen. Dadurch können die Hölzer trocknen wie sich auch an das vorhandene Klima anpassen.

Holz- und Hobeldielen

sind einseitig, seltener beidseitig, glattgehobelte Bretter, ab 22 mm Stärke, mit Nut und Feder an den Kanten. Sie haben einen Feuchtigkeitsgehalt von ca. 14%.

Bei der Auswahl des Materials sind Dielen zu bevorzugen, deren Rückseiten bis zur halben Materialdicke ausgefräste Schlitze aufweisen, um ein Arbeiten des Holzes aufzunehmen.

Sie werden nach Möglichkeit zimmerlang bzw. zimmerbreit eingekauft, um so keine zusätzlichen Stirnfugen zu erhalten.

Ein Holzdielenboden kann schwimmend, also nur in Nut und Feder verleimt, auf eine zu sanierende Teppichbodenoberfläche verlegt werden.

Die klassische Verlegeart ist jedoch auf einer entsprechenden Lagerholzunterkonstruktion, in die Dämmstoffe ein- und untergelegt werden können, um sowohl die Trittelastizität zu erhöhen, wie auch eine Wärme- und Atmungspufferzone bei kalten, starren oder atmungsinaktiven Böden zu erzielen.

Zur Errichtung einer Lagerholzkonstruktion werden gehobelte Kanthölzer mit mindestens 4 cm Breite in Abständen zwischen 30 bis 50 cm verlegt.

Die Abstände der Kanthölzer richten sich nach der Stärke der Dielen.

Die Höhe der Kanthölzer ist abhängig von der Auflagefläche. Liegen die Kanthölzer völlig auf dem Unterboden auf, reichen 2 cm Höhe sofern kein Dämmstoff eingelegt wird.

Müssen die Kanthölzer kleinere Hohlräume überbrücken, sollten sie mindestens 4 x 4 cm stark sein.

Müssen die Kanthölzer mit Keilen unterlegt werden, um ein abschüssiges Bodenniveau auszugleichen oder liegen sie gar auf den freigelegten Trägerbalken einer alten Holzbalkendecke, sind 6 x 6 cm starke Kanthölzer zu wählen.

Zur Verhinderung der Trittschallübertragung und Verbesserung der Trittelastizität wird zwischen dem Urboden und den Lagerhölzern eine Trennlage ausgelegt.

Dafür eignet sich vor allem Jutefilz, der in Streifen, die breiter als die Kant-

Eine Holzbalkendecke mit entferntem Dielenbelag.

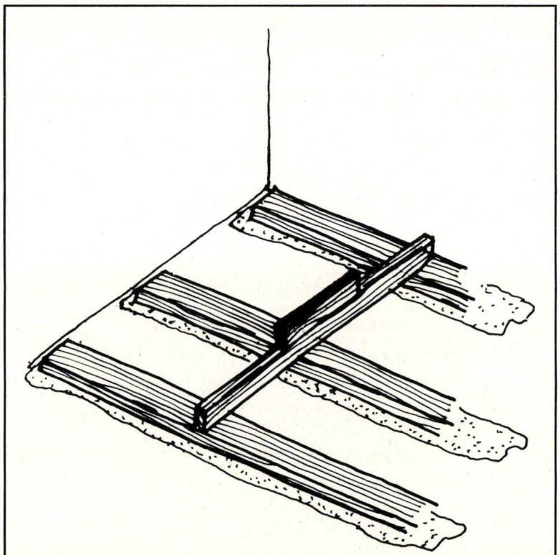

Die Kanthölzer werden lose auf der Trennlage verlegt. Unebenheiten und Niveauunterschiede müssen durch Unterlegen von Keilen ausgeglichen werden. Mit Hilfe von Wasserwaage und Setzlatte wird die waagerechte Ausrichtung überprüft.

hölzer sind, verlegt wird. Eine Verlegung in ganzen Bahnen ist zur zusätzlichen Wärmedämmung natürlich auch möglich.

Zur reinen Trittschalldämmung eignet sich einfache Rippenpappe, die bei kalten Böden (Beton oder Zementestrich) jedoch in Leinöl getränkt sein sollte.

Damit die Trittschalldämmung auch funktioniert, dürfen die Lagerhölzer an keiner Stelle eine Wand berühren.

Die Verlegung der Dielen beginnt an einer der quer zu den Fußbodenlagern liegenden Raumseiten mit dem Festnageln des ersten Brettes.

Dabei wird das Dielenbrett so gelegt, daß die Nutseite zur Wand liegt. Die Vernagelung erfolgt verdeckt in der Feder, das heißt die Nägel müssen versenkt werden.

Zu den Wänden werden an allen Seiten 20 mm Abstand eingehalten.

Dann wird ein Brett nach dem anderen angelegt, mit Hilfe von Bauklammern und Hartholzkeilen fugendicht angepreßt und vernagelt.

Das Verfahren beim Einbau der letzten Bretter kann auf zwei Arten geschehen: Einmal kann das letzte Brett mit einem speziellen Hebeleisen in die Nut der zuvor verlegten Diele getrieben werden.

Oder wir befestigen bereits das letzte Brett und kanten die beiden Vorreihen mit kräftigen Hammerschlägen in den verbleibenden Zwischenraum.

Beim Verlegen sollten Unterböden und Umgebungswände absolut trocken sein, die Temperaturen mindestens 16 °C betragen.

Je breiter die Dielen sind, desto größer ist die Gefahr, daß bereits nach 24 Stunden die Oberfläche des Fußbodens Feuchtigkeit abgibt und das Dielenbrett sich dann zu verformen beginnt.

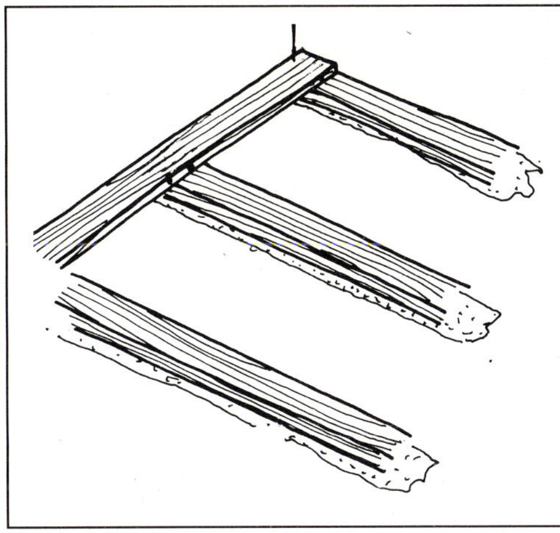

Die erste Diele wird mit Keilen auf 20 mm Abstand zur Wand gehalten und dann verdeckt in der Feder mit den Kanthölzern vernagelt.

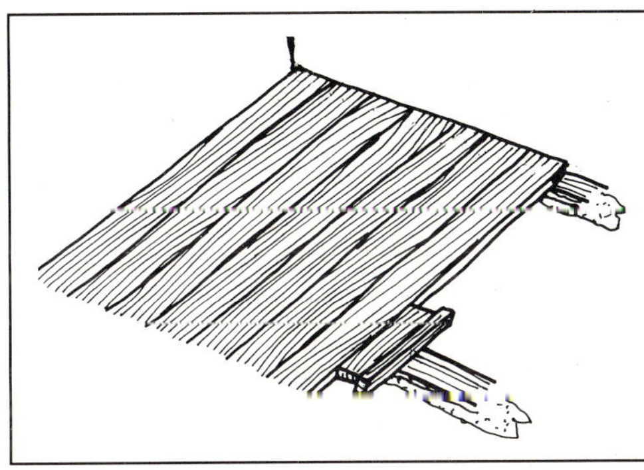

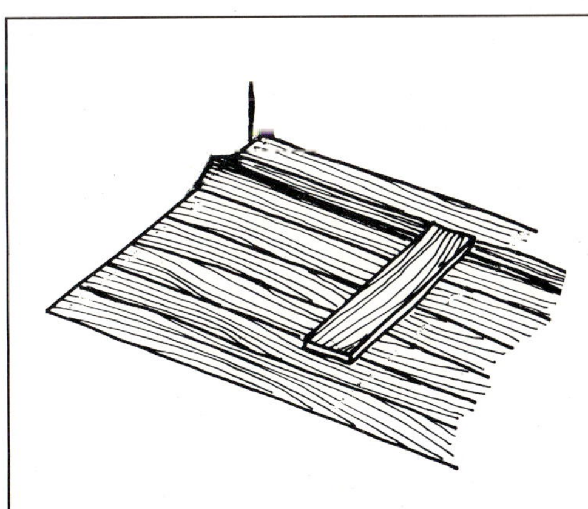

Wenn kein Hebeleisen zur Hand ist, können die letzten Dielenbretter auch wie dargestellt verlegt werden.

Dann stehen bald die seitlichen Ränder der Diele nach oben und die Fugen klaffen auseinander.

Daher sind schmalere Dielenbretter zu empfehlen mit einer Dielenbreite von 8 bis 10 cm.

Von einer Verschließung der Fugen durch Kittmaterial ist abzuraten, weil es viel zu hart würde und später anreißt bzw. ausbricht.

Der Dielenboden kann etwa zwei bis drei Tage nach der Verlegung mit Leinölfirnis grundiert und mit einer Bienenhartwachsmischung behandelt werden (siehe Seite 150).

Bei starker Beanspruchung des Bodens ist eine biologische Lackbehandlung jedoch sinnvoller.

Parkettböden

eignen sich für den ganzen Wohnbereich. Das Rohmaterial ist Massivholz oder schichtweise verleimtes Holz. Verleimte Holzschichten sind im Vergleich zum Massivholz formstabiler, können sich also nicht so leicht verformen.

Parkettelemente sind in länglicher und quadratischer Form in verschiedenen Maßen erhältlich.

Diese Parkettstäbe sind entweder rundum mit einer Nut- und Federverbindung ausgerüstet oder nur genutet.

Die rundum genuteten Parkettstäbe sind sozusagen der Urtyp aller Parkettarten. Für die Verbindung zweier Stäbe brauchen wir dann dünne Holzleisten.

Bei Stärken ab 21 mm können diese Parkettelemente wie Dielenbretter behandelt werden, also auch auf Lagerhölzern verlegt und verdeckt vernagelt werden.

Die üblichere Methode ist jedoch die Verleimung, entweder in Nut und Feder oder aber mit einer zuvor verlegten Unterbodenplatte.

Bei absolut ebenen und klebfähigen Altböden, z. B. einem Steinholzfußboden, können sie auch direkt mit diesem Boden verleimt werden.

Jedoch erreichen wir dadurch einen Verbund mit der Boden- und Deckenkonstruktion und damit weder eine Trittschalldämmung noch eine optimale Trittelastizität.

So ist hier die für unsere Belange bessere Unterkonstruktion eine auf Dämmaterial aufliegende Verlegeplatte.

Mit einem relativ weichen Dämmaterial wie z. B. Kokosfaser- oder auch Jutefilzmatten können zudem gut kleinere Unebenheiten ausgeglichen werden.

Auf diese Dämmschicht werden dann Holz- oder Weichfaserplatten ausgelegt.

Bei dünnen Parkettelementen (bis ca. 12 mm) sollten die Verlegeplatten mit einer Nut- und Federverbindung ausgerüstet sein, damit sie verleimt werden können.

Die Verlegeplatten wie auch die Parkettelemente dürfen die Wände nicht berühren, da sonst die Trittschalldämmung hinfällig würde.

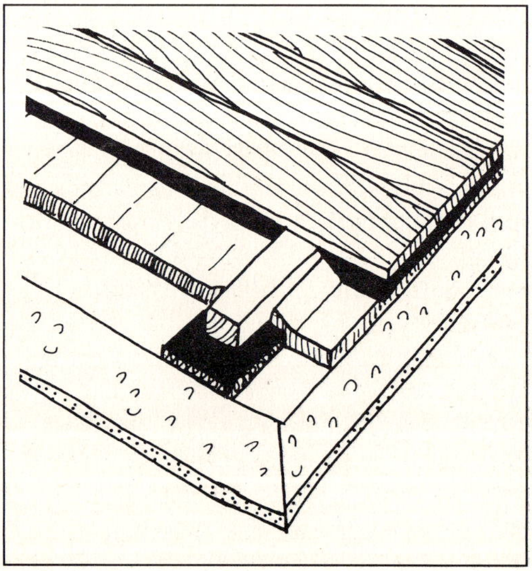

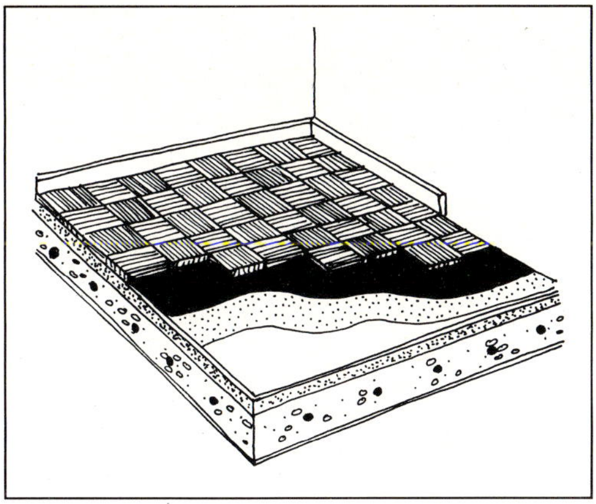

Die Verleimung erfolgt dann in Nut und Feder mit einem Kaltleim, bei vollflächiger Verklebung mit einem biologischen Kleber auf Naturharzbasis.

Die Parkettstäbe können in verschiedenen Mustern und Verlegerichtungen ausgerichtet werden.

Die Verlegung längs einer Wand ist davon die einfachste, wobei Verlegungen in der Raumdiagonalen oder als Fischgrätmuster schon Geschicklichkeit und handwerkliches Können voraussetzen.

Das Zusammentreiben der Parkettstäbe erfolgt mit dem Hammer auf einen dazwischenliegenden Schlagklotz, damit Kante und Feder nicht beschädigt werden.

Die Parkettstäbe werden zur Wand hin mit 1 bis 2 cm dicken Keilen hinterkeilt, um so zum einen den Abstand zur Wand einzuhalten, als auch bei Nut- und Federverleimung den Parkettbelag auf Spannung zu halten.

Erst wenn der Leim oder Kleber vollständig abgebunden hat, darf der Parkettbelag begangen werden.

Bei Verleimung dauert das etwa vier bis sechs Stunden, bei vollflächiger Verklebung etwa 24 Stunden.

Mosaikparkett

ist zur Zeit die wohl preiswerteste Parkettart. Mosaikparkett ist ein Holzfußboden, der aus Holzlamellen besteht, die in fünf bis acht Lamellen jeweils zu einem Quadrat von 12 bis 16 cm zusammengefaßt sind.

Die Lamellen sind nur durch ein Netz oder Lochpapier miteinander verbunden, weisen also keine Seitenverleimung auf.

Die Dicke dieser Parkettelemente liegt zwischen 8 und 10 mm.

Durch die relativ geringe Dicke des Mosaikparketts und die in sich nicht feste Verbindung kann diese Parkettart nur vollflächig mit einem ebenen Untergrund verklebt werden.

Dafür eignen sich wieder die auf Dämmaterial ausgelegten Verlegeplatten, die hier aber unbedingt in Nut und Feder verleimt werden müssen.

Die Mosaikelemente werden mit einem Parkettkleber auf Naturharzbasis mit den Verlegeplatten verklebt. Eine Verbindung zu den anderen Parkettelementen erfolgt nicht.

Ein Mosaikparkett kann einheitlich ausgerichtet oder im Schachbrettmuster längs einer Wand oder diagonal verlegt werden.

Auch hier ist eine Verkeilung zu den Wänden vorzunehmen. Bei den Stirnseiten der Lamellen ist zudem das Vorsetzen einer Latte für eine gleichmäßige Spannung notwendig.

Auch hier darf der Boden erst begangen werden, wenn der Kleber vollständig abgebunden hat.

Danach erfolgt ein Abschleifen des Bodens, um so leichte Unebenheiten, die durch die Verlegung oder durch unterschiedliche Höhen der Lamellen entstanden sein können, zu beheben.

Das Abschleifen ist aber gleichzeitig auch Vorbereitung für die danach erfolgende Oberflächenbehandlung.

Im Prinzip ist natürlich ein Abschleifen per Hand oder haushaltsüblichem Schwingschleifer möglich.

Um aber eine wirklich ebene und glatte Oberfläche zu erhalten, ist es schon angeraten, eine Schleifmaschine auszuleihen.

Der Boden sollte zweimal abgeschliffen werden. Zunächst mit einem Schleifpapier mit etwa 80er bis 90er Körnung, um die Unebenheiten zu beseitigen, dann mit einer 110er Körnung als Feinschliff. Nach beiden Schleifgängen ist jeweils gründlich zu entstauben.

Die darauffolgende Oberflächenbehandlung besteht aus einer Leinölfirnisgrundierung und einer anschließenden Bienenhartwachsbehandlung.

Holzpflasterboden

Hierbei handelt es sich um einen Holzfußboden, bei dem die Hirnseiten bzw. Kopfseiten des Schnittholzes als Lauffläche dienen.

Dadurch wird eine rustikale Oberflächenwirkung erzielt. Natürliches Wachstum und die Struktur des Holzes verleihen ihm eine besondere Note.

Die Dicke des Holzpflasters kann zwischen 1 und 10 cm betragen.

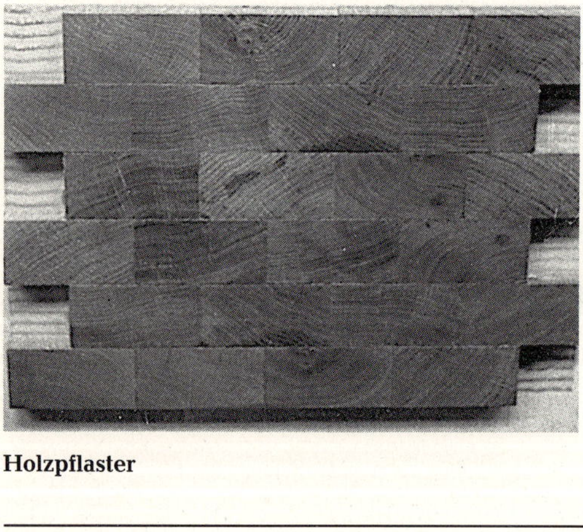

Holzpflaster

Je dicker das Pflaster gewählt wird, umso stärker ist die wärmedämmende Wirkung.

Besonders geeignet sind dicke Holzpflasterböden als Pufferfunktion für die biologische Sanierung von atmungsinaktiven Stahlbetonböden. Gleichfalls ist er für den Kellerausbau geeignet.

Als Träger für Holzpflasterböden ist ein massiver Unterboden gefordert, der fest, tragfähig und vollkommen eben sein muß.

Unterbodenkonstruktionen für Holzpflasterböden ab 4 cm Dicke können Betondecken und Zementestriche, ab 6 cm Dicke auch gestampftes Erdreich sein. Für Holzpflasterdicken von 1 bis 3 cm reichen als Unterboden bereits etwa 5 cm dicke Verlegeplatten aus

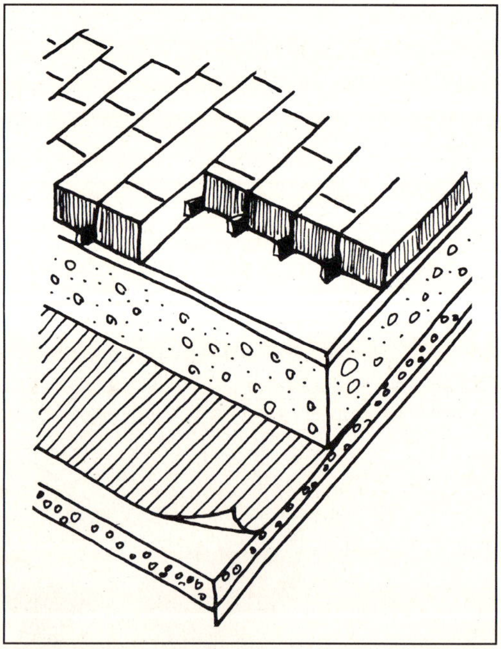

Als Pufferzone für Betonböden wird auf einer Trennlage zuerst Dämmkork und dann eine Verlegeplatte verlegt. Darauf wird das Holzpflaster entweder mit Fugenlättchen verlegt ...

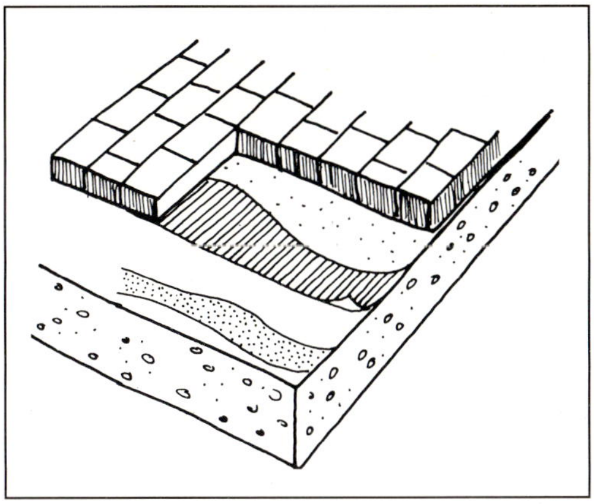

... oder, wie hier dargestellt, in Preßverlegung.

Holzspan aus, die jedoch unbedingt in Nut und Feder verleimt werden müssen.

Statt 5 cm dicken Verlegeplatten können auch zwei Lagen 2,5 cm dicker Platten stoßversetzt übereinander gelegt werden.

Für die Verlegung von Holzpflaster gibt es zwei Methoden:

Bei der Lättchenverlegung werden die Klötze mit 4 bis 6 mm dicken Fugenlättchen, die am unteren Teil der Längsfugen eingefügt werden, verlegt.

Der obere Teil der Fuge wird mit einer Vergußmasse aus Leinöl und Sägemehl ausgeschlämmt.

Bei der Preßverlegung wird der Untergrund mit biologischem Kleber auf Naturharzbasis eingestrichen.

Dann werden die Klötze eng aneinander gepreßt verlegt.

Anschließend wird der Boden mit Sand ausgekehrt.

Die Oberflächenvorbereitung und Behandlung von Holzpflasterböden ist identisch mit dem Mosaikparkettboden. Nach einer Leinölfirnisbehandlung erfolgt eine Bienenhartwachsbeschichtung.

Reparatur von Holzdielenbelägen

Wenn der Boden knarrt und quietscht, liegt das am Austrocknen oder Ausdehnen des Holzes, welches dabei schrumpft oder sich wellt, so daß nun die Schrauben oder Nägel, mit denen die Dielen oder Parkettteile befestigt sind, keinen rechten Halt mehr finden können. Der Bodenbelag kann federn und dabei diese Geräusche verursachen.

Zur Abhilfe sucht man die unter den Dielen verlaufenden Balken, deren Lagen durch die Nagelreihen in den Dielenbrettern erkennbar sind.

In Fluchtlinie der Nagelreihe bringen wir dann neue Schrauben an, die möglichst die Mitte des darunterliegenden Balkens treffen sollten. Die Schraubköpfe werden anschließend versenkt und die Löcher ausgekittet.

Kleinere Unregelmäßigkeiten können mit Leinölkitt (Rezept Seite 149) ausgespachtelt werden. Bei größeren Unebenheiten von Holzdielen hilft nur ein Austausch des Dielenbrettes.

Hierfür muß vom Anschlußbrett die Feder ausgestemmt werden.

Lose Dielen können auch mit Schraubnägeln befestigt werden.

Holzböden abschleifen

Versiegelte Holzböden bis hin zum Fertigparkett können durch Abschleifen entsiegelt werden.

Leichtere Schleifmaschinen können mittlerweile in vielen Fachgeschäften gemietet werden.

Der Boden wird in mehreren Arbeitsgängen mit immer feinerem Schleifpapier geschliffen. Für schwer zugängliche und auch kleinere Flächen können wir eine elektrische Bohrmaschine mit Schleifteller einsetzen.

Behandlung von Holzböden

Grundsätzlich gibt es drei Möglichkeiten zur Behandlung von Holzböden:

- Lackieren
- Imprägnieren mit anschließendem Wachsauftrag
- Laugen

In allen Fällen muß der Boden zunächst mehrmals geschliffen werden.

Lackieren

ist nur bei Böden angeraten, die stark belastet werden, was z. B. im Eingangsbereich durch eingeschleppte Schmutz- und Sandpartikel der Fall sein kann.

Aufgrund der reduzierten Wasserdampfdurchlässigkeit sowie der verminderten Re- und Absorptionsfähigkeit sollten Lackierungen auf das notwendige Maß beschränkt bleiben.

Das Lackieren erfolgt in mehreren Arbeitsschritten. Zuerst erfolgt ein tiefenimprägnierendes Vorstreichen mit einem Naturharzlack, der mit 20% Balsamterpentinöl verdünnt ist.

Zum farbig lasierenden Gestalten können bis zu 15% Naturharzabtönfarben zugesetzt werden.

Nach der Trockung (ca. 24 Stunden) wird das Holz wieder angeschliffen.

Anschließend erfolgt der Zwischenanstrich mit einem Naturharzöl-Klarlack, dem ca. 10% Balsamterpentinöl zugefügt wird.

Der unverdünnte Schlußanstrich mit dem Klarlack wird nach Trocknung und Anschliff des Zwischenanstrichs aufgetragen.

Um eine optimale Lackoberfläche zu erhalten, ist auf äußerste Staubfreiheit während der Verarbeitung zu achten.

Der Lackfilm ist zähelastisch und sehr strapazierfähig.

So lackierte Flächen können mit lauwarmem Wasser und Pflanzenseife gereinigt werden.

Imprägnieren und Wachsen

bietet einerseits einen tiefenwirksamen Schutz gegen Feuchtigkeit und Schmutz und andererseits eine Oberfläche, die jederzeit optisch in einen einwandfreien Zustand gebracht werden kann.

Diese Oberflächenbehandlung gewährleistet die volle Atmungsaktivität des Holzes und ist für Holzböden am besten geeignet.

Zur Tiefenimprägnierung und Verfestigung wird mehrfach ein Halböl (Leinölfirnis und Balsamterpentin im Verhältnis 1 zu 1) oder ein Naturharzöl-Imprägniergrund naß in naß gestrichen.

Im zweiten Arbeitsgang wird einmal hauchdünn mit einem nichtflusenden Lappen oder einer Bohnermaschine Fußbodenwachs oder ein flüssiger Bienenwachsstreichbalsam aufgetragen.

Nach der Trocknung wird die Oberfläche mit Ballentuch, Blocker oder Einscheiben-Bohnermaschine poliert. Der Glanzheitsgrad ist abhängig von der Zeit zwischen Auftragen und Polieren.

Bei der Reinigung wird die Wachsschicht mit Bohnerbesen oder Bohnermaschine aufpoliert und mit gut ausgewrungenem Lappen gewischt.

Laugen

ist eine in Skandinavien seit Generationen tradierte Bodenbehandlung.

Zuerst wird mit dem Pinsel eine Lauge aus Wasser und Schmierseife aufgetragen.

Durch die Verbindung der Seifenlauge mit dem Harz im Holz entsteht ein chemischer Prozeß, der nach vier bis acht Stunden abgeschlossen und ausgetrocknet ist.

Nun wird der Boden mit Kalkseife gewischt. Diese Kalkseife ist ein Produkt, das in dänischen Möbelläden erhältlich ist. Es wird mit Wasser vermischt auf den Boden aufgetragen und nach etwa 20 Minuten Einwirkzeit wieder mit klarem Wasser abgewaschen.

Diese Laugenbehandlung gibt dem Boden einen Feuchteschutz ohne seine Atmungsaktivität zu beeinträchtigen.

Die Laugenbehandlung verhindert auch eine Vergilbung und kann auch vergilbtes, unbehandeltes Holz wieder auffrischen.

Steinbeläge

Sie gehören zur Gruppe der harten Bodenbeläge, sind aber aufgrund der Lösung vieler Milieu- und Allergieprobleme (z. B. Staubmilbenallergie) empfehlenswert.

Neben der Unempfindlichkeit gegen Oberflächenverschleiß weisen sie keine elektrostatischen Aufladungen auf und sind gut zu pflegen.

Über eine Trittelastizität verfügen sie jedoch nicht.

Steinbeläge erfordern einen massiven, unnachgiebigen Untergrund.

Sie sind somit vor allem geeignet auf massiven Geschoßdecken aus Beton und Zement bzw. auf Ziegeldecken mit Verbundestrichauflage.

Bei Holzträger- oder Dielenböden ist das Aufbringen eines Steinbelages nicht sinnvoll.

Als Natursteinbeläge ist die Gruppe der Kalksteine zu verwenden, zu denen Marmor und die Solnhofener Platten zählen.

Farb- und Strukturunterschiede, Adern, Schattierungen und Flecken sind Naturspiele, die die Besonderheit des Materials ausmachen. Sie werden, ebenso wie die im folgenden beschriebenen Fliesen, im Kalkmörtelbett verlegt.

Hierfür wird entweder mit Traßkalk oder mit hydraulischem Kalk und Sand (Körnung 0,4 mm) der Mörtel gemischt.

Der Mörtel wird, im Gegensatz zur Wand, auf den Boden aufgetragen und zu einer etwa 20 mm dicken Mörtellage abgezogen.

Vor dem Verfugen sollte die Konstruktion etwa sechs Tage trocknen. Dann erfolgt die Verfugung mit demselben Mörtel, der für die Verlegung verwendet wurde.

Bei der Herstellung eines Randfrieses ist ein Materialwechsel sinnvoll. Waren z. B. Solnhofener Platten verlegt, wäre eine Friesbildung mit Marmor reizvoll, aber auch ein schmaler Fries mit roten Cottofliesen bildet einen harmonischen Abschluß.

Fliesen

sind geeignet für die Anwendung in Naßräumen (siehe Wandbeläge) und als Klinkerbodenplatten für Diele und Wohnräume, die unglasiert eine Atmungsaktivität gewährleisten, aber als fußkalt einzustufen sind.

Als Untergründe kommen bei Fliesen ebenso nur massive, starre Deckenkonstruktionen in Frage.

In Naßräumen ist zudem für den Boden eine Feuchtigkeitsisolierung erforderlich, die mangels baubiologischer Alternative aus einer Polyethylenfolie bestehen sollte.

Da ein Fliesenbelag für Holzdecken nicht in Frage kommt, dürfte bei den Beton- und Zementdecken diese zusätzliche atmungsinaktive Schicht von etwa 0,2 mm nicht sonderlich ins Gewicht fallen.

Zur Vorbereitung der Verlegung ist es auch hier sinnvoll, wie bei der Wand (Seite 172) zuerst einen Grundriß zu zeichnen und dann mit dem auf Transparentpapier gezeichneten Fliesenraster darauf so lange herumzuschieben, bis die optimale Anordnung gefunden ist.

Wenn die Raumverhältnisse nicht zulassen, daß überall ganze Fliesen verlegt werden, kann eventuell auch hier ein Randfries (wie bei den Natursteinen) das Problem lösen.

Sonst sollten kürzere Fliesenstücke möglichst längs einer Wand verlegt werden, die nicht direkt von der Zimmertür her gesehen wird.

Die Bearbeitung der Bodenfliesen ist identisch mit der der Wandfliesen (Seite 172).

Die mit Grundriß- und Rasterzeichnung ermittelte Lage der ersten und zweiten Verlegereihe wird mit einer Schnur oder einer Latte im Raum gekennzeichnet.

Wie bei den Wandfliesen wird auch hier immer zuerst mit ganzen Fliesenformaten begonnen.

Die Arbeit beginnt an der entferntesten Stelle von der Türe aus gesehen, da frisch verlegte Fliesen nicht begangen werden können.
Die Verlegung erfolgt in einem 2 bis 3 cm starkem Mörtelbett. Der Mörtel soll ziemlich trocken (sandfeucht) ausfallen, damit die Bodenplatten nicht auf dem Mörtelbett »schwimmen«.

Als Mörtel mischen wir dafür Traßkalk mit Sand (Körnung 0,4 mm) im Verhältnis 1 zu 4. Der Sand darf nicht verunreinigt sein, damit es in Verbindung mit Feuchtigkeit bei den unglasierten Fliesen nicht zu Ausblühungen kommt.

Estriche als Untergrund werden vor Beginn der Arbeiten angefeuchtet.

Dann trägt man auf einer Fläche von 1 bis 2 m^2 die Mörtelschicht auf. Würde die Fläche zu groß gewählt, laufen wir Gefahr, daß der Mörtel bereits abbindet bevor wir die Fliesen verlegt haben.

Wenn aufgrund der Raumverhältnisse der Beginn in einer Ecke nicht möglich ist, z. B. bei schiefen Wänden, muß in der Raummitte begonnen werden. Hierbei werden die Fliesen jeweils in Raumvierteln verlegt. Da die Fliesen erst nach Abbinden des Mörtels begangen werden können, setzt das einige Überlegung und Geschick voraus.

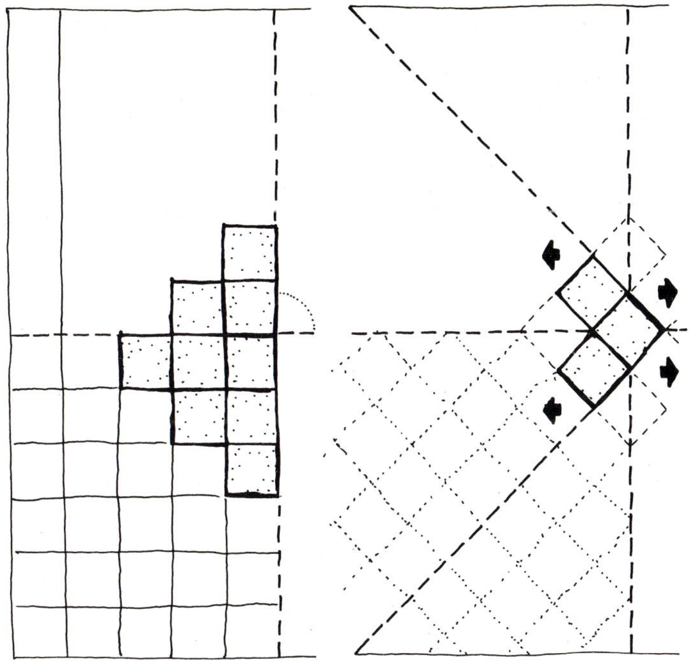

Das Mörtelbett wird mit einer Kelle geglättet und mit einer Latte abgezogen.

Nun legt man die Platten auf und klopft sie mit einem Holzhammer schwach an.

Beginnend an der ersten Platte werden dann die weiteren verlegt und an Richtlatte oder Schnur sorgfältig ausgerichtet.

Bis zum Abbinden des Mörtels darf der Boden nicht betreten werden.

Mörtelreste auf den Fliesen sollten sofort abgewischt werden.

Eine Verfugung erfolgt erst, wenn der Mörtel vollständig getrocknet ist und die Fliesen mit Leinölfirnis und Bienenhartwachs behandelt wurden.

Für das Ausfugen von Plattenbelägen verwenden wir die Verlegemörtelmischung, diesmal jedoch im Verhältnis 1 Teil Traßkalk zu 3 Teilen Sand in relativ flüssiger Konsistenz.

Dieser Fugenmischung können wir zur farblichen Gestaltung auch Farbpigmente beigeben.

Damit die Platten sofort wieder gesäubert werden können, empfiehlt sich die stückweise Verfugung.

Sobald der Fugenmörtel etwas erhärtet ist, sind die Schleier auf den Fliesen mit feuchten Tüchern und gegebenenfalls mit Schmierseife zu entfernen.

Auch nach dem Verfugen und Säubern sollte der Fußboden mindestens 24 Stunden lang nicht begangen werden.

Es empfiehlt sich, den Fußboden in den ersten Wochen mehrmals naß aufzuwischen, damit die Fugen ihre optimale Härte erhalten.

Die Oberflächenbehandlung der unglasierten Fliesen besteht aus einer Grundierung mit Leinölfirnis und einer anschließenden Bienenwachsbeschichtung.

Textile Bodenbeläge

Teppichböden bieten eine verbesserte Wärme-, Tritt- und Luftschalldämmung, die jedoch von der Dicke des Materials abhängt.

Vom Material her dürfen unter baubiologischen Aspekten Teppichböden keine filmbildenden Haftschichten aufweisen und über keinerlei Neigung zur elektrostatischen Aufladung verfügen.

Teppichböden können zudem das Feuchtklima im Raum positiv beeinflussen und bei geeigneter Strukturierung durch eine fußmassierende Wirkung unser Wohlbefinden fördern.

Jedoch auch bei diesen für uns sehr positiven Eigenschaften, bleibt bei diesen Teppichböden das Problem des Hausstaubs und damit verbunden des Luftkeimgehaltes.

Um im Luftklima nur einen geringen Keimanteil zu haben, muß ein Teppichboden nahezu täglich gereinigt werden.

Diese Reinigung darf jedoch nicht mit einem staubverteilenden Sauger geschehen, sondern mit einer Staubsaugerausführung, bei der die Feinstäube in einem Wasserfilter gebunden werden.

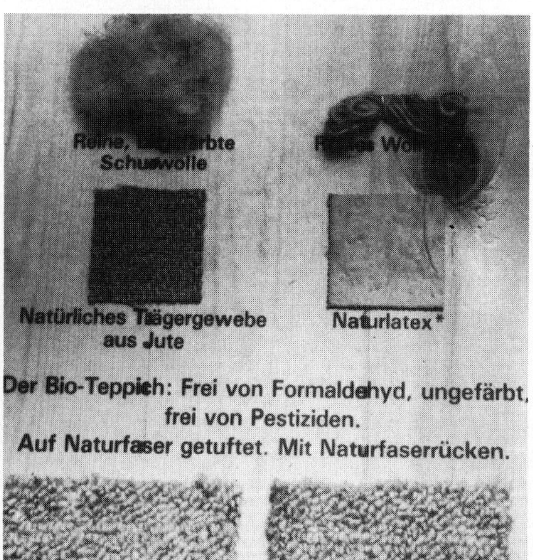

Diese Version eines Staubsaugers ist in der Anschaffung jedoch unvergleichlich teurer.

Bei täglichem Saugen kann damit aber ein nahezu optimales Luftklima mit einem minimalen Luftkeimgehalt erreicht werden.

An textilen Bodenbelägen stehen uns pflanzliche und tierische Materialien zur Verfügung.

Pflanzliche Materialien
werden als Flachgewebe gewebt oder geflochten und genäht.

Kokos
wird aus den Faserpolstern der Kokosnuß hergestellt. Das gewonnene Fasermaterial wird versponnen, gebleicht oder gefärbt und dann verwebt. Es wird in verschiedenen Webtechniken angeboten, hat eine harte und rauhe Oberfläche und wird in Naturtönen hellbraun bis dunkelbraun angeboten.

Kokos ist für den gesamten Wohnbereich geeignet und paßt sehr gut zu Naturstein, Holz und Rauhputz. Schuhlos benutzt wirkt er fußmassierend.

Sisal und **Aloe**
werden aus den fleischigen Blättern der Agave gewonnen.

Es ist ein hartes und grobes Material, das feuchtigkeitsunempfindlich ist.

Dieser Bodenbelag wird in verschiedenen Farben angeboten und eignet sich für den gesamten Wohnbereich.

Nachteil dieses Belages ist jedoch die Fettfleckenempfindlichkeit. Fettflecken dringen sofort in die Fasern ein und können nicht entfernt werden.

Die Strukturen eines Sisal- oder Aloeteppichs wirken äußerst fußmassierend.

Strohteppiche
werden aus Mais- oder Reisstroh geflochten und zu Fliesen und Matten vernäht, die dann zu größeren Teppichen zusammengesetzt werden.

Das Material ist für den gesamten Wohnbereich geeignet und zudem sehr preisgünstig.

Es kann aber nur bei geringer Beanspruchung eingesetzt werden.

Diese Strohteppiche benötigen eine gewisse Feuchtigkeit, um nicht spröde zu werden und dann zur kräftigen Staubbildung zu neigen.

Ein Haargarnteppichboden.

Baumwolle
besteht aus den Samenhaaren verschiedener Malvengewächse.

Baumwolle hält als Bodenbelag keiner starken Beanspruchung stand, kann aber als Einzelteppich sowohl das Schall- wie auch das Feuchteverhalten in einem Raum positiv verändern.

Tierische Materialien
werden im Web-, Wirk- oder Tuftingverfahren hergestellt und als sogenannte Schlingenware angeboten.

Das Webverfahren benötigt keine Rükkenbeschichtung, während beide anderen einen Träger brauchen. Unter baubiologischen Aspekten darf dieser Trägerrücken nur aus Naturlatex oder Jute bestehen.

Zudem müssen diese Bodenbeläge frei von jeder Nachbehandlung sein.

Ein Trägerrücken aus Naturlatex.

Ein Trägerrücken aus Jutegewebe.

Wolle

läßt sich gut verspinnen und färben und bietet eine vorzügliche Wärmedämmung.

Wolle hat zudem die Eigenschaft, verdunstete Feuchtigkeit bis zu 20% ihres Trockengewichtes aufzunehmen ohne sich feucht anzufühlen. Bei trockener Luft gibt sie diese Feuchtigkeit wieder ab und trägt so zur Verbesserung des Raumklimas bei.

Daher ist die Verwendung eines solchen Bodens besonders bei der Diagnose »zu trockene Raumluft« zu empfehlen.

Tierhaare

(hauptsächlich Ziegenhaar) werden zu Haargarn versponnen. Dieses Haar ist von Natur aus drahtig, elastisch, robust und schmutzunempfindlich.

Der typische Haargarnteppich und -teppichboden ist eine gewebte Bouclé-ware, das heißt die Schlingen des Garns werden nicht aufgeschnitten.

Dieser Bodenbelag ist für alle Wohnbereiche geeignet.

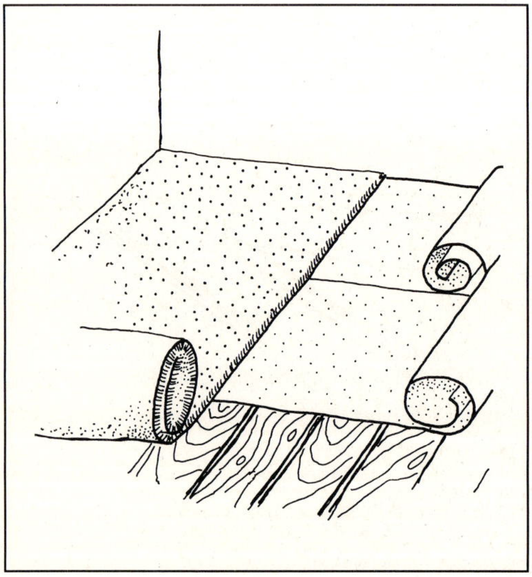

Verlegung von textilen Bodenbelägen

Unterlagen

Bei allen Arten der Teppichböden ist es sinnvoll, zunächst eine Unterlage zu verlegen.

Mit dieser Unterlage können kleinere Unregelmäßigkeiten des Bodens ausgeglichen werden, die sonst zu stärkeren Abnutzungserscheinungen oder gar Bruchstellen des Belages führen könnten.

Zudem kann durch eine Unterlage die Trittelastizität und die Schall- und Wärmedämmung weiter verbessert werden.

Als Unterlage empfiehlt sich Wollfilzpappe, die aus Lumpen, Altpapier und Naturharzen als Bindemittel hergestellt wird.

Ebenso auch Korkfilzpappen, die aus Textilfasern, Kork und Naturharzen hergestellt werden.

Diese Korkfilzpappe ist härter und eignet sich auch als Unterlage für Linoleum.

Bei Bodenbelägen, die verspannt und nicht verklebt werden, reicht ein loses Verlegen der Unterlage aus.

Sollen Bodenbeläge verklebt werden, muß auch die Unterlage vollflächig mit einem Naturharzkleber verklebt werden.

Bei beiden Verlegearten ist darauf zu achten, daß die Ränder der einzelnen Bahnen aneinanderstoßen, also nicht überlappen.

Die Arbeitsweisen sind identisch mit den gleich beschriebenen Verfahren für die Bodenbeläge.

Die Unterlage wird quer zur Verlegerichtung des Teppichbelages verlegt.

Vorbereitung

Für alle Böden, auf denen wir die Unterlage und den Teppichbelag verlegen wollen, gilt die Bedingung, daß sie eben, trocken und staubfrei sein müssen.

Eben bedeutet, daß sich der Boden möglichst in der Waagerechten befinden muß und keinerlei Unebenheiten aufweisen darf. Für Löcher, Risse oder Erhebungen gilt hier eine Toleranzgrenze von etwa 2 mm.

Trocken sind die meisten Böden. Schwierigkeiten bilden meist nur Estrich-, Beton- und nicht unterkellerte Erdgeschoßböden.

Staubfrei ist die wichtigste Voraussetzung, um eine optimale Haftung des Naturharzklebers oder des Teppichklebebandes zu erzielen. Hierfür muß der Boden feucht gewischt und nach der Trocknung noch abgesaugt werden.

Bei sandenden und saugfähigen Böden empfiehlt sich ein Voranstrich mit verdünntem Harzkleber, um so eine sogenannte Haftbrücke zu bilden.

Hierfür wird der Kleber mit 25% Balsamterpentinöl verdünnt.

Sobald der verdünnte Kleber getrocknet ist, kann mit der Verlegung begonnen werden.

Wenn die Voraussetzungen nicht gegeben sind, der Boden also Unebenheiten ausweist oder feucht ist, muß eine entsprechende Unterkonstruktion errichtet werden, wie ab Seite 198 beschrieben wird.

Diese Unterkonstruktion ist auch sinnvoll bei Bodenarten, die in unserem baubiologischen Bewertungsteil schlecht weggekommen sind.

Verlegepraxis

Pflanzenfaserteppichböden dehnen sich bei Feuchtigkeit aus und ziehen sich bei Trockenheit zusammen. Bei loser Verlegung neigen sie zur Schrumpfung oder Wellenbildung.

Aus diesem Grund sind diese Beläge grundsätzlich vollflächig mit biologischem Kleber zu verkleben.

Die zu verlegende Ware muß sich, in Bahnen zugeschnitten und ausgerollt, mindestens 24 Stunden bei normaler Zimmertemperatur in den zu verlegenden Räumen akklimatisieren.

Dringend zu beachten ist, daß je nach Länge der Bahn eine Zugabe von 5 bis 15 cm zu berücksichtigen ist.

Strohteppiche und Tierfaserbeläge können entweder mit doppelseitigem Klebeband verklebt oder verspannt werden.

Vollflächige Verklebung

Die zugeschnittenen Bahnen werden so in den Raum gelegt, daß die Nähte

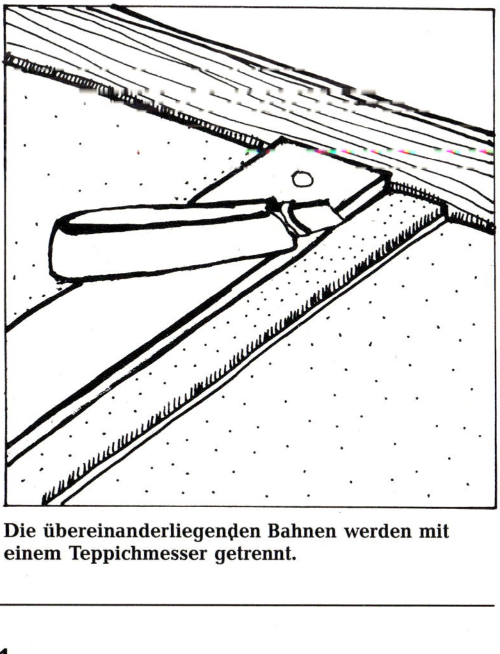

Die übereinanderliegenden Bahnen werden mit einem Teppichmesser getrennt.

Die zugeschnittenen Kanten zurückschlagen und Teppichkleber aufziehen.

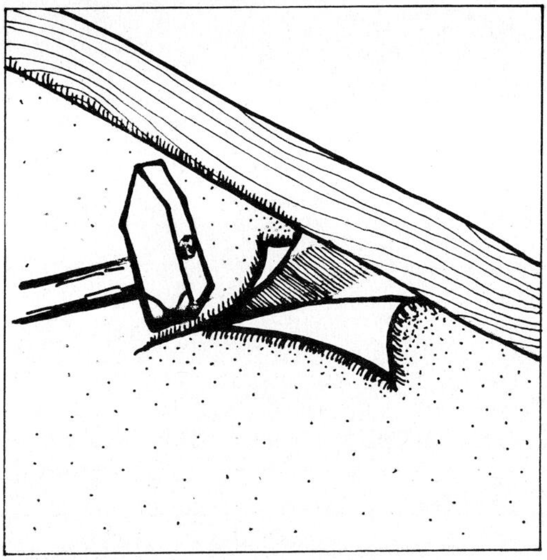

Die Stoßnähte werden kräftig in den Kleber gedrückt und zusätzlich angeklopft.

auf die Hauptfensterfront des Raumes zulaufen und 4 bis 5 cm überlappen.

Dann wird an der Seitenwand des Raumes beginnend die erste Hälfte der ersten Bahn in Längsrichtung an der Wand umgeschlagen. Auf die freie Bodenfläche wird mit einem großen Zahnspachtel der Kleber gleichmäßig aufgezogen.

Die umgeschlagene Hälfte wird dann in das Kleberbett eingelegt und mehrmals angedrückt bzw. angerieben oder gerollt.

Jetzt werden die übereinanderliegenden Stoßkanten der ersten und zweiten Bahn mit einem Teppichmesser durchgeschnitten, wobei die zweite Bahn zweckmäßigerweise beschwert werden sollte, damit sie beim Trennen nicht verrutschen kann.

Die zweite Hälfte der ersten Bahn und die erste Hälfte der zweiten Bahn werden in Längsrichtung nach links und rechts umgeschlagen und der Kleber wie oben beschrieben aufgezogen.

Dann werden die Bahnen in das Kleberbett gedrückt. An den Stoßkanten wird mit einem Hammer oder ähnlichem Gerät kräftig darübergefahren und gegebenenfalls zusätzlich angeklopft.

Wichtig ist, daß die Stoßnähte im Kleberbett gespannt aneinandergepreßt werden. Am einfachsten geht das mit einem Kniespanner, wie auf Seite 194 beschrieben.

Die Verlegung setzt sich auf diese Art und Weise fort.

Verklebung mit Klebeband

Das Auslegen und der Zuschnitt der Bodenbelagbahnen geschieht auf die gleiche Weise wie bei der vollflächigen Verklebung.

Eine Fixierung mit dem Klebeband geht entschieden schneller als die Verklebung, ist jedoch bei starker Beanspruchung des Belages und bei Belägen ohne Trägerrücken nicht so dauerhaft.

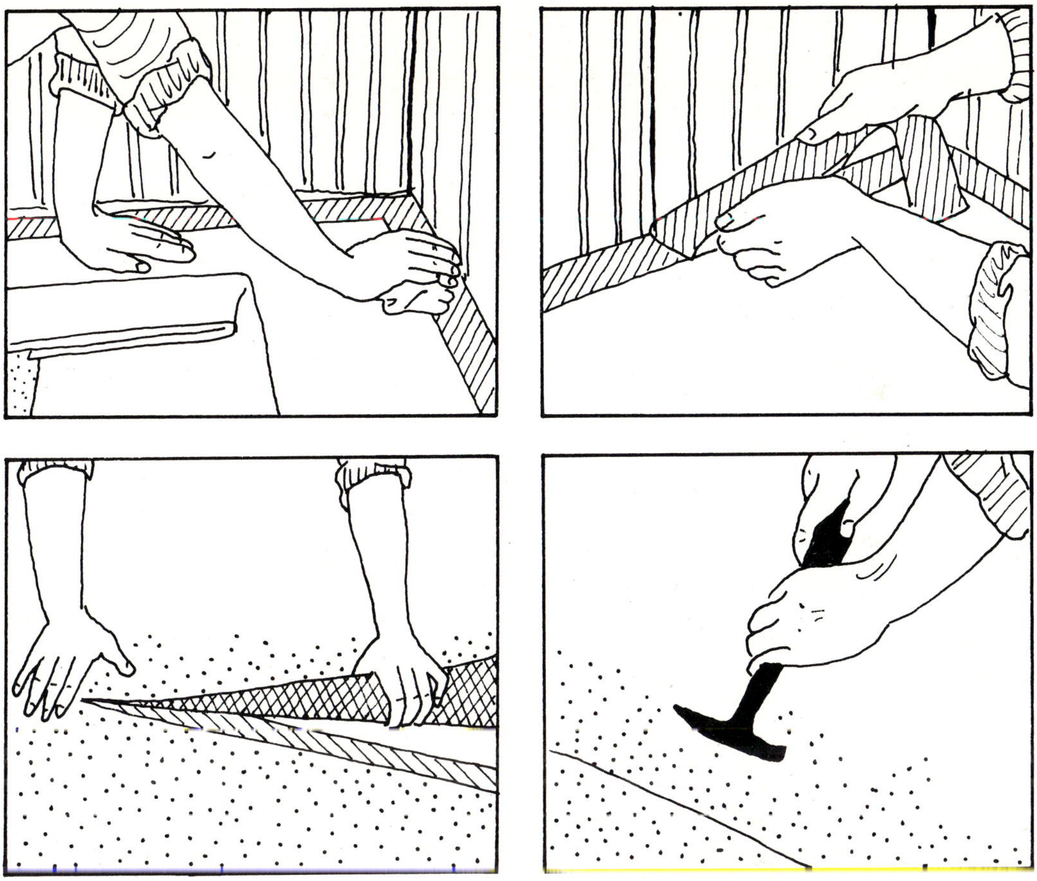

Das Klebeband fest auf dem Boden andrücken, dann Papierschutzstreifen abziehen. Bei Stoßkanten muß das Band mittig verlegt werden. Zum Schluß den Teppich mit dem Hammer andrücken.

Doppelseitiges Klebeband wird auf glattem, staub- und fettfreiem Untergrund faltenfrei aufgeklebt und mit einem Lappen fest angedrückt.

Danach wird die Schutzschicht abgezogen und der Teppichrand auf die Klebeschicht aufgelegt. Mit leichten Hammerschlägen wird er angeklopft.

Zur Bestimmung der Mittelfuge wird eine Bahn eingelegt und die Stoßkante auf dem Unterboden angezeichnet. Das Klebeband wird hälftig überlappend aufgeklebt.

Nun wird der Papierstreifen abgezogen, die erste Bahn mit der Kante auf die Mitte des Klebestreifens gelegt und die zweite Bahn eingeklappt.

Mit dem Hammer werden die Klebestellen gut angerieben. Unregelmäßigkeiten können wir durch Schieben und Ziehen ausgleichen.

Überstände an Nischen, Türfutter oder Wandseiten werden erst mit dem Rücken des Universalmessers nachgefahren und dann erst abgeschnitten.

Verspannen von Teppichböden

Die beste Methode, um einen Fußboden von Wand zu Wand auszulegen, ist die Verspannung auf Nagelleisten.

Dazu werden Nagelleisten, Leistenkleber, ein Kniespanner und ein Hebelspanner zum Aufhaken und Spannen des Teppichs benötigt.

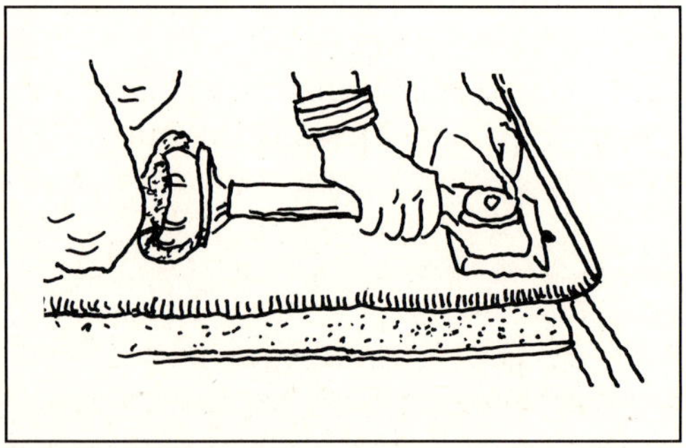

Der Kniespanner wird durch Kniedruck gegen das Stoßpolster in die Richtung der Leiste gezogen und auf die Nagelspitzen gehakt.

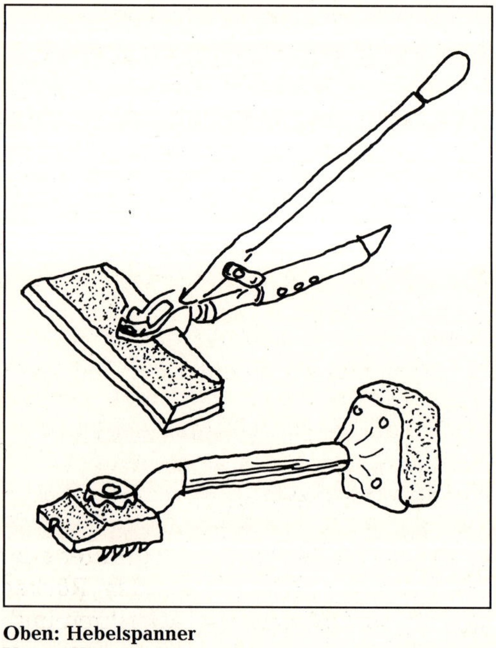

Oben: Hebelspanner
Unten: Kniespanner

Zuerst fixieren wir in der Ecke A. Von hier aus in Richtung C mit dem Kniespanner spannen und den Teppichboden aufhaken.

Der Hebelspanner spannt von Ecke A nach C.

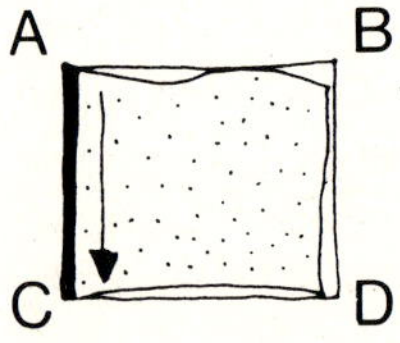

Als zweiten Schritt dann von A nach B.

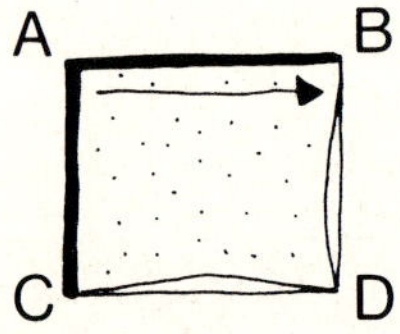

Den Hebelspanner für den nächsten Arbeitgang diagonal von Ecke A nach Ecke D setzen. Der Teppich hakt auf Ecke D.

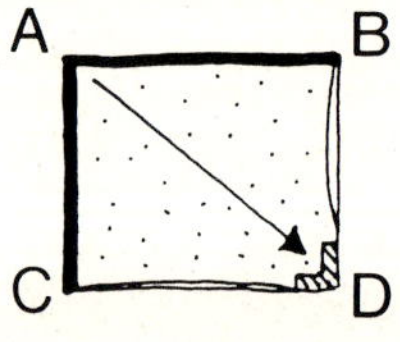

Nun von A — C nach B — D kräftig diagonal spannen ...

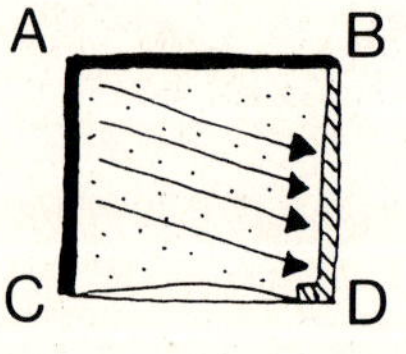

... und zuletzt von A — B nach Wand C — D spannen und heften.

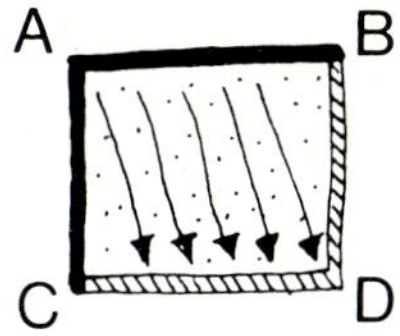

Ähnlich verspannt wird bei Randverklebungen. Hierbei wird der Teppichboden rundum ca. 40 cm umgeschlagen und an den Wänden ein 10 cm breiter Streifen mit Kleber eingestrichen.

Dann werden auch die Teppichränder 10 cm breit mit Kleber bestrichen …

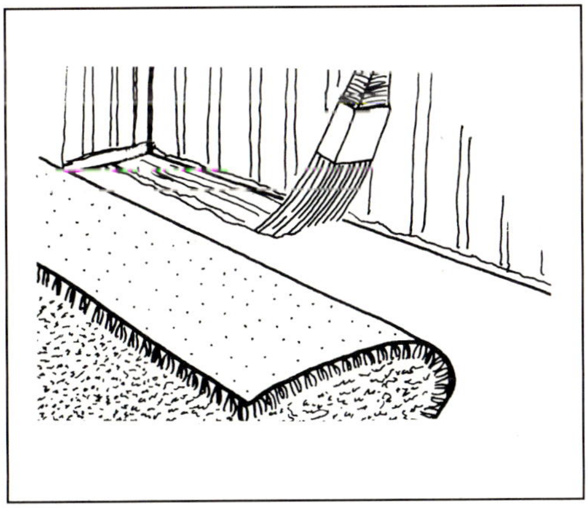

… und durch Umschlagen und Anpressen in der oben beschriebenen Reihenfolge verspannt.

Linoleumbeläge

Ausgangsprodukt ist das Leinöl, das durch die Aufnahme von Sauerstoff in eine elastische Masse übergeht, dem Linoxyn.

Zusammen mit Naturharzen entsteht Linoleumzement, der mit Korkmehl, Holzmehl und Farbpigmenten zur Linoleummasse vermischt wird.

Mittels Walzmaschinen wird diese Masse in heißem Zustand auf Jutegewebe gepreßt.

Linoleum wird als sehr fußwarm empfunden, weil es eine geringe Wärmeleitfähgkeit aufweist.

Neben seinen schalldämmenden Eigenschaften wirkt es bakterientötend.

Als Unterboden ist jeder Boden geeignet, der vollkommen trocken, rißfrei, eben und fest ist.

Handelsformen sind Rollen- oder Fliesenware, in bezug auf die Verarbeitung gibt es jedoch keine Unterschiede.

Vor der Verarbeitung muß Linoleum temperiert werden. Dafür reicht jedoch die Lagerung für etwa 12 Stunden in einem warmen Zimmer aus.

Rollenware sollte zudem vor der Verlegung ausgerollt werden, damit der Belag sich glättet und so die Verlegung erleichtert.

Linoleum muß vollflächig verklebt werden. Dafür gibt es spezielle biologische Linoleumkleber.

Mit dem Auslegen der Linoleumbahnen beginnen wir an einer der Zimmerwände.

An jeder Stoßstelle sollen sich die Bahnen mindestens 2 cm überlappen.

Bei Heizkörpernischen, Türleibungen und ähnliches müssen ausreichend Zulagen bedacht werden.

Zum Kleben schlägt man die Bahn etwa bis zur Mitte in Längsrichtung zurück.

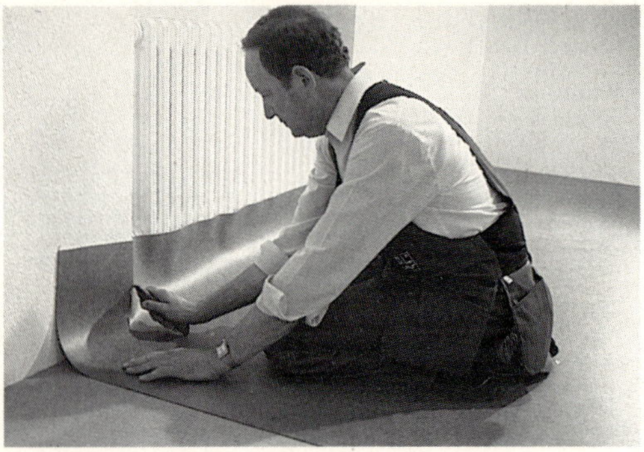

Für Nischen und Türleibungen muß eine ausreichende Zulage bedacht werden.

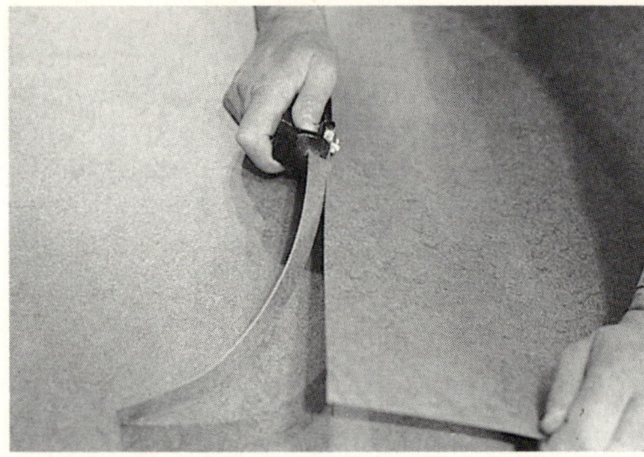

Mit einem Linoleumkantenschneider ist eine saubere Schnittführung möglich.

Auf dem freigewordenen Unterboden wird mit einem Spachtel gleichmäßig der Kleber aufgetragen (hierbei Herstellerangaben beachten).

Die zurückgeschlagene Bahn wird nun in das Kleberbett eingelegt und mit einem schweren Gegenstand (z. B. Anreibeisen oder Bohnerbesen) festgerieben.

Der gleiche Vorgang wiederholt sich bei der zweiten Hälfte der Bahn.

Die Nahtbereiche werden ca. 10 cm vom Kleber freigehalten.

Nun ist die vorgeschriebene Wartezeit einzuhalten, in der der Belag auch nicht belastet werden darf.

Sobald der Kleber abgebunden hat, das etwa nach 20 bis 30 Minuten der Fall ist, können wir mit dem Anpassen und Verkleben der Stoßkanten beginnen.

Das Anpassen beginnt mit dem Tauschen der bislang untenliegenden, geschonten Kanten.

An der jetzt oben liegenden Bahnkante wird mit einem Stahllineal und einer scharfen Klinge ein Streifen von etwa 2 cm abgetrennt. Dabei müssen wir den Schnitt mit kräftigem Druck ausführen, damit die darunterliegende Bahn mitangeritzt wird.

Entlang dieser Einkerbung schneiden wir dann die untere Bahn passend ab.

Zwischen den Bahnen ist ein Abstand von 0,5 mm (Dicke einer Postkarte) einzuhalten, um spätere Nahtstauchungen zu verhindern.

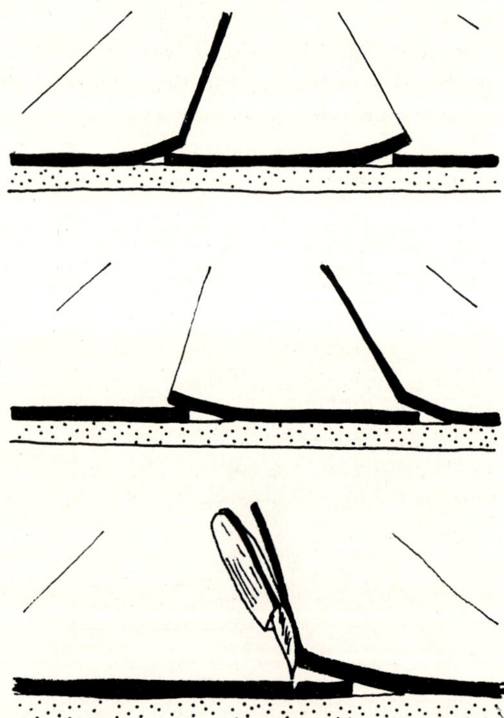

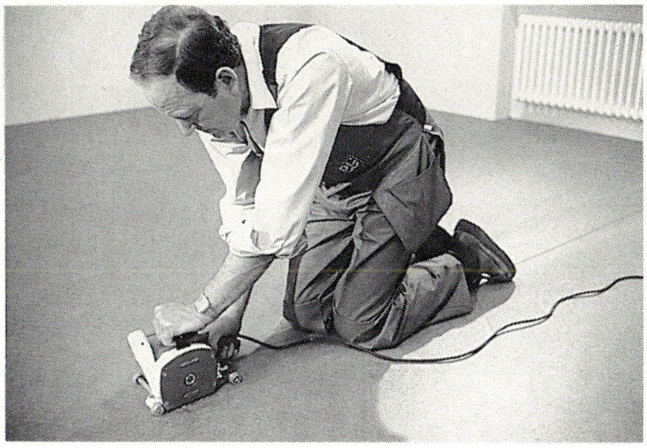

Die Fugen werden mit der Handfräse angefräst und dann mit einem Schmelzschweißdraht verschlossen.

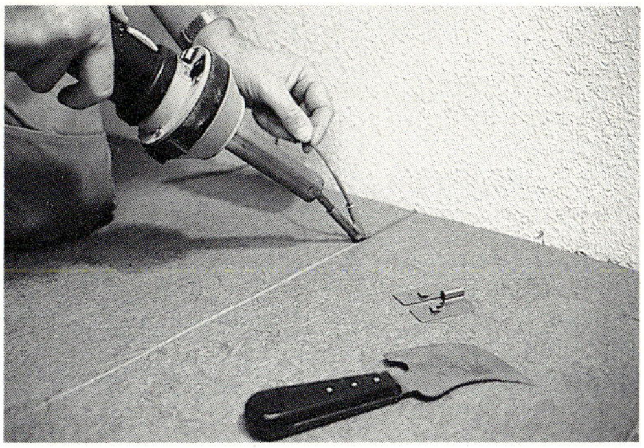

Im Vordergrund liegt ein Viertelmondmesser, mit dem die überstehende Schweißnaht abgeschnitten werden kann.

Neuerdings ist im Handel ein spezieller Linoleumkantenschneider erhältlich, der einen sauberen Schnitt besser gewährleistet.

Zum Verkleben werden die Bahnenränder nun aufgebogen und z. B. mit einer Dose fixiert, während man den Unterboden mit der Klebemasse einstreicht.

Anschließend wird die Naht angedrückt, festgerieben und beschwert.

Wer eine ganz sichere Klebung ausführen will, bestreicht nicht nur den Unterboden, sondern auch die Linoleumbahn bzw. -fliese dünn mit Kleber.

Hohlstellen im verlegten Linoleumbelag können durch Darüberstreichen mit einem Hammerstiel aufgespürt werden.

Sofern der Kleber noch nicht abgebunden hat, läßt sich die eingeschlossene Luft meist seitlich heraustreiben.

Sonst wird die Hohlstelle mit der Messerspitze angestochen, die Luft herausgedrückt und der Belag dort nochmals intensiv angerieben.

Wer eine perfekte Oberfläche haben will und vor allem keine von den Stoßkanten gebildeten Fugen, in denen sich der Schmutz sammeln kann, muß diese als letzten Arbeitsgang verschweißen.

Dafür werden die Fugen mit einer Handfräse auf etwa 0,7 mm angefräst (erweitert).

Anschließend werden sie mit Hilfe eines Handschweißgerätes und einem sogenannten Schmelzschweißdraht verschlossen.

Hierbei ist darauf zu achten, daß die Temperatur über 100 °C liegt, damit der Schweißdraht zügig abschmelzen kann.

Bei der Handhabung des Schweißgerätes ist darauf zu achten, daß es nicht mit dem Linoleum in Berührung kommt, da sonst eine Verkohlung des Linoleumbelages zu befürchten wäre.

Die überstehende Schweißnaht wird nach dem Aushärten mit einer speziellen Ziehklinge oder einem sogenannten Viertelmondmesser abgeschnitten.

Die Reinigung eines Linoleumbelages erfolgt durch Wischen mit warmem Seifenwasser und gelegentlichem anschließenden Wachsen.

Unterbodenkonstruktion

Die Notwendigkeit, einen Unterboden konstruieren zu müssen, kann sich aus verschiedenen Anlässen ergeben.

Mit einer Unterbodenkonstruktion können wir die Wärme- oder Trittschalldämmung verbessern, feuchte oder unebene Altböden ausgleichen, eine Trittelastizität erzielen oder die Wirkungen von nicht baubiologischen Böden abschwächen.

Hierfür stehen uns verschiedene Konstruktionsarten zur Verfügung, die meistens gleich für mehrere Anforderungen anwendbar sind.

Verbundestrichböden

Sogenannte Verbundestriche sind direkt mit den tragenden Konstruktionen verbunden. Dadurch übertragen sie alle Trittgeräusche direkt auf die anschließenden Wände und die Bodendecke.

Ein Verbundestrich ist daher für unsere Belange nur geeignet für Kellerräume und da am sinnvollsten für einen Vorratskeller.

Für eine solche Estrichausführung eignet sich ein Lehmestrich, der einen gleichbleibenden Luftfeuchtigkeitsgehalt garantiert, der besonders für Lebensmittellagerräume wichtig ist.

Ein Lehmestrich kann auf alle Urböden aufgebracht werden und ist besonders sinnvoll bei gestampften Erdböden und Betonböden. Er wird 10 bis 15 cm stark aufgetragen, festgestampft und so lange verdichtet, bis die Oberfläche keine Eindrücke mehr annimmt.

Ein Lehmverbundestrich wird aus mittelfettem Lehm hergestellt.

Je nach Befund kann er mit Zugabe von Sand abgemagert oder mit Kalk angereichert werden. Zudem muß der Lehm gut ausgefroren sein und darf keine Pflanzenreste enthalten.

»Gut ausgefroren« bedeutet, daß der Lehm nicht bröselig sein darf. Ein »gefrorener« Lehm bröckelt selbst bei hohem Fettgehalt.

Nach dem Trocknen des Lehms, das etwa sechs bis acht Wochen dauert, kann mittels Leinöl die Oberfläche stabilisiert werden, um so einen für Lehmböden typischen Abrieb zu verhindern.

Das geschieht durch einen Anstrich mit einer Mischung aus Leinöl und Balsamterpentinöl im Verhältnis 1 zu 1.

Dieser Anstrich, der mit einem Quast aufgetragen wird, sollte eine gleichmäßige, satte Schicht bilden.

Schwimmende Estrichböden

Ein schwimmender Estrich ist eine Ausführung zur Trittschalldämmung und schafft gleichzeitig eine völlig ebene Oberfläche, eine zusätzliche Wärmedämmung und eine abschwächende Wirkung bei Beton- und Stahlbetonböden.

Bei der schwimmenden Konstruktion ist wichtig, daß die Estrichplatte völlig getrennt vom Untergrund und den aufsteigenden Umfassungsflächen angeordnet ist.

Der Trittschallschutz ist um so besser, je dicker und weicher die Dämmschicht und je schwerer der darauf schwimmende Estrich ist.

Dämmschichten

für schwimmende Verlegung können als Schüttung oder als Plattenauslage konstruiert werden.

Als Verlegeplatten eignen sich dafür Backkork-, Kokosfaser-, Holzfaser- und Zellulosedämmplatten.

Bei der Verlegung dieser Platten ist zu beachten, daß sie vollflächig aufliegen. Unebenheiten im Untergrund müßten vorher gespachtelt werden.

Als loses Dämmaterial eignen sich Zelluloseflocken, Korkgranulat und mineralische Dämmstoffkörnungen, wie z. B. das vulkanische Gestein Perlit zur Schüttung.

Für diese »Trockenschüttung« wird zunächst eine Höhenmarkierung im Raum angebracht, um so eine Orientierung für eine waagerechte Schüttungsfläche zu erhalten. Dann werden in Abständen von etwa 1 m ca. 30 cm breite Streifen mit dem Schüttmaterial hergestellt.

Auf diese Streifen richten wir dann Auflegeschienen mit der Wasserwaage exakt auf die zu erreichende Höhe aus.

Diese Auflegeschienen, die wir nachher zum Abziehen der Schüttung brauchen, gibt es als spezielle Formteile, aber gehobelte Dachlatten reichen auch aus.

Die verbleibenden Freiräume zwischen den Auflegeschienen werden dann mit dem Schüttmaterial verfüllt.

Danach ziehen wir mit einem Brett, das immer auf zwei der Auflegeschienen aufliegen muß, die Schüttung zu einer ebenen Fläche zur Tür hin ab.

Anschließend wird der Raum mit Weichfaserabdeckplatten ausgelegt, worauf dann der Estrichboden verlegt werden kann.

Diese Trockenschüttung eignet sich vor allem bei unebenen und abschüssigen Böden. Alternierend hierzu wäre sonst eine Konstruktion mit Lagerhölzern zu empfehlen, wie auf Seite 178 beschrieben.

Abdeckschichten bilden eine Trennschicht, die unter dem Estrich eingelegt wird, um das Eindringen der Estrichmasse in die darunterliegenden Dämmschichten zu verhindern.

Sie kann bestehen aus in Leinöl getränkte Wellpappe, Filzpappe, gewachstem Ölpapier, Filz oder Naturkrepp.

Auflegeschienen ausrichten, ...

... Schüttung einbringen ...

... und gleichmäßig abziehen.

Estriche

Bio-Estrich

Dieser Estrich besteht aus einer Mischung von 1 Teil Traßkalk und 3 Teilen Sand.

Der schwimmende Aufbau eignet sich bei allen massiven Urböden.

In Naßräumen muß zuvor eine Feuchtesperre (siehe Seite 201) ausgelegt werden.

Als Dämmschicht eignen sich hier Korkplatten, die lose auf dem Urboden ausgelegt werden.

Diese Dämmschicht sollte eine Dicke von etwa 3 bis 4 cm haben.

Die Estrichmasse wird, wie bei der Trockenschüttung, zwischen vorher verlegten und ausgerichteten Abziehlatten eingebracht und mit Hilfe eines Abziehbrettes zu einer gleichmäßigen, waagerechten Fläche abgezogen.

Die Dicke des Estrichbelages sollte mindestens 4 cm betragen.

Nach dem Abziehen wird der Estrich mit einem Reibebrett abgerieben, um so eine ebene, recht glatte Fläche zu erhalten. Auf den Bio-Estrich ist dann noch ein Bodenbelag aufzubringen.

Steinholzestrich

Eine in Vergessenheit geratene Technik ist der Steinholzestrich. Diese magnesitgebundenen Estriche haben gegenüber Fliesenböden den Vorteil, daß sie elastischer und angenehmer begehbar sind. Sie sind von geringer Abnutzbarkeit und staubfrei, daher besonders geeignet für von Stauballergie betroffene Personen.

Als Bindemittel ist gemahlenes Magnesit und eine geklärte Chlormagnesiumlösung mit den Füllstoffen Holzmehl, Sägemehl oder -späne bzw. Gesteinsmehl zu vermischen. Das Mischungsverhältnis besteht aus 2,5 Teilen Magnesit, 1 Teil Chlormagnesium und 3 Teilen Füllstoff.

Dieser Steinholzestrich ist erdfeucht sofort verarbeitungsfähig.

Als Dämmlage zur Herstellung der schwimmenden Verlegung eignen sich z. B. imprägnierte Kokosfaser-Estrichdämmplatten, Backkork- oder Weichfaserdämmplatten.

Bei dem Steinholzestrich ist eine zweischichtige Ausführung mit jeweils mindestens 8 mm Dicke empfehlenswert.

Nach ein bis zwei Tagen wird die zweite Schicht aufgebracht und glatt abgerieben.

Der Estrich wird mit einer Kelle aufgetragen, mit dem Ziehbrett abgezogen und anschließend mit der Glättkelle abgerieben. Nach dem vollständigen Erhärten wird die Oberfläche mit einer Ziehklinge abgezogen und anschließend mit einer Leinöl- und Balsamterpentinölmischung eingerieben.

Dieser Unterboden ist besonders geeignet für Linoleum oder Korkbeläge.

Fließestrich

Als einfachste Methode für den Selbsteinbau bietet sich ein sogenannter Fließestrich an. Er ist bereits fertig gemischt und muß nur noch mit Wasser aufbereitet werden.

Dieser Fließestrich besteht aus Naturgips und ist daher nur für trockene Räume geeignet.

Die Dämmaterialien und Verarbeitung zur schwimmenden Verlegung sind mit den anderen schwimmenden Konstruktionen identisch.

Fließestrich wird einfach ausgegossen, wobei auf eine gleichmäßige Verteilung geachtet werden sollte. Bei gleichmäßigem Ausguß und entsprechender Verteilung hinterläßt dieser Fließestrich durch seine recht flüssige Konsistenz bereits eine ebene Oberfläche.

Bei ungleichmäßigem Verlauf kann aber auch mit dem Abziehbrett ausgeglichen werden.

Auf dem Fließestrich können alle Fußbodenbeläge verlegt werden.

Trockenestrichböden

bestehen aus Verlegeplatten, die ebenso wie die Naßestriche mit Dämmaterial unterlegt werden, um so eine schwimmende Verlegung zu erreichen.

Trockenestrichkonstruktionen sind wesentlich leichter zu verlegen und können unmittelbar im Anschluß mit einem Bodenbelag versehen werden.

Da hier kein Wasser benötigt wird, beeinträchtigt diese Konstruktionsart nicht das Feuchtklima.

Um jedoch eine waagerechte Fläche zu erhalten, sind hier bei unebenen Urböden zum Teil aufwendigere Unterkonstruktionen notwendig.

Gipstrockenestrich

Diese Trockenestrichplatten werden durch Verpressung unter hohem Druck eines Gemischs aus Naturgips (im Gegensatz zum synthetischen Gips, der eine zu hohe Radioaktivität aufweisen kann), Zellulose und Wasser hergestellt.

Gipstrockenestrichplatten können jedoch aufgrund ihres schlechten Feuchtehaushaltes nur bei absolut trockenen Urböden verlegt werden.

Auch von einer Verlegung in Feucht- oder Naßräumen ist abzuraten.

Die Belastbarkeit der Gipsplatten liegt bei etwa 0,24 kp/cm^2. Dadurch müssen Gipsplatten vollflächig auf einer absolut ebenen Unterkonstruktion verlegt werden. Zudem sollten sie einen entsprechend stärker belastbaren Belag erhalten.

Trockenestrich aus Ziegeln

Diese Trockenestrichversion besitzt die optimalen bauphysikalischen Eigenschaften des Ziegels und eignet sich hervorragend zur Selbstverlegung.

Ziegelplatten werden mit biologischem Kleber in Nut und Feder und an allen vier Rändern miteinander verklebt.

Bei ihrer schwimmenden Verlegung ist zu beachten, daß nur Korkplatten oder Kokosfasermatten verwendet werden können, die zudem vollflächig aufliegen müssen.

Ziegelestrichplatten können auf allen Urböden verlegt werden. Sie eignen sich besonders in Naßräumen, da sie durch die Verklebung in Nut und Feder eine durchgehende, wasserabweisende Platte darstellen.

Wird ihre Oberfläche zudem noch zusätzlich wasserabweisend beschichtet, z. B. mit Wasserglas, bilden sie eine echte Alternative zu den konventionellen Feuchtigkeitssperren.

Allerdings beträgt die Dicke dieser Platten etwa 2 cm, so daß mit dem Unterbau der schwimmenden Verlegung gut 5 bis 6 cm an Raumhöhe verloren gehen. Die Belastbarkeit liegt bei 300 kp/cm^2

Bereits vier Stunden nach Verlegung sind die Ziegelestrichplatten begehbar.

Auf diesem Estrich können alle Arten von Fußbodenbelägen verlegt werden. Besonders geeignet ist er jedoch für Fliesen- und Natursteinbeläge.

Feuchtigkeitssperrschicht

Diese Schicht ist notwendig für feuchte Urböden wenn durch die Kapillarbildung des weiteren Aufbaus Feuchtigkeit aufsteigen kann und bei Naßräumen, um ein Eindringen der Feuchtigkeit in den Boden zu verhindern.

Feuchtesperren bilden jedoch noch eine totale Schwachstelle in der baubiologischen Produktpalette.

Eine zufriedenstellende Sperre, die sowohl Feuchtigkeit abhält als auch gleichzeitig die Atmungsaktivität nicht unterbindet, gibt es nicht.

Ölgetränkte oder gewachste Papiere und Pappen eignen sich nur bei entsprechender Be- oder Hinterlüftung. Ist diese nicht gegeben, verrotten sie mit der Zeit.

Somit können wir hier nur auf die konventionellen Materialien zurückgreifen.

Als Estrichausbildung wäre ein Asphaltestrich möglich. Asphalt, der hier als Verbundestrich gelegt werden müßte, also mit den Wänden und dem Boden Berührung hat, gilt als elastisch und wasserabweisend.

Ein Asphaltestrich kann auf allen massiven Böden aufgezogen werden.

Das Einbringen eines Asphaltestrichs sollte von Fachfirmen vorgenommen werden. Unter baubiologischer Sicht kann Asphalt jedoch nicht als unbedenklich eingestuft werden.

Verwendbar ist auch unbesandete Bitumenpappe, die aber im Verdacht steht, eine krebserzeugende Wirkung zu haben. Jedoch neigt diese atmungsinaktive Beschichtung nicht zu elektrostatischen Aufladungen.

Neutraler in der Wirkung zeigt sich Polyethylenfolie, die ebenso atmungsinaktiv nur über eine hohe Fähigkeit zur elektrostatischen Aufladung verfügt.

Die durch eine Polyethylenfolie erzeugten Induktionswirkungen könnten durch einen entsprechenden, neutralisierenden Bodenaufbau und eine zusätzliche Bienenwachsbehandlung aufgehoben werden.

Diese biologisch nicht einwandfreien Materialien sollten jedoch wirklich nur dann eingebaut werden, wenn es nicht zu umgehen ist.

Statt dessen ist vor allem als Absperrung in Naßräumen zu überlegen, ob hier nicht der Einbau eines Trockenestrichs aus Ziegelplatten möglich ist.

Deckenvorkonstruktionen

Die direkte Beschichtung einer Decke haben wir mit allen Möglichkeiten über Putze, Putzträger, Dämmstoffe bis hin zu Tapeten und Farben in den Gestaltungs- und Verbesserungsmöglichkeiten der Wand abgehandelt.

Mit diesen Behandlungsmethoden können wir bereits gute Verbesserungen unseres Wohnklimas erreichen.

So können wir bei Atmungsinaktivität auf Decken sowohl mit Korkdämm- oder Weichfaserplatten (Seite 102) wie auch mit Fein- und Strukturputzen (Seiten 110 und 120) eine puffernde Atmungsschicht herstellen.

Im Gegensatz zur Wand sollten die Platten hier jedoch nicht verklebt, sondern gedübelt und verschraubt werden.

Diese Beschichtungen fördern ebenso die Wärmedämmung wie auch zu einem gewissen Teil die Schalldämmung.

Für eine stärkere Schall- und Wärmedämmung eignet sich eine auf Lattenkonstruktion befestigte Holzverkleidung (Seite 116), die auch durch ihre Atmungsfähigkeit das Raumklima entscheidend verbessert.

Diese Konstruktion kann durch das Einbringen von Kork- oder Kokosfaserplatten noch perfektioniert werden.

Alternierend zur Holzverkleidung können Verlegeplatten (Gipskarton oder Weichfaser) als Putzträger auf die Lattenkonstruktion montiert werden.

Durch einen danach aufgetragenen Putz kann die gleiche Atmungsaktivität wie bei der Holzverkleidung erreicht werden.

Der Unterschied zwischen der Wand- und Deckenvorkonstruktion besteht nur darin, daß für die Lattenkonstruktion hier die Abstände der Dübel und Schrauben kürzer gewählt werden sollten (ca. 35 cm).

Speziell für die Kellerdecke ist bei einer fehlenden Wärmedämmung eine Korkplattenlage zwischen Beschichtung und Tragstruktur zu empfehlen.

Diese Vorbaukonstruktionen für die Decke sind sogenannte Verbundkonstruktionen, haben mit der eigentlichen Decke also eine unmittelbare Verbindung.

Im Regelfall sollte das auch ausreichen, zumal mit den eben erwähnten Konstruktionen bereits sehr gute Verbesserungen der Atmungsaktivität erreicht werden können.

Generell möchte ich in Erinnerung bringen, daß wir bereits bei den Wohnklimaten, besonders beim Luftklima feststellen konnten, daß das uns zur Verfügung stehende Raumvolumen entscheidend zur Situation der Schadstoffkonzentration in der Raumluft beiträgt.

Wenn wir auch im Zuge der biologischen Renovierung eine erhebliche Verbesserung des Luftklimas erreichen werden, so sollte dieses nicht durch eine Minimierung des Luftaustauschvolumens aufs Spiel gesetzt werden.

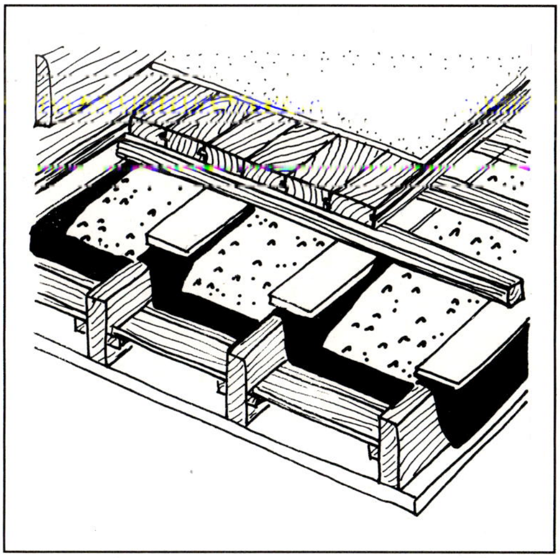

Sanierungsmaßnahmen einer Decke sollten möglichst im Bodenaufbau vorgenommen werden.

Daher sind abgehangene Deckenkonstruktionen nur vertretbar, wenn die eigentliche Deckenkonstruktion aus einer atmungsaktiven Holzbalkenträgerdecke besteht und sich keine anderen Möglichkeiten zur Schalldämmung der Deckenkonstruktion ergeben.

Abgehängte Deckenkonstruktion

Eine abgehängte Deckenkonstruktion ist im Prinzip eine »schwimmende« Konstruktion.

Sie hat also keine direkte Berührung mit der eigentlichen Decke.

Die einzigen Verbindungen mit der eigentlichen Decke bilden die Vorrichtungen, die die Last der Hängedecke tragen müssen.

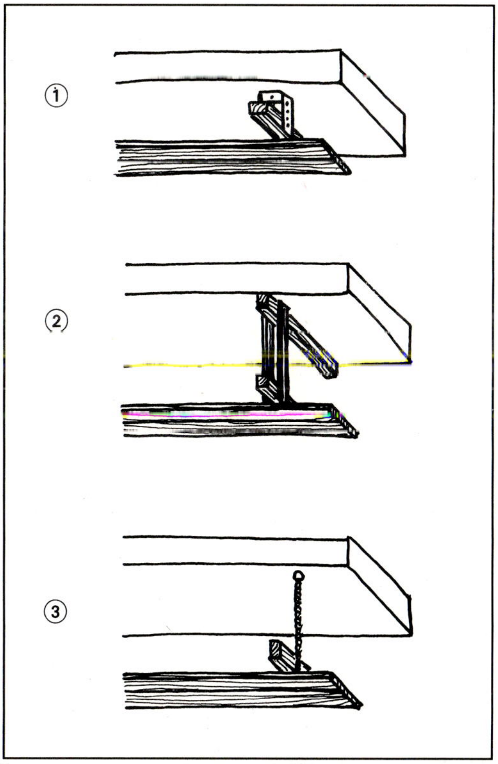

Die üblichen Haltevorrichtungen sind Profileisen (1), Holzprofile (2) und Ketten (3).

Bei der Anbringung dieser Haltevorrichtungen ist zu beachten, daß diese nur mit den Trägerbalken zu verschrauben sind. Eine Befestigung in den dazwischenliegenden, meist sehr dünnen Platten, die das Schüttmaterial der Decke halten, ist nicht möglich.

Sollten auch Befestigungspunkte zwischen den Holzträgern gebraucht werden, sind dafür zunächst quer zu den Trägerbalken kräftige Dachlatten zu montieren. Erst an diesen Dachlatten können dann die Halterungen befestigt werden.

Beim Material der abgehangenen Deckenausführung sollten nur leichte Stoffe verwendet werden, wie z. B. Korkplatten, die auf einer dünnen Lattenkonstruktion aufliegen.

Mit der Konstruktion der abgehangenen Decke erreichen wir durch den Luftraum und die eventuell eingelegten Dämmstoffe, daß sowohl der Trittschall der darüberliegenden Wohnung gemindert wird, als auch Geräusche nicht mehr durch die Decke dringen.

Aber wie schon eingangs erwähnt, ist eine solche Konstruktion nur gelegentlich bei alten Holzbalkendecken notwendig.

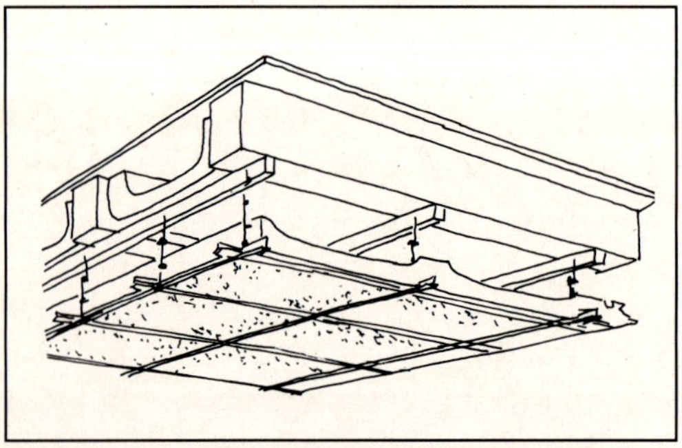

Für diese abgehangene Decke wurden zunächst Dachlatten mit den Trägerbalken verbunden. An den Dachlatten wurden dann Kettenelemente befestigt, die ein Holzprofilraster mit eingelegten Dämmkorkplatten halten. Das Holzraster kann dann z. B. mit Stoff verkleidet werden.

Kompromisse bei der Bodensanierung

Wenn durch die eben beschriebenen zusätzlichen Aufbauhöhen die Raumhöhe zu empfindlich abnimmt oder durch ein Mietverhältnis die sanierenden Bodenaufbauten nicht möglich sind, bieten sich Kompromisse an, die zumindest zu einem Teil die von uns gewünschten Bodenqualitäten erzielen.

So eignen sich Teppichböden als Puffer auf konventionellen Estrichbelägen. Hier insbesonders der Kokosbelag, weil er eine federnde und damit trittelastische Funktion übernimnmt, die durch eine Filzunterlage noch verbessert werden kann.

Bei Zementestrich und Trockenestrich-Gipsplatten empfiehlt sich bei radioaktiver Belastung eine strahlenbrechende Beschichtung aus Linoleum.

Linoleum ist auch bei radioaktiven Fliesen oder Natursteinbelägen zu empfehlen. Vor dem Verlegen des Linoleums müssen jedoch Unebenheiten und Fugen ausgespachtelt werden.

Sollten sich Mineralfaserstoffe unter dem nicht entfernbaren Estrich befinden, der als schwimmende Konstruktion ausgebildet ist, so empfiehlt sich eine Wasserglasbehandlung der seitlichen Trennfugen zur Wand, um die Faserstaubentwicklung dort abzuriegeln.

Als Mieter ist es interessant zu wissen, welche Bodenbeläge beim Auszug mitgenommen werden können.

Hierzu zählen sämtliche textilen Bodenbeläge, die entweder verspannt oder mit doppelseitigem Klebeband verlegt wurden.

In letzter Zeit sind aber auch schon die ersten biologischen Kleber auf den Markt gekommen, die eine sogenannte

Wiederaufnahme, also ein Entfernen ohne Beschädigung, ermöglichen.

Teilweise können auch Dielenbeläge, die auf Lagerholzkonstruktionen verlegt sind, entfernt und wiederverwendet werden.

Ein Bodenbelag ist maßgeblich daran beteiligt, daß die Decke die für uns wichtigen Eigenschaften behält, beziehungsweise schlechtere Ausprägungen neutralisiert werden. Zudem soll unser Bodenbelag eine ästhetische Oberflächenwirkung erzeugen.

Nachfolgend will ich kurz im Bild die Bodenbeläge vorstellen, die unsere Forderungen erfüllen und zudem nichtbaubiologische Wirkungen zumindest abschwächen können.

Landholzdielenboden (die Verlegung ist auf Seite 177 besprochen).

Die Skizze zeigt, daß neben den rein technischen Eigenschaften einer Decke, wie Tragfähigkeit, Luftschall-, Trittschall- und Wärmedämmung auch baubiologische Eigenschaften erfüllt sein müssen. Hierzu zählen die Diffusions- und Atmungsfähigkeit, die Nichtveränderbarkeit des natürlichen Strahlungsfeldes und die Vermeidung der elektrostatischen Aufladung.

Auf textilen Bodenbelägen kann Parkett direkt verlegt werden, wie auf Seite 180 besprochen.

Durch Farbgebung und Oberflächentextur unterscheiden sich auch unglasierte Steinzeugfliesen (Verlegehinweise Seite 186).

Bodenfliesen werden in verschiedene Beanspruchungsgruppen unterteilt, die unter anderem die jeweilige Abriebfestigkeit definieren. Besonders im Dielenbereich ist eine stark belastbare Fliesenart zu wählen.

Ein Korkbodenbelag ist durch seine hohe Elastizität ausgesprochen gehfreundlich. Da Kork zur Hälfte aus Luft besteht, verschwinden auch Druckstellen von Schränken, die jahrelang an derselben Stelle standen, nach wenigen Wochen. Jeder Kubikzentimeter Kork enthält bis zu zwei Millionen geschlossene Luftzellen.

Ein Korkbodenbelag wird in Fliesenform verlegt (siehe auch Seite 175). Bei glatten und trockenen Untergründen werden die Platten direkt mit einem Naturkleber darauf verklebt. Korkfliesen haben eine durchschnittliche Stärke von etwa 4 bis 5 mm und meist quadratische Maße von ca. 30 cm Kantenlänge.

Der hier abgebildete Linoleumbelag besteht aus Korkmehl, Naturharzen und Leinöl. Er ist besonders strapazierfähig und antistatisch. Mit seiner marmorierten Struktur erzeugt er, ähnlich einem Korkbelag, eine vielfältige Oberflächenwirkung.

Sofern ein Kokosteppichbelag einen Naturlatex-Trägerrücken hat, wie hier dargestellt, kann er problemlos mit biologischen Teppichklebern vollfächig verklebt werden (siehe auch Seite 191).

Linoleumbeläge gibt es in einer großen Farbtonpalette mit verschiedensten Strukturvarianten, so daß auch bei einer Renovierung unter baubiologischen Aspekten nicht auf »modische« Farben verzichtet werden muß. Die Verlegung ist bei allen Linoleumarten identisch mit den auf Seite 195 beschriebenen Anleitungen.

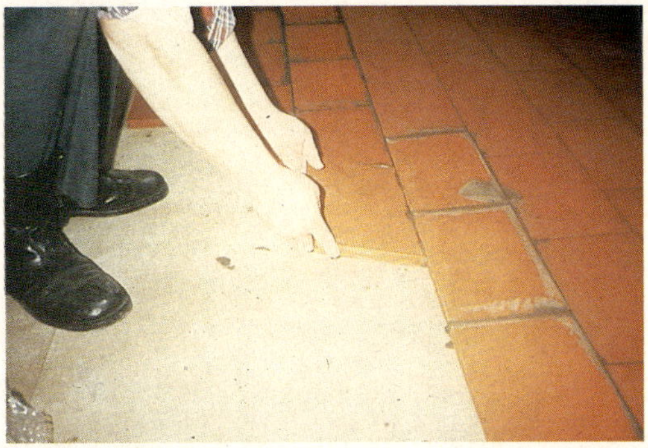

Der Ziegeltrockenestrich wird hier auf eine etwas andere Art verlegt, wie auf Seite 201 beschrieben. Hier werden die Plattenfugen nicht in Nut und Feder verklebt, sondern mit einer Traßkalkmilch ausgegossen. Für die Selbstverlegung ist jedoch die Verklebung sicherer.

Bei Ausstattung eines Zimmers in dieser Form dürfte keine Sorge mehr für eine zu geringe Atmungsaktivität bestehen. Holz ist der aktivste Baustoff. Unter dem Eßtisch liegt übrigens ein Maisstrohteppich, wie auf Seite 189 beschrieben. Daß die Anordnung der Fenster eine für uns wichtige Bedeutung hat, werde ich im nachfolgenden Kapitel erklären.

Fenster und Türen

Fenster

Das Fenster hat für uns sehr wichtige Funktionen, die sich auf unser Wohnklima, aber auch auf unsere Sinne entscheidend auswirken.

Ein Fenster ist profan betrachtet dafür da, daß es tagsüber ausreichend hell im Raum ist und durch das Öffnen des Fensters auch gelüftet werden kann.

Doch aus den vorangegangenen Betrachtungen wird deutlich, daß zum Beispiel die rhythmischen Bewegungen des Tageslichts, die durch das Fenster einfallen und im Spiel von Licht, Schatten und Farbintensitäten den Raum ausfüllen, nicht nur notwendige Stimulanzien für das menschliche Auge sind, sondern auch Einfluß auf unseren Stoffwechsel- und Hormonhaushalt haben.

Neben dem Lichteinfall läßt ein Fenster auch die wichtigsten Bioenergieträger in den Raum ein: Sonnenenergie und ultraviolette Strahlen.

Die ultravioletten Strahlen fördern das Zellwachstum wie auch die Blutbildung und töten Bakterien ab.

Bei der Behandlung der Wohnklimaten haben wir festgestellt, daß die Luftaustauschfähigkeit der Baukonstruktion wesentlich zur Qualität des Luftklimas beiträgt.

Hierbei spielt das Fenster eine entscheidende Rolle — und zwar nicht nur durch die Möglichkeit der Stoßlüftung, sondern auch und vor allem als ständige, feindosierte Dauerlüftung durch die Fugen.

Daß eine feindosierte Dauerlüftung nicht identisch ist mit einer unangenehmen Zugluft, dürfte klar sein. Wenn die Außenluft ungehindert und ohne Widerstand durch den Fensterfalz streichen kann, ist das nicht die optimale Dauerlüftung aus baubiologischer Sicht, sondern ein Mangel, den es zu reparieren gilt, bevor die ersten Erkältungserscheinungen auftreten.

Aus energietechnischer Sicht sind Fenster das schwächste Bauteil, da hier die größten Wärmeverluste zu verzeichnen sind. Das stimmt auch, nur im Detail betrachtet sind es nicht die Fensterfugen, sondern die Fensterglasscheiben, die bei Konvektionsheizungen die aufgewärmte Luft am schnellsten abkühlen.

Der Wärmeverlustanteil durch Fensterfugen liegt vor dem Kellerboden (6%) mit einem Anteil von 8% an vorletzter Stelle. Also kein Grund, um auf die einfachste Art der Dauerlüftung verzichten zu müssen. Wohl aber ist es sinnvoll, durch entsprechende Konstruktionen den Wärmeverlust durch die Fensterglasscheibe einzugrenzen.

Generell sollten wir aus baubiologischer Sicht folgende Forderungen an die Ausführung von Fenstern stellen:

Durch das Fenster soll das Tageslicht optimal genutzt werden.

So sind Fenster der Süd- und Westseite, die zudem auch im Winter eine positive Wärmebilanz aufweisen, entsprechend groß zu wählen.

In Wohn- und Arbeitsräumen, in denen wir uns tagsüber lange aufhalten, soll durch die Größe und Anzahl der Süd- und Westfenster das Tageslicht in seinem ganzen Rhythmus den Raum erfüllen können.

Fenster der Nord- und Ostseite sollten hingegen kleinere Flächen haben. Räume auf der Nord- und Ostseite sollten zudem nicht als dauernde Tagesaufenthaltsräume genutzt werden.

Die Fensterfugen sollten eine Dauerlüftung gewährleisten.

Fensterscheiben sollten vor starkem Wärmeverlust geschützt werden. Das kann durch Doppelverglasung und Einbau von Roll- oder Fensterläden geschehen.

Das Material der Fensterscheibe muß die ultravioletten Strahlen ungehindert in den Raum dringen lassen.

Die Rahmenkonstruktion des Fensters muß atmungsaktiv sein.

Fensterisolierung

Die einfachste Methode zur nachträglichen Isolierverglasung ist der Einsatz einer zweiten Glasscheibe.

Diese zweite Scheibe kann mit einem Vorsatzprofil, noch einfacher mit zwei dünnen Lattenrahmen, befestigt werden.

Diese Konstruktion kann sowohl außen wie innen angebracht werden.

Die einzubringende Scheibe darf jedoch nicht auf dem alten Fensterrahmen aufliegen, sondern nach unten hin mit der Oberkante des Profils bzw. der Latte abschließen. Das kann durch Aufliegen auf kleine Holzkeile erreicht werden.

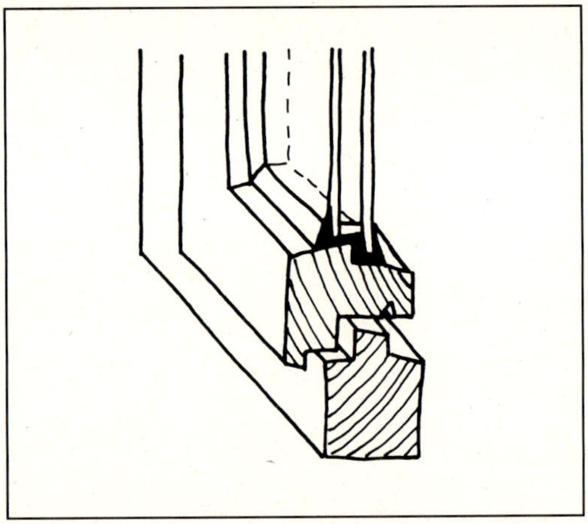

Hier wurde mit einem Vorsatzprofil von innen eine zweite Fensterscheibe angebracht. Je nach vorhandenem Platz kann die Scheibe auch von außen vorgesetzt werden.

In die äußere Latte sind dann zwei bis drei Lüftungs- und Entwässerungsöffnungen zu bohren. Die vorgefertigten Vorsatzprofile sind mit diesen Öffnungen meist schon ausgerüstet.

Der Abstand zwischen den beiden Scheiben sollte zwischen 1 und 2 cm liegen. Die so gebildete Luftschicht zwischen den beiden Scheiben wirkt wärmeisolierend und kann den Energieverlust bis zu 50% mindern.

Eine weitere Möglichkeit ist, von innen einen weiteren Flügel auf den Fensterrahmen zu schrauben. Dadurch kann die Zusatzscheibe aus einfachem Flachglas sein.

Eine etwas aufwendigere Sanierung von Einfachverglasungen bietet die Konstruktion eines zweiten Fensters, das je nach vorhandenem Platz außen oder innen vorgebaut werden kann.

Zwischen den beiden Fensterkonstruktionen sollte ein Abstand von ca. 20 cm bestehen, um ein problemloses Öffnen beider Fensterflügel zu gewährleisten.

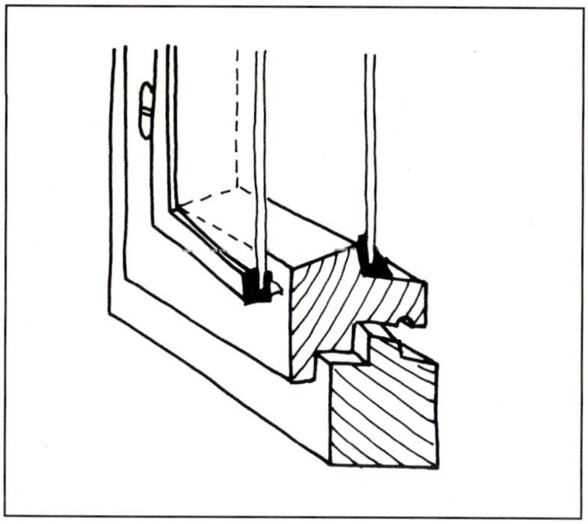

Hier wurde die zusätzliche Scheibe in eine dünne Flügelkonstruktion gesetzt und mit Scharnieren am Innenrahmen befestigt.

Durch den regulierbaren Lüftungsschieber kann eine Dauerlüftung genau dosiert werden.

Beide Fensterteile ergeben dann zusammen ein Kastenfenster. Neben einer Minderung des Energieverlustes bietet eine solche Konstruktion auch eine Reduzierung des Straßenlärmpegels.

Neue Fenster, die im Zuge der Renovierung eingebaut werden, sollten alle Forderungen, die wir an die Funktion stellen, schon in ihrer Konstruktion beinhalten.

Empfehlenswert sind Holzfenster mit Isolierverglasung und einem eingebauten Lüfter mit stufenlos einstellbarem Lüftungsschieber.

Unübertroffen sind auch die traditionellen Kastenfenster, die zu Zeiten vor dem Eisschrank auch zur Kühlung von Lebensmitteln benutzt wurden.

Durch den Luftraum zwischen den beiden etwa 10 bis 25 cm entfernten Einzelrahmen entsteht ein Zwischentemperaturbereich, der den Wärmeverlust um ca. 70% verringert.

Mit dem Kastenfenster wird auch ein besonders guter Schallschutz erreicht.

Nach außen gesetzte Kastenfenster.

Neue Kastenfenster haben eine durchgehende Leibung.

Aus- und Einbau von Fensterrahmen

Beim Ein- und Ausbau werden als erstes die Fensterflügel aus den Rahmen genommen.

Beim Ausbau sind dann das Fensterbrett und etwaige Verkleidungen abzumontieren.

Ein Fensterrahmen kann durch Anker oder durch Dübel gehalten werden.

Sind sie durch Dübel gehalten, ist das durch die Schraubköpfe in der Fensterleibung erkennbar. Die Schrauben müssen dann herausgedreht werden.

Bei einer Ankerverbindung müssen wir kurz unter- beziehungsweise oberhalb der Ecken die Wand ein Stück freistemmen. Sollte das Fenster nicht mehr verwendet werden, können wir auch den Verblendrahmen zunächst entfernen, um die genauen Stellen der Ankerverbindung zu lokalisieren.

Sind Dübel oder Anker entfernt, wird der Fensterrahmen nur noch von Holzkeilen gehalten. Diese Holzkeile müssen vorsichtig herausgestemmt werden, da mit dem Entfernen der Keile der Fensterrahmen keinen Halt mehr hat.

Beim Einbau des neuen Fensterrahmens gehen wir dann in umgekehrter Reihenfolge vor.

Zur Vorbehandlung sollten neue, unbehandelte Rahmen zunächst mit einer Leinölgrundierung gestrichen werden, um sie vor Verunreinigungen während der Montage zu schützen.

Der Rahmen wird in der Wandaussparung zunächst auf Keile gesetzt, die jeweils ein Stück von den Ecken entfernt sind, und dann mit der Wasserwaage senkrecht und waagerecht ausgerichtet. In der ausgerichteten Position wird der Fensterrahmen dann endgültig verkeilt.

Die Keile sind jeweils in den gleichen Abständen zu den Ecken zu setzen, damit sich der Rahmen nicht verzieht.

Anschließend wird der Rahmen mit Ankern oder entsprechend ausgebildeten Eisenbändern mit dem Mauerwerk verbunden.

Beim Einbau eines neuen Fensters ist es sinnvoll, damit einen Fachmann zu beauftragen. Nur bei entsprechend handwerklichen Kenntnissen kann eine so sichere Befestigung des Rahmens erfolgen, daß eine Gefahr der späteren Rißbildung oder gar ein Verziehen des Rahmens ausgeschlossen werden kann.

Die verbleibenden Fugen zwischen Fensterrahmen und Mauerwerk werden dann mit leinölgetränkter Schnur oder Filzstreifen abgedichtet.

Anschließend kann die Fuge, entsprechend dem Material des Wandverputzes, beigeputzt werden.

Fensterglas

Einfaches Fensterglas läßt ultraviolettes Licht nur zu einem sehr geringen Teil durch, es filtert etwa 80% des UV-Lichtes aus.

Daher sollten einfache Glasscheiben gegen Acryl- oder Quarzglasscheiben ausgetauscht werden, die das ultraviolette Licht ungehindert durchlassen.

Bei Kastenfenstern reicht es, wenn die nach außen gerichtete Scheibe aus diesem biologisch hochwertigen Glas besteht.

Das innenliegende Kastenfenster kann dann aus normalem Fensterglas bestehen, das dann geöffnet die gesundheitlich hochwirksame UV-Strahlung in den Raum dringen läßt.

Beim Ausbau einer alten Fensterscheibe sollte der Kitt immer möglichst in Faserrichtung des Holzes entfernt werden. Zum Entfernen des Kitts gibt es spezielle Glasermesser, jedoch reicht bei entsprechender Sorgfalt auch ein schmaler Flachmeißel oder vergleichbares.

Die sogenannten Glaserstifte werden vorsichtig vom Glas weggebogen und herausgezogen.

Beim Einbau der neuen Glasscheibe ist darauf zu achten, daß diese etwa 3 bis 4 mm kleiner ist als der Rahmenfalz des Fensters.

Dann wird Leinölkitt (Rezept Seite 149) zur Hand genommen, der mit Daumen und Zeigefinger in den Falz gedrückt wird. In den ausgekitteten Falz wird dann die Glasscheibe gepreßt.

Dicht an der Glasscheibe werden dann Glaserstifte eingeschlagen, die das Fenster halten.

Anschließend wird wieder Leinölkitt vor der Scheibe in den äußeren Falz gefüllt und mit einem Spachtel glattgestrichen. Aus dieser Kittmasse darf kein Glaserstift herausragen.

Um an den Ecken eine saubere Gehrung zu erhalten, ist meist ein Nachmodellieren mit einem spitzen Messer notwendig.

Rolladen und Fensterläden

Zwischen einer Doppelverglasung kann ein Spezial-Rollo angebracht werden, das dann Sonnenschutz- und Wärmedämmfunktionen übernimmt. Solche Spezial-Rollos gibt es aber auch als Vorsatzkonstruktionen.

Ein nächtlicher Energieverlust kann hiermit vermindert werden; es lassen sich dadurch etwa 20% des Energiebedarfs einsparen.

Ähnliche Effekte lassen sich auch mit einer Rollade erzielen. Ein nachträglicher Einbau ist jedoch nur sinnvoll, wenn dabei gleichzeitig neue Fenster installiert werden.

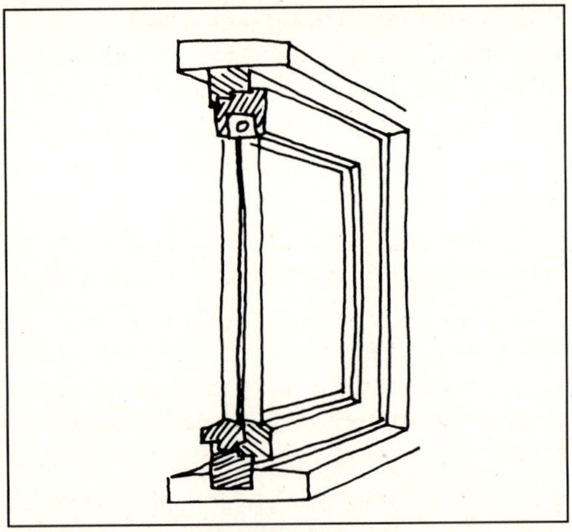

Die Rollo-Vorrichtung ist hier in den Fensterrahmen so eingelassen, daß sich das Rollo zwischen den beiden Glasscheiben befindet.

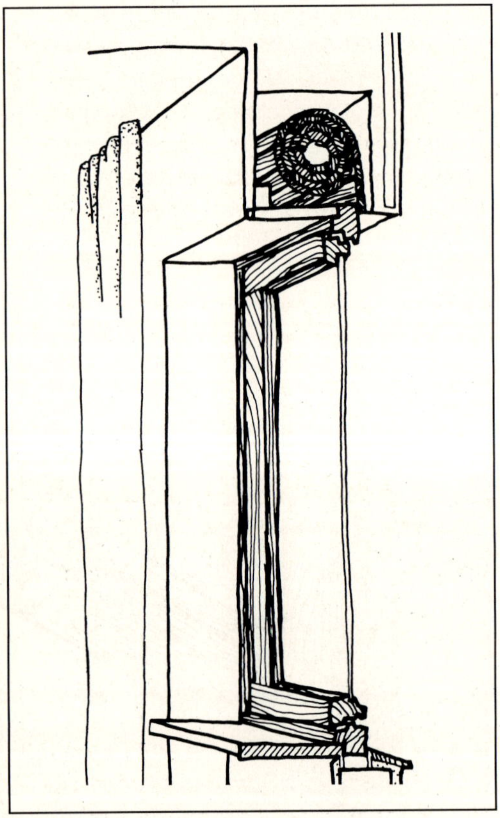

Unterhalb des Mauersturzes wird der Rolladenkasten vor dem aufgedoppelten Blendrahmen angebracht.

Für den Rolladenkasten muß der obere Blendrahmen des Fensters aufgedoppelt werden, was zu einer Verkleinerung der Fensterfläche führt.

Ferner muß für die Rolladenführung außen eine Leibungstiefe von etwa 15 cm freigehalten werden.

Da Rolladenkästen sogenannte Wärmebrücken bilden, ist auf eine ausreichende Dämmkonstruktion zu achten (vergleiche auch Seite 99).

Einfacher im Einbau sind Fensterläden, die ebenso einen temporären Wärmeschutz bieten. Dieser nächtliche Wärmeschutz kann je nach der Dicke der Läden oder Paßgenauigkeit der Fugen und Anschlüsse zur Wandöffnung unterschiedlich ausfallen.

Eine einfache Herstellung von Fensterläden kann durch Profilhölzer mit Nut- und Federausbildung erfolgen.

Hierzu werden zunächst die Bretter in Nut und Feder miteinander verleimt und

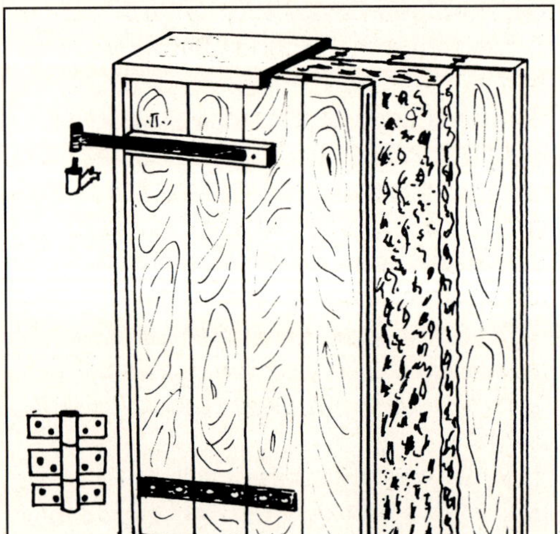

Die Holz- und Korkplatten sollten miteinander verleimt und zusätzlich noch mit Schrauben und Muttern verbunden werden. Als Langbänder eignen sich Eisenbänder oder auch Holzlatten. Unabhängig von der Scharnierausführung müssen diese vollflächig aufliegen.

auf Größe geschnitten. Zwischen zwei der so hergestellten Platten wird nun eine stabile Dämmlage, am besten Backkork, eingelegt und mit einem Randprofil zu einer Einheit zusammengefügt.

Langbänder sollten nun oben und unten alle Bretter zusammenfassen, die dann mit einem kräftigen Scharnier, das auch Sturmböen aushält, am Mauerwerk befestigt werden.

Um die Läden in Position zu halten, sind noch entsprechende Außen- und Innenriegel zu montieren.

Fensterausbesserungen

Läßt sich ein Fenster nicht richtig schließen, dann ist gewöhnlich das Holz des Blendrahmens oder des Fensterflügels infolge schlechten und nicht rechtzeitig erneuerten Anstrichs im Falz gequollen.

Die scheuernden Stellen erkennen wir meist an den Schleifspuren im Anstrich. Sonst kann ein schmaler Papierstreifen in den Falz eingelegt werden. Wenn wir dann das Fenster schließen, erkennen wir an den zerdrückten Papierstellen, wo das Fenster klemmt. Ist die Stelle lokalisiert, kann diese je nach Stärke der Schleifspur abgehobelt oder abgeschliffen werden.

Die so behandelte Stelle muß danach jedoch wieder gestrichen werden.

Wenn durch ein geschlossenes Fenster Zugluft dringt, kann es daran liegen, daß die Verschlüsse zu viel »Spiel« haben. Das Fenster läßt sich dann einige Millimeter im Blendrahmen bewegen, obwohl der Riegel geschlossen ist. Hier müssen wir — je nach Konstruktion — entweder den Hakenkloben tiefer einschlagen, die Befestigungsschraube des Vorreibers mehr eindrehen oder das Schließblech etwas versetzen.

Oder das Holz ist geschwunden, so daß die Luft ungehindert und ohne Widerstand durch den Falz streichen kann. In diesem Fall dichten wir den Falz mit einem Dichtungsstreifen aus Rollfilz ab.

Einige Hersteller bieten hierfür aber auch Natur-Dichtungsmassen an, deren Aushärtung allerdings relativ lange dauert.

Beim Abdichten des Fensters ist aber darauf zu achten, daß die feindosierte Dauerlüftung erhalten bleibt. Durch sie wird dem Raum stetig kühle, trockene Außenluft zugeführt, die den überschüssigen Wasserdampf aufnehmen kann und dadurch eine Kondensatwasserbildung an der Außenwand vermeidet.

Ein luftdichter Abschluß würde diese regelmäßige Luftzufuhr unterbinden.

Reparaturen wie das Ausfüllen von Fugen oder Gehrungen und der Ausgleich von entferntem, verrottetem Material lassen sich mit einem Holz-

Gilt es größere Flächen auszufüllen, sollte statt Leinölkitt lieber eine Holzspachtelmasse verwendet werden.

spachtel bewerkstelligen, der aus Wasserglas, Schlämmkreide und Sägemehl hergestellt wird. Von Naturfarbenherstellern werden aber auch bereits fertige Naturharzöl-Lackspachtelmassen angeboten.

Bei zu dicht schließenden Fenstern ist mit einem Fachmann der nachträgliche Einbau von Lüftungseinsätzen oder ein stellenweises Durchbohren, wobei jedoch mögliche Feuchtigkeitsprobleme auftreten können, zu besprechen.

Auch das Herausnehmen der Dichtungsprofile wäre ein Ausweg, der nach dem Energieeinsparungsgesetz jedoch nicht erlaubt ist.

Oberflächenbehandlung

Fensterrahmen sind mit Bestandteil der Außenfassade und auch den gleichen Witterungseinflüssen unterworfen.

Wie bereits bei der allgemeinen Holzoberflächenbehandlung erklärt, sollte daher der Schichtaufbau eines Fensterrahmens mit dem der Außenwand vergleichbar sein. Auch hier also unsere Forderung nach einer von innen nach außen zunehmenden Dampfdiffusionsfähigkeit. Dementsprechend müssen wir für den Außenbereich einen Anstrich wählen, der offenporiger ist als der Innenanstrich des Fensterrahmens.

So empfiehlt sich bei Fensterkonstruktionen, die nur aus einem Rahmen bestehen, als Außenbehandlung eine Naturharzöl-Imprägnierung (Rezept Seite 154), die jedoch mit mindestens 5% Pigmentierung versehen werden muß. Bei Fenstern der Süd- und Westseite sollte sogar eine Farbpigmentierung von 7 bis 15% erfolgen. Die Erd- bzw. Mineralfarbenpigmente schützen das Holz vor dem Ergrauen.

Die Vorbehandlung für einen Erstanstrich auf unbehandeltem Holz sollte das Wässern mit einem feuchten Schwamm sein. Im Anschluß daran folgt eine Behandlung mit Borsalz und Wasser im Verhältnis 7 zu 1. Nach dem Trocknen (ca. 24 Stunden) erfolgt die Anwendung des Naturharz-Imprägniergrundes mit anschließendem Schleifen.

Beim Renovierungsanstrich müssen wir zuvor je nach vorhandener Oberfläche (siehe Seite 146) diese entweder entfernen oder anschleifen. Danach werden auch hier die freigelegten Teile mit Borsalz behandelt und nun gegebenenfalls gespachtelt, gekittet und geschliffen.

Nun folgt der erste Lasuranstrich mit entsprechendem Zusatz von Erd- beziehungsweise Mineralfarbpigmenten, nach dem Trocknen der zweite Lasuranstrich mit gleicher Zusammensetzung.

Für den Innenanstrich muß dann eine Behandlung erfolgen, die nicht so offenporig ist. Dafür eignen sich Bienenwachsbehandlungen, Leinölfirnis oder Ölfarben.

Wir erhalten jedoch auch das gleiche Dampfdiffusionsverhalten, wenn wir denselben Außenanstrich im Innenbereich mit ein bis zwei zusätzlichen Schichten auftragen.

So eignen sich hierfür auch Ölfarben (Seite 153) und mit dem bekannten Vorbehalt auch Naturharzlack- oder -ölanstriche (Seite 155).

Auch bei diesen Anstrichen ist eine Vorbehandlung mit der Borsalzlösung notwendig, um so das Holz gegen Feuchtigkeit stärker zu schützen.

Bei Kastenfenstern, die ja über zwei Fensterrahmen verfügen, sollte der äußere Rahmen so beschichtet werden, wie gerade erklärt. Für den inneren, zweiten Rahmen sollte zur Außenseite ein mehrfacher Leinölfirnisanstrich und zur Innenseite ein Ölfarbenanstrich erfolgen.

Türen

Außentüren

Zu empfehlen sind prinzipiell Massivholztüren, die ähnlich den Fenstern eine feindosierte Dauerlüftung ermöglichen und zusätzlich für eine zufriedenstellende Atmungsaktivität Sorge tragen.

Aus Gründen der Schalldämmung sollte eine Außentür eine Mindestdicke von 7 bis 8 cm haben.

Die Oberflächenbehandlung der Holzaußentür ist identisch mit dem gerade beschriebenen Schichtaufbau der Fensterrahmen.

Metall- oder Kunststoffaußentüren können eventuell mit Lüftungsöffnungen, die aber ein Fachmann anbringen muß, nachgerüstet werden.

Eine Minderung des elektrostatischen Aufladevermögens von Kunststofftüren können wir durch eine Bienenwachsbeschichtung (Seite 150) erreichen.

Innentüren

Auch hier sind für unsere Belange massive Holztüren am sinnvollsten; einmal in bezug auf mögliche Schadstoffemissionen, zum anderen entsprechen nur sie unseren Forderungen nach Materialechtheit.

Wie bereits im Beurteilungsteil beschrieben, sind die meisten, heute üblichen Innentüren Rahmenkonstruktionen, die entweder völlig hohl oder mit irgendwelchen leichten Dämmstoffen gefüllt sind.

Zum Austausch einer solchen Innentür gibt es aber auch einige wirksame alternierende Möglichkeiten:

So können zum Beispiel auf die Türblätter, sofern sie sich nur durch Materialunechtheit auszeichnen, Holzplatten oder Profilhölzer aufgeschraubt, bei Span- oder Sperrholzplatten auch aufgeleimt werden.

Hierbei ist zu beachten, daß ein Abstand zum Rand eingehalten wird, damit das Türblatt sich weiter problemlos in den Falz der Türzarge legen kann.

Auch ein Auswechseln des Türblatts ist möglich.

Ebenso kann zwischen den Türblättern eine Füllung eingelegt werden, um so die Schalldämmung zu erhöhen. Dafür empfehlen sich Korkplatten.

Für alle Arbeiten wird die Tür ausgehängt und Rosette wie auch Klinke abmontiert.

Für eine Schalldämmung prüft man nun, ob der Vierkantdorn für die größere Blattdicke verlängert werden kann, sonst müßte eine neue Schloßgarnitur eingebaut werden.

Dann schneiden wir Umleimerleisten so zu, daß ihre Außenkanten gegen die Türblattkanten um ca. 8 mm zurückstehen.

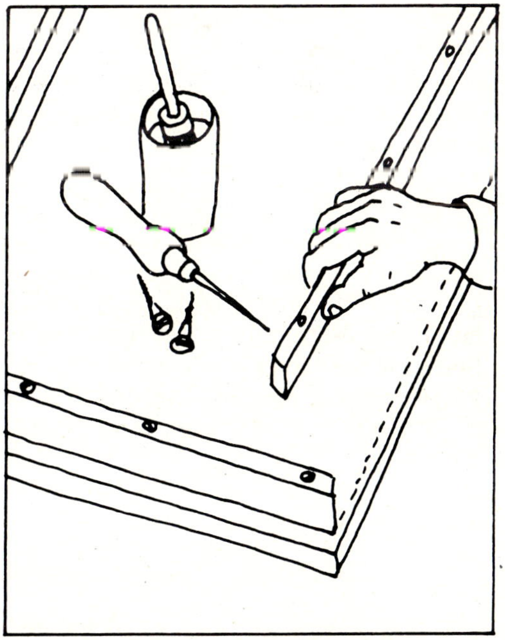

Die Leisten werden auf Gehrung geschnitten, mit biologischem Leim eingestrichen und etwa alle 30 cm festgeschraubt.

Die Leisten müssen die gleiche Dicke wie die Korkplatten haben, die nun in das vorbereitete Feld eingeklebt werden.

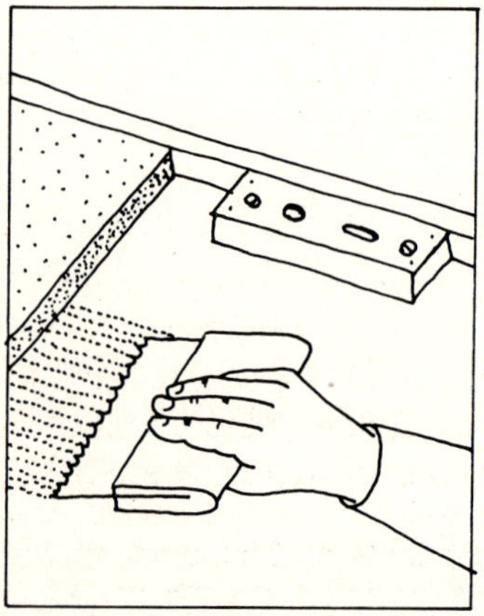

Nachdem das Schloß wieder montiert wurde und die Löcher für Vierkantdorn und Schlüssel gebohrt sind, wird die Tür mit einer Sperrholzplatte verleimt.

Wer es sich einfacher machen will, kann sie auch mit einem Nesselgewebe überspannen.

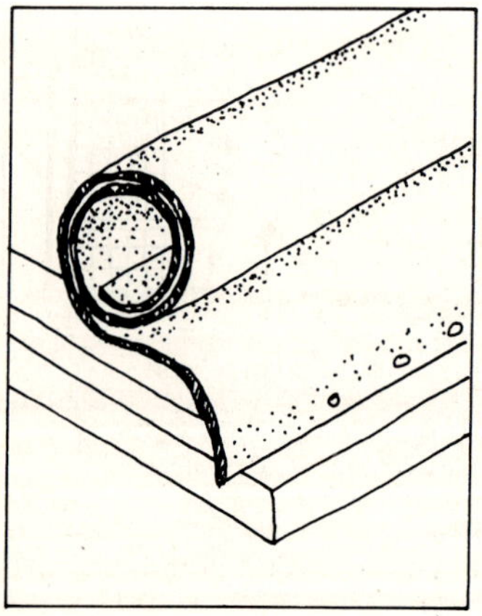

Oberflächenbehandlung

Türen sind häufig furnierte Spanplattenaufbauten, die oft eine zu hohe Formaldehydbelastung aufweisen. Wenn ein Austausch der so verseuchten Türblätter nicht möglich oder gewollt ist, schafft eine Bedampfung mit Ammoniakgas Abhilfe.

Da Türen innen dampfoffen sind, werden sie an der Türfalzseite und an der Unterseite alle 2 cm durchbohrt.

In einem Abstellraum mit geringer Lüftung auf Hölzern aufgereiht, werden die zu behandelnden Türen mit 30 bis 40%igem Ammoniak, den wir in eine Schale füllen, zwei Wochen lang begast. Für eine Tür werden wir etwa 0,2 l Ammoniak brauchen.

Bei den Arbeiten ist eine Gasmaske zu tragen. Der Vermieter ist von diesen Arbeiten in Kenntnis zu setzen.

Bei einer anschließenden intensiven Lüftung verbleiben die Türen im Raum. Danach werden die Löcher mit Holzdübeln verschlossen.

Für eine Oberflächenbehandlung können die Flächen dann abgeschliffen werden.

Bei Kunststofftürblättern reduziert sich durch Wachsen der Oberfläche die elektrische Aufladung.

Bei Holztüren ist die Oberflächenbehandlung identisch mit allen unter dem Kapitel Holzoberflächen (Seite 146 bis 162) beschriebenen Rezepturen.

Besonders für Innentüren geeignet sind Naturharzöl-Imprägnierungen mit anschließender Naturharzöllasur (Seite 154), Leinölfirnisanstriche mit anschließender Wachsbehandlung (Seite 150), Ölfarbenanstriche (Seite 153) oder eine Decklackbehandlung (Seite 155).

Haustechnik

Bei der Betrachtung des Wohnklimas konnten wir erkennen, daß unsere Versorgungssysteme mit der Qualität des Wohnklimas verknüpft sind und so eine Wechselbeziehung zwischen Qualität und Quantität dieser Haustechnik sich auf unsere Wohnklimaten unmittelbar auswirkt.

Diese Auswirkungen auf das Wohnklima werden bestimmt durch die Heizungsart, die in erheblichem Maße die Qualität des Luftklimas beeinflußt (vergleiche Seite 67 bis 76), durch die Sanitärinstallation, die die geobiologischen Feldwirkungen mitbeeinflußt (vergleiche Seite 64) und die Elektroinstallation, die je nach Ausführungs- und Ausstattungsgrad unser Elektroklima vorrangig beeinflußt.

Da alle wechselseitigen Beeinflussungen von Elektro-, Sanitär- und Heizungsinstallation sich nur qualitätsmindernd auf unser Wohnklima auswirken, sollte jede Art der Haustechnik nur so sparsam wie möglich verwendet werden.

Das gilt sowohl in bezug auf die Quantität der Ausstattung als auch in bezug auf den Energieaufwand.

Geringster Energieaufwand bei optimaler Ausbeute sollte oberstes Gebot sein.

Heizung

Das System einer Strahlungsheizung funktioniert nach dem Prinzip der Natur: die Sonne ist eine »Strahlungsheizung«.

Wie wir im Kapitel Temperaturklima (Seite 69) bereits feststellten, kommt es

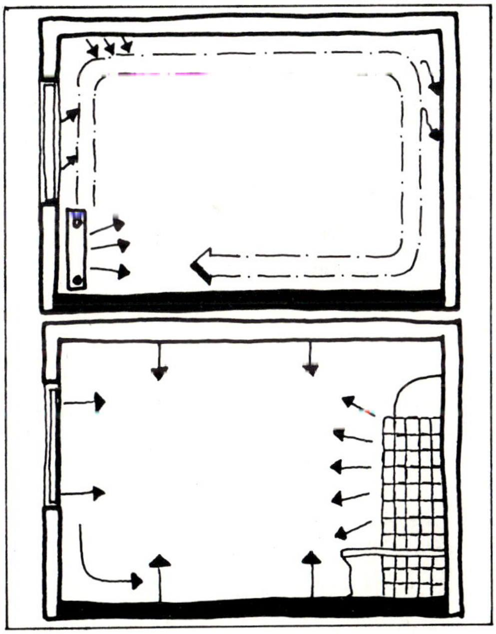

Oben das Prinzip einer nicht empfehlenswerten Konvektionsheizung, bei der die erzeugte Warmluft durch die Kaltluftzufuhr am Fenster ständig Luft- und damit auch Schwebstaubwirbel bildet.

Unten das Prinzip einer Strahlungsheizung; die Wärmeverteilung erfolgt hier nicht über die Raumluft, sondern über die Oberflächen.

bei einer Strahlungsheizung nur zu einer geringen Luft- und Staubzirkulation.

Physikalisch bedeutsam ist, daß die Wärmestrahlen viel tiefer in die Haut eindringen und daher wirksamer sind als warme Luft.

Bei einer Strahlungsheizung ist die Oberflächentemperatur entscheidend und nicht die Raumlufttemperatur, die dann mit etwa 18 °C bereits ausreichend ist.

Die Strahlungswärme nimmt im Raum quadratisch mit der Entfernung ab, so daß sich jeder den für ihn geeigneten Platz auswählen kann.

Diese Art der Wärmeübertragung ist in vielfacher Hinsicht gesünder als die heute üblichen Konvektionsheizungen mit Raumlufttemperaturen von 22 °C, die unter anderem für Erkältungskrankheiten oder eine ungesunde Flachatmung förderlich sind.

An Strahlungsheizungen stehen uns verschiedene Versionen zur Verfügung.

Strahlbandheizsysteme

Strahlbandheizungen erzeugen durch die gleichmäßige Erwärmung von Fußboden und Wandflächen ein gesundes, natürliches Raumklima.

Die Strahlungswärme wird über Heizleisten abgegeben.

Strahlbandheizungen können über Niedertemperaturkessel betrieben werden. In diesen Kesseln wird Wasser auf etwa 50 °C erhitzt, das dann durch eine elektrische Umwälzpumpe in das Heizrohrsystem befördert wird.

Diese Betriebstemperatur und die Oberflächenwärmeverteilung, die bei einer Stoßlüftung nicht, wie bei der Konvektionswärme, die gesamte Wärmeenergie nach außen verliert, sichern einen geringstmöglichen Heizenergieverbrauch.

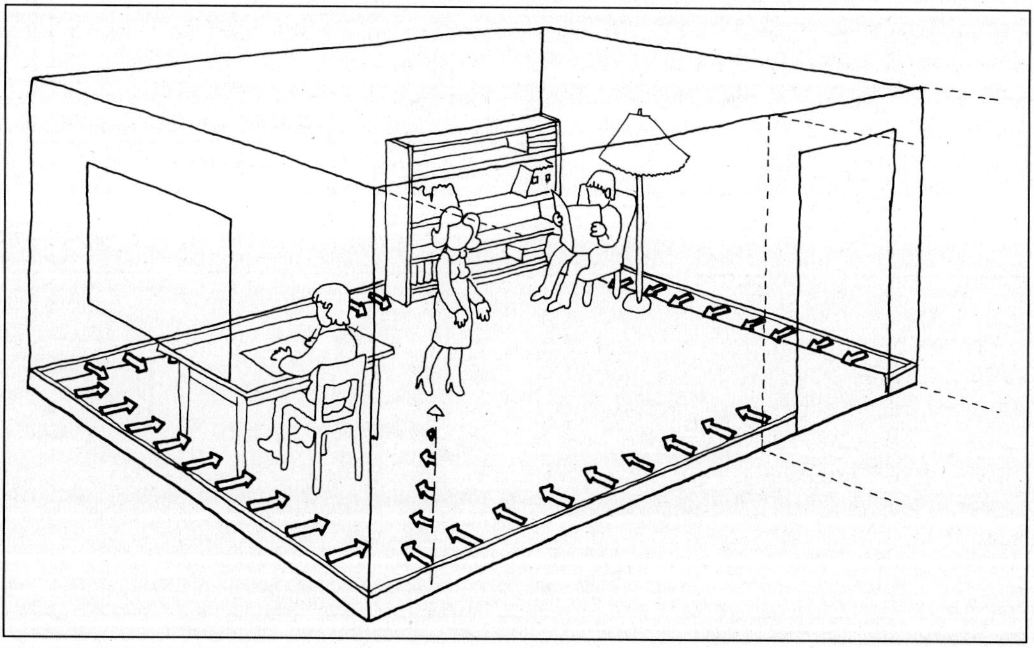

Eine Strahlbandheizung erzeugt nur bei Heizbeginn Konvektionswärme. Sobald die darüberliegenden Wände aufgewärmt sind, erfolgt die Wärmeabgabe nur noch als Strahlungswärme.

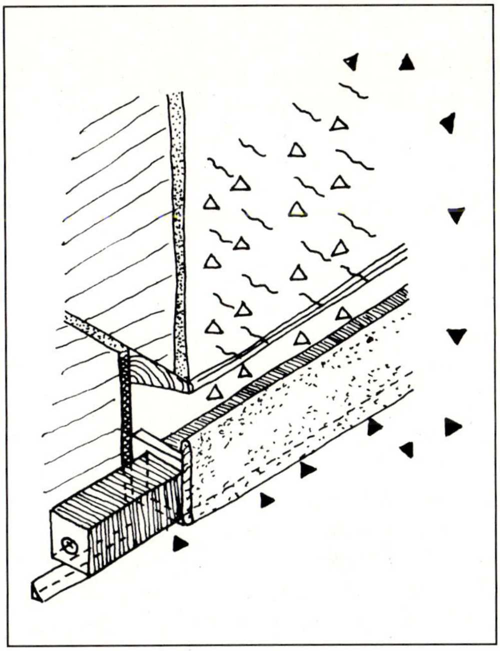

Die Aufheizung zur Betriebswärme im Kessel erfolgt durch Öl oder Gas.

Bei der Installationsausführung der Heizungsrohre ist zu beachten, daß sie möglichst nur entlang den Außenwänden verlaufen und auf jeden Fall nicht quer durch einen Raum geführt werden, um geobiologische Störfeldzonen auszuschließen.

Bei bestehenden Heizsystemen, z. B. einer zentralen Warmwasserheizung, können davon die installierten Heizungsrohre bei gleichem Rohrquerschnitt übernommen werden.

Jedoch sind durch die veränderten Standorte der Strahlbandkörper meist zumindest Teilerneuerungen der Rohrleitungen erforderlich.

Eine Übernahme des Heizkessels ist dann möglich, wenn die Vorlauftemperatur auf den Bereich von 40° bis 70 °C reguliert werden kann.

Strahlbandheizungen gibt es in verschiedenen Systemen, die sich jedoch nur in der Ausführungsart der Strahlungskörper unterscheiden.

Lamellenheizleisten

werden entlang den Außenwänden als niedrige, langgestreckte Heizkörper aus Kupferrohr und Aluminiumlamellen installiert.

Wie bei dem im Anschluß beschriebenen Rundum-Modulsystem erzeugen sie beim Heizbeginn Konvektionswärme,

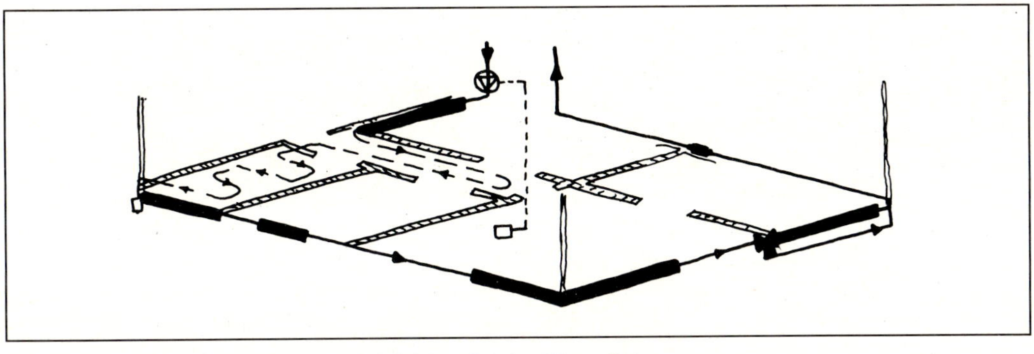

Das Installationsprinzip der Lamellenheizleisten für eine Etagenheizung.

die die darüberliegenden Wände aufheizen. Erst wenn die Wände die Wärme reflektieren, was etwa 20 Minuten nach Heizbeginn der Fall ist, kommt es zur Strahlungswärmeübertragung.

Bei diesem System sind für die nachträgliche Installation eigens Rohrabdeckleisten entwickelt wurden, um dieses Heizsystem nicht unbedingt in der Wand verlegen zu müssen.

Rundum-Modulsystem

Hierbei wird ein wasserführendes Aluminiumprofil aus einem Stück rund um den Raum nach dem Prinzip der Wärmehülle geführt.

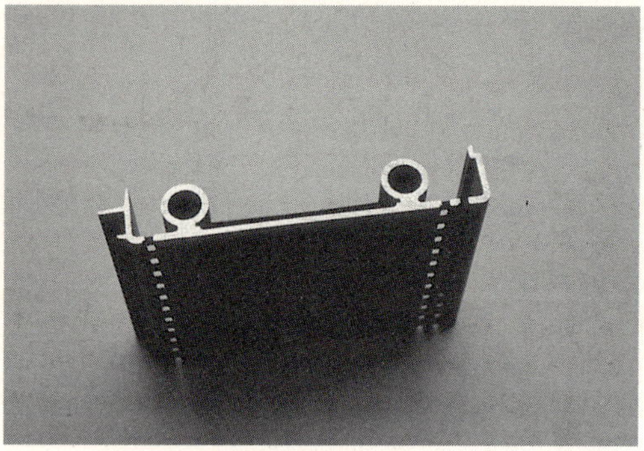

Das Aluminiumprofil umhüllt dabei die Umfassungsflächen des Raumes gleichmäßig mit Wärme.

Kachelofen

Als annähernd baubiologische Heizung (mit einem Konvektionsanteil von ca. 10 %) kann der Kachelofen bezeichnet werden, wenn er als sogenannter Grundofen aus Lehm oder Ziegeln konstruiert ist.

Ein Grundkachelofen gibt, im Gegensatz zu einem Warmluftkachelofen mit Luftaustrittsöffnungen, die Wärme nur über seine Oberfläche an die Umgebung ab. Zwischen dem Wärmeerzeuger und der Oberfläche besteht bei einem Grundofen kein Luftzwischenraum.

Die im Innern des Kachelofens erzeugte Wärme liefert eine Oberflächentemperatur, die behaglich erwärmt.

Hierbei geben die Kacheloberflächen die Wärme nur sehr langsam an die umgebende Raumluft ab, so daß der Konvektionsanteil nur gering ist.

Der Grundofen ist in seiner Wärmeabgabe jedoch begrenzt. Die Aufheizzeit liegt im Schnitt bei etwa zwölf Stunden, die Speicherwirkung ist ebensolang.

In einem Grundkachelofen sollte nur Holz verbrannt werden.

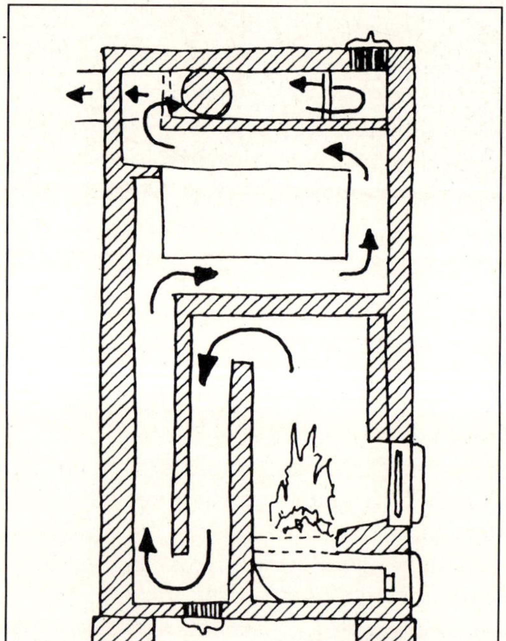

Der Feuerraum mit Rauchzugführung (durch die Pfeile gekennzeichnet) wird im Regelfall mit Schamottesteinen hergestellt.

Unter Zuschaltung eines sogenannten Nachheizregisters gibt es heute Systeme, die die heißen Randgase beim Anheizen nutzen. Dadurch kann die Anheizzeit bis auf fünf Minuten verkürzt werden.

Über dieses Nachheizregister kann zwar die Warmluft auch anderen Räumen und Etagen zugeführt werden, was jedoch aus unserer Sicht nicht sinnvoll ist, da diese Warmluftzuführung dem Effekt einer Warmluftheizung (siehe Seite 70) gleichkommt.

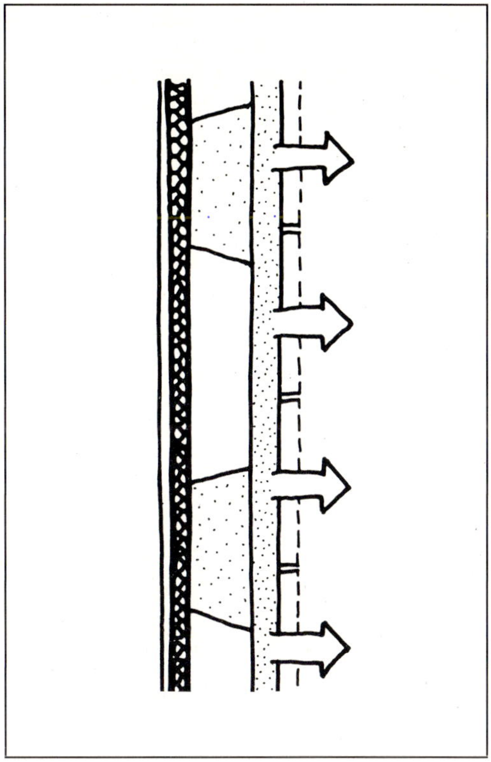

Das Prinzip einer Hypokaustenheizung.

Hypokaustenheizung

Eine Erweiterung der Kachelofenheizung zur Hypokaustenheizung schafft die Möglichkeit, daß die Wärmestrahlung innerhalb des Hauses entsprechend den Bedarfsfaktoren gezielt verteilt werden kann.

Bodenliegende Hypokaustensysteme sind aufgrund ihrer Aufbauhöhe von 10 bis 12 cm in den seltensten Fällen bei der Renovierung möglich.

Mit sogenannten Hypokausten-Schalungsmatrizen können Hohlräume erzeugt werden, durch die als geschlossenes System die Warmluft zirkuliert.

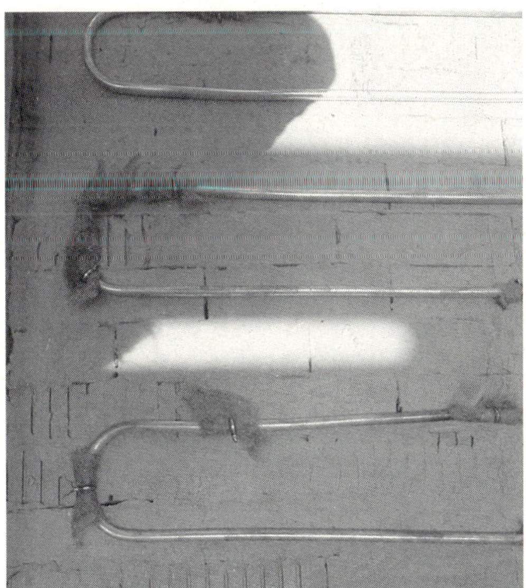

Zur Umrüstung dürfte die Installation einer Wärmestrahlwand mit Kupferrohrregister einfacher sein.

Wärmestrahlwände
sind eine abgewandelte Form der Hypokaustenheizung. Hier sind die Heizelemente in einer Zweikammerziegel- oder Hohlwand eingelegt, die einerseits als Raumtrennwand zwei Räume beheizen kann, andererseits auch an der Außenwand mit dazwischenliegender Dämmung installiert wird. Diese Art ist als reine Strahlungsheizung mit gleichmäßiger Raumtemperatur anzusehen.

Eine andere Form der Wärmestrahlwand ist das Verlegen von Heizrohren auf der Innenseite der Außenwand.

Die Heizrohre können zum einen direkt am Mauerwerk befestigt und anschließend mit einer Putzschicht versehen werden. Sie können aber auch in den Mörtelfugen einer Vorsatzmauer verlegt werden.

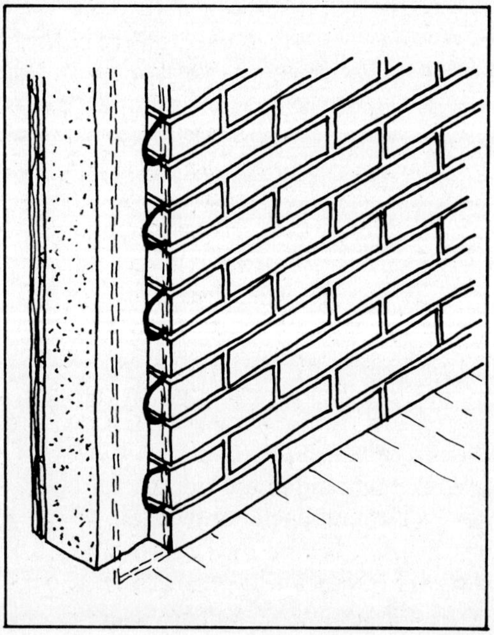

Hier ist die Außenwand aus Beton. Um einen besseren Wasserdampfhaushalt zu gewährleisten, wurde deshalb eine Lehmvorsatzmauer (Seite 105) errichtet, deren Lehmfugen das Kupferrohrregister aufnehmen.

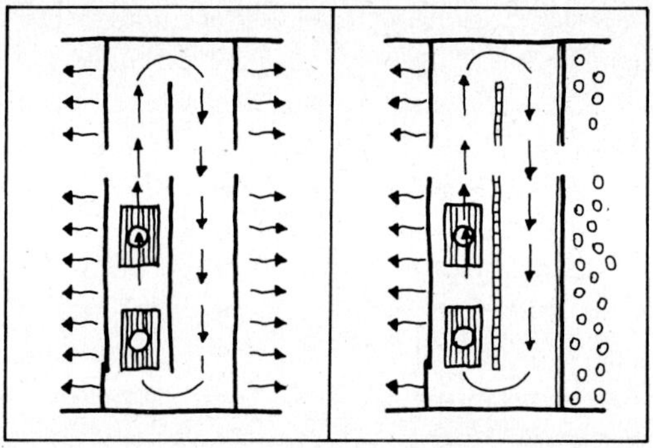

Links: Eine Wärmestrahlwand als Raumtrennwand.

Rechts: An der Außenwand muß die Wärmestrahlwand mit einer ausreichenden Dämmung errichtet werden.

Heizkessel
Beim Heizen nutzt man Verbrennungsprozesse aus. Bei den üblichen Heizkesseln, die mit Kohle, Öl oder Gas betrieben werden, entstehen neben Kohlendioxid auch Kohlenmonoxid, Stickstoffdioxid und Schwefeldioxid.

Unsere Hausheizungen sind zu 30% an der Umweltvergiftung beteiligt.

Daher richten wir als Forderung an eine Heizanlage, daß diese einen hohen Wirkungsgrad bei niedrigstem Energieeinsatz und Emissionsausstoß erzielt.

Bei der Erneuerung des Heizkessels, der, z. B. bei zu geringer Energieausbeute oder zu hohen Vorlauftemperaturen, notwendig wird, wäre ein sogenannter Brennwertkessel zu empfehlen.

Dieser Kessel läßt die Rauchabgase zu ca. 50% gereinigt und mit nur etwa 40 °C hinaus, während bei konventionellen Kesseln die Rauchabgase noch Temperaturen bis zu 220 °C haben können. Ein Brennwertkessel erzeugt so einen Energiegewinn, der im Durchschnitt bei 30% liegt und senkt gleichzeitig den Giftstoffgehalt.

Nachbesserungen bei Konvektionsheizungen

Gleich vorweg gesagt, viel kann da leider nicht verbessert werden.

Durch den Einbau von Thermostatventilen wird eine individuelle Regulierung der Heizkörper möglich und damit ein wenig Energie eingespart.

Eine bessere Ausbeute erreichen wir durch die optimale Einstellung der Heizkurve am Kessel, so daß in Verbindung mit den Thermostatventilen an den Heizkörpern auch minimale Veränderungen der Raum- und Außenlufttemperaturen zu einer Regulierung der Heizleistung führen.

Heizkörpernischen können mit Korkplatten wärmegedämmt werden, um so den Energieverbrauch geringfügig zu verbessern.

Bei Heizkörpern im Fensterbereich sollten diese nicht durch Vorhänge abgedeckt werden, da sonst ein Teil der erzeugten Warmluft sich direkt am Fensterglas wieder abkühlt.

Eine Verringerung der Luftwirbelzirkulation kann nur durch die Reduzierung der Heizkörpertemperaturen, stärker aber noch durch die Veränderung der Heizkörperstandorte erreicht werden. Geringe Erfolge bringt schon das Wegsetzen eines Heizkörpers aus der unmittelbaren Fensternähe.

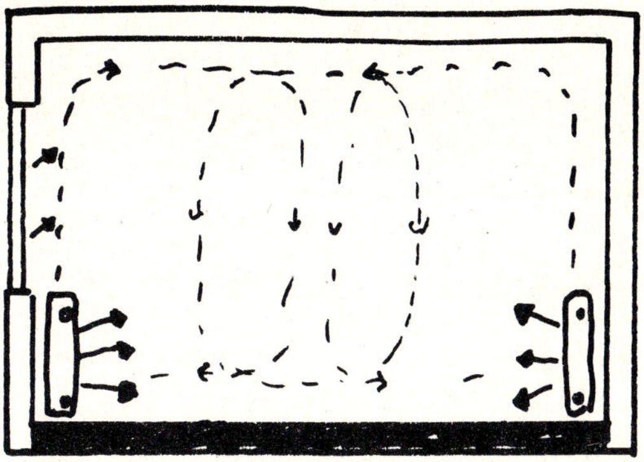

Durch die Installation mehrerer Heizkörper kann die Luftwirbelzirkulation gemindert werden (vergleiche Abbildung auf Seite 219).

Bessere Erfolge können wir durch den Austausch eines großen Heizkörpers in kleinere Heizkörper erzielen, die zudem an gegenüberliegenden Wänden installiert werden.

Eine entscheidende Verbesserung des Luftklimas können wir durch das Entfernen toxischer Heizkörperanstriche erreichen (siehe auch Seite 41).

Heizkörperlacke

Heizungen stellen wegen der Temperaturschwankungen hohe Ansprüche an die Elastizität eines biologischen Lackes. Hierzu haben die Farbenhersteller Spezialbeschichtungen auf der Grundlage der Naturharzöllacke entwickelt.

Dieser Lack wird auf den warmen Heizkörper mit Pinsel, Rolle oder Spritzpistole sehr dünn aufgetragen, um Nasen und Ansätze zu vermeiden. In der ersten, vielleicht auch noch zweiten Heizperiode geht von dem Lack ein feiner Duft der Naturharze aus.

Sanitärinstallation

Da fließendes Wasser zu geobiologischen Störfaktoren führen kann (vergleiche Seite 64), sollten Wasserrohre die Schlafräume möglichst nicht tangieren.

Im Zuge unserer Renovierung dürfte es jedoch einfacher sein, ein unmittelbar an die Installationsverlegung von WC und Bad angrenzendes Schlafzimmer einer anderen Bestimmung zuzuführen, als hierfür neue Wasserleitungen zu verlegen.

Zudem ist vor einer Änderung der Sanitärleitungen eine radiästhetische Messung vorzunehmen, die uns dann über Ausmaß und Wirkungskreis der möglichen Störzonen Auskunft gibt.

Bei einer Neuverlegung ist darauf zu achten, daß das gesamte Installationsnetz nicht ringförmig verlegt wird. Eine ringförmige Anordnung der Wasserleitungen würde eine Verminderung der natürlichen Strahlen bewirken.

Zur Kalt- und Warmwasserinstallation sollten ausschließlich Rohre aus Kupfer verwendet werden, das derzeit als einziges ionenpositives Metall gilt.

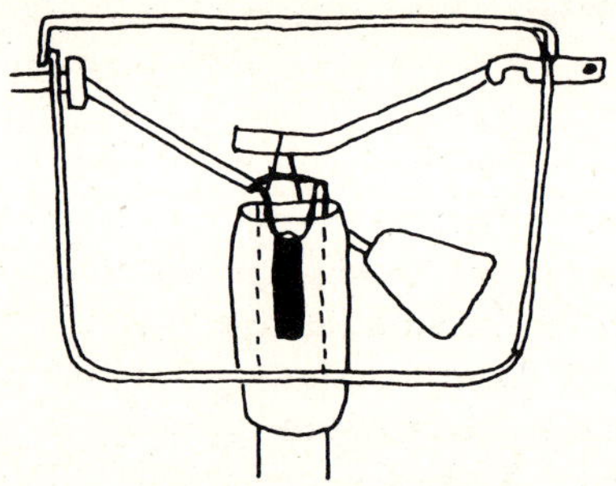

Ein Beschwerer, für etwa 10 DM erhältlich, kann bis zu 7.000 l Wasser pro Person und Jahr einsparen.

Wenn Kupferrohre verwendet werden, dürfen in Fließrichtung des Wassers keine Stahlrohre verlegt werden, da es sonst zur Zerstörung des Ionenflusses und der gesamten Rohrleitung käme.

Neuerdings eingesetzte Kunststoffrohre sind in ihrer Auswirkung auf die Wasserqualität noch nicht genügend erforscht, aber vom Gefühl her dürften sie, im Vergleich zu den Kupferrohren, wohl keine Qualitätsverbesserung darstellen.

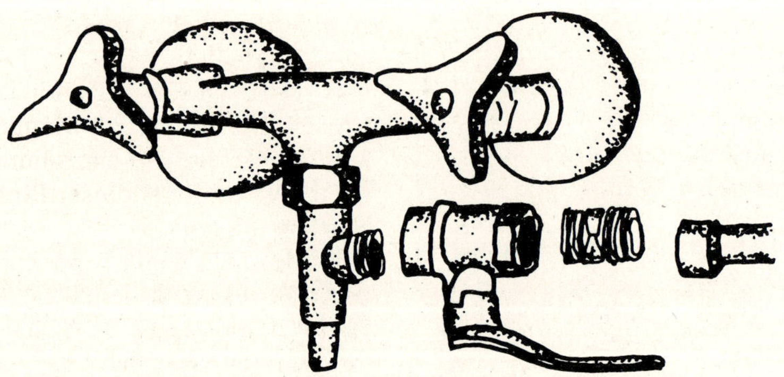

Bei Spülen und Waschbecken können Durchflußbegrenzer den Wasserverbrauch reduzieren.

Sofern es die geobiologischen und räumlichen Gegebenheiten zulassen, sollten alle Steig- und Fallwasserleitungen zentral in einem Schacht zusammengefaßt werden. In diesem Fall müssen jedoch Kalt- und Warmwasserrohre besonders gut gedämmt werden, damit es zwischen diesen Rohren nicht zu einem Wärmeaustausch kommen kann.

Generell sollten alle Zu- und Abwasserleitungen gedämmt werden.

Fallrohre sind mit schallschluckendem Material, wie z. B. Kokosfasermatten, zu umwickeln. Die Rohre sollten keinen direkten Kontakt mit den Wänden haben.

Warmwasserrohre sind mit Filz oder Kokosfasermatten gegen Energieverluste zu isolieren. Ebenso auch Kaltwasserleitungen, um so die Bildung von Schwitzwasser an der kalten Rohroberfläche zu vermeiden.

Bei Wanddurchgängen beziehungsweise -austritten sollten Wasserrohre mit Kork isoliert werden, um Schwingungsübertragungen zu vermeiden.

Bei der Installation von Armaturen und Geräten sollten wir wassersparenden Ausführungen den Vorzug geben.

So können z. B. im Spülkasten des WC's Spülstoppvorrichtungen oder Beschwerer installiert werden.

In der Sanitärinstallation etwas Geübte können auch das Schwimmerventil auf eine geringere Wassermarke einstellen.

Ebenso sollten tropfende Wasserhähne oder ständig auslaufende Spülkästen umgehend mit neuen Dichtungen versehen werden.

Elektroinstallation

Unsere baubiologische Forderung an eine Elektroinstallation ist die Begrenzung der elektromagnetischen Wechselfeldwirkungen auf ein Minimum.

Bei diesen elektromagnetischen Wechselfeldern haben wir es jedoch mit zwei verschiedenen physikalischen Kräften zu tun: zum einen sind das Elektrofelder, zum anderen magnetische Feldlinien.

Sobald ein Spannungsunterschied zwischen zwei Körpern vorhanden ist, entsteht ein elektrisches Feld, unabhängig ob hier Strom fließt oder nicht. Dagegen entstehen magnetische Felder nur solange Strom fließt.

Während Elektrofelder abgeschirmt werden können, dringen magnetische Feldlinien durch jedes nicht magnetische Material. Daher sollte auch eine nach baubiologischen Kriterien abgeschirmte Elektroinstallation auf das Notwendigste begrenzt bleiben.

Ergebnisse jahrelanger Untersuchungen, bei denen Messungen dieser elektromagnetischen Belastung in einen Zusammenhang mit den praktischen Auswirkungen gesetzt wurden, legen den Schluß nahe, daß 50 V/m die Obergrenze sein sollten.

Die Einheit V/m (Volt/meter) bezieht sich auf die elektrische Feldstärke, die jedoch im Raum sehr unregelmäßig ist und stark von der Verteilung der Elektrogeräte abhängt. Ein Magnetfeld wird in Tesla (Einheit T), beziehungsweise einem Milliardstel dieser Einheit, in Nanotesla, gemessen.

Für den Haushaltsbereich reicht im Regelfall die Messung der elektrischen Feldstärken aus, da zwischen den Stärken der Elektro- und Magnetfelder eine proportionale Wechselbeziehung besteht.

Bei dem empfohlenen Höchstwert von 50 V/m ist allerdings zu bedenken, daß die Verträglichkeit für elektrische Wechselfelder individuell sehr verschieden ist. Sensible Personen empfinden schon konstante Feldstärken von 10 V/m als Beeinträchtigung.

Sollten bei einer Messung mit der Elektrofeldsonde höhere Werte als 50 V/m aufgetreten sein, müßte eine baubiologische Renovierung der Elektroanlage erfolgen, wie sie im Anschluß näher beschrieben wird.

In der Nähe von elektrischen Geräten und Anlagen, sowie überall dort, wo Stromleitungen verlegt sind, entstehen diese elektrischen Wechselfelder.

Wenn Elektrokabel ungenügend isoliert sind, können jedoch bestimmte Wandputze und selbst Holzbalken auf ihrer ganzen Fläche starke elektrische Felder in den Raum aussenden.

Während innerhalb der Hausinstallation elektrische und magnetische Felder stets zusammen eine Feldwirkung erzeugen, wirken sich Elektroleitungen im Außenbereich nur mit ihren magnetischen Feldlinien innerhalb des Hauses aus.

Die Elektrofelder von außen werden von den Außenwänden abgeschirmt, sofern diese aus nicht leitenden Materialien bestehen.

Entsprechend der proportionalen Wirkung von Elektrofeld und Magnetfeld sind vor allem Hochspannungsleitungen als sehr problematisch anzusehen, wenn sie relativ nah am Haus liegen.

Folgende Entfernungen zwischen Hochspannungsleitung und Wohnung sind im Idealfall einzuhalten:

Betriebsspannung	Abstand
380 Kilovolt	200 — 300 m
220 Kilovolt	150 — 200 m
100 Kilovolt	ca. 100 m

Wenn nur Teile des Hauses von den Kraftwirkungen betroffen sind, gibt es die Möglichkeit, hier Vorrichtungen zur Abschirmung der Elektrofelder zu montieren, wie gleich auf Seite 232 erklärt.

Liegt aber das ganze Haus im Kraftfeld und sollten sich gesundheitliche Beschwerden hiermit in ursächlichen Zusammenhang bringen lassen, ist nur ein Wohnungswechsel zu empfehlen.

Aber auch der »normalen« Hausinstallation und den elektrischen Haushaltsgeräten sollten wir nicht zu nahe kommen.

Bei längerem Aufenthalt in der Umgebung von Elektroanlagen sind folgende Abstände empfehlenswert.

Bezeichnung	Abstand
elektrische Leitung, nicht abgeschirmt	1 m
elektrisches Gerät, nicht abgeschirmt	2 m
Leuchtstofflampe	2 m
Schwarzweiß-Fernsehgerät	3 m
Farbfernsehgerät	4 m

Generell sollte besonders im Umfeld von ständigen Aufenthalts- und Ruheplätzen die Elektrosituation kritisch überprüft werden.

Baubiologische Elektroverlegung

Um das Elektroklima der Wohnung deutlich zu verbessern, ist die Optimalmaßnahme eine Verlegung von abgeschirmten Kabeln.

Die gleiche spürbare Minderung der elektrischen Feldwirkungen kann auch durch die Verlegung von Elektroleitungen in sogenannten Panzerrohren erreicht werden.

Eine temporäre »Null-Lösung« erzielen wir durch die Installation von Netzfreischaltern, die Stromleitungen nur bei Bedarf unter Spannung setzen.

Den gleichen Effekt erzielen wir auch am Elektroverteiler- und Sicherungskasten durch Sperren der Spannungszufuhr für den jeweiligen Stromkreis, indem wir z. B. die Sicherung herausnehmen. Um Geräte spannungsfrei zu machen, reicht es den Stecker herauszuziehen.

Der Unterschied zwischen der baubiologischen und konventionellen Elektroinstallation liegt neben dem Material auch in der Anordnung der Leitungen.

Wenn es sich in einem Raum nicht umgehen läßt, daß an den meisten Wänden Elektroleitungen verlegt werden müssen, so sollen diese Leitungen einen möglichst großen Radius erhalten.

Je größer dieser Radius ist, um so stärker werden die magnetischen Feldwirkungen abschwächt. Aus diesem Grund dürfen die Leitungen nicht ringförmig angeordnet werden.

Die ideale Verlegung der Kabel wäre sternförmig. Da Elektroinstallateure jedoch aufgrund ihrer Ausführungsbestimmungen (VDE 0100) gehalten sind, Leitungen nur waagerecht und senkrecht in bestimmten Höhen zu verlegen, gilt es bei der Auftragsvergabe einen Installationsplan zu vereinbaren, der in der Wirkung einer sternförmigen Verlegung nahekommt.

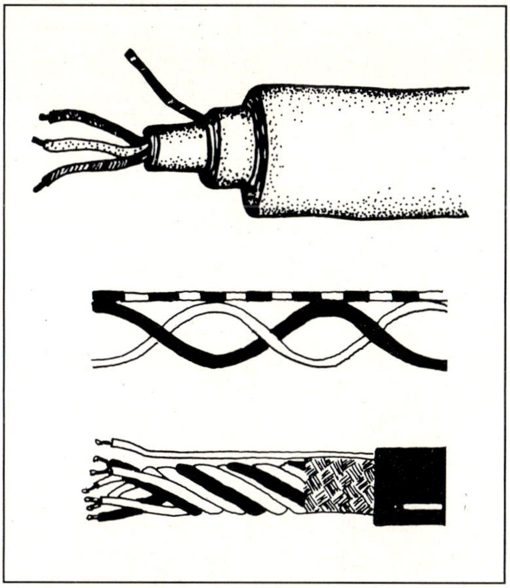

Das abgeschirmte Kabel hat einen dreischichtigen Mantel: um die Elektroadern liegt eine Isolierungsschicht, dann ein Metallgeflecht, das die Abschirmung des elektrischen Feldes bewirkt. An diesem Metallgeflecht ist ein zusätzliches Erdungskabel montiert, das an die Fundamenterdung angeschlossen wird. Das Metallgeflecht wird dann von einem isolierenden Außenmantel umgeben.
Bei abgeschirmten Kabeln sind die Adern miteinander verdrillt, wie auf dem unteren Abschnitt der Zeichnung erkennbar.

Kabelabschirmung

Abgeschirmte Kabel absorbieren das elektrische Feld. Für die magnetischen Feldlinien bilden sie keine Ableitung.

Diese Kabel haben zusätzlich zum normalen Aufbau einen Schutzmantel aus Stahldraht oder Kupfergeflecht.

Abgeschirmte Kabel gibt es für alle Kabelarten und weichen in ihren Durchmessern nicht von konventionellen Kabeln ab.

Diese Kabel können ohne Schwierigkeiten von jedem Elektroinstallateur verlegt werden, jedoch ist auch bei diesen Kabeln auf die sternförmige beziehungsweise adäquate Verlegung zu achten.

Auch eine Teilverlegung in einzelnen Abschnitten oder Räumen wirkt sich schon positiv auf das Elektroklima aus, da unmittelbar mit Kabelbeginn die Abschirmung des Elektrofeldes wirksam wird.

Die abgeschirmte Ausführung ist im Vergleich zu einem konventionellen Kabel etwa 30% teurer.

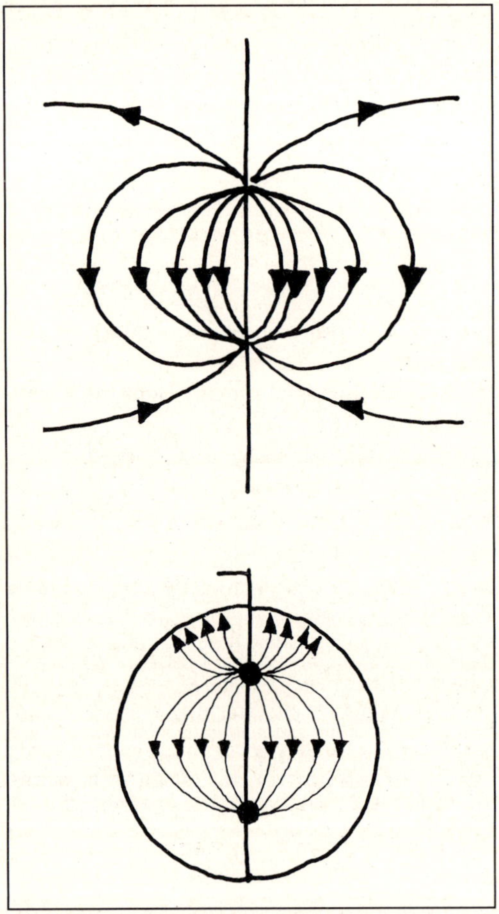

Durch eine baubiologische Ausführung der Elektroinstallation werden die elektrischen Felder, die sich bei konventioneller Ausführung frei ausbreiten können (oben), komplett abgeschirmt.

Panzerrohr-Installation

Hierbei erfolgt die Verlegung der Kabel in sogenannten Panzerrohren, die geerdet werden. Dadurch brauchen die Elektrokabel nicht abgeschirmt zu sein.

Eine Verlegung in Panzerrohren ist zur nachträglichen Umrüstung möglich, vom Installationsaufwand her jedoch beträchtlich.

Durch diese Installationsart erzielen wir eine nahezu vollständige Abschirmung der Elektrofelder und eine minimal abgeschwächte Wirkung der magnetischen Felder, die durch die Erdung bewirkt wird.

Diese Abschwächung erreichen wir jedoch nur, wenn die Abschirmung lückenlos erfolgt. Ebenso ist es erforderlich, Dosen und Schalter aus Metall zu verwenden, die an einen Schutzleiter angeschlossen werden.

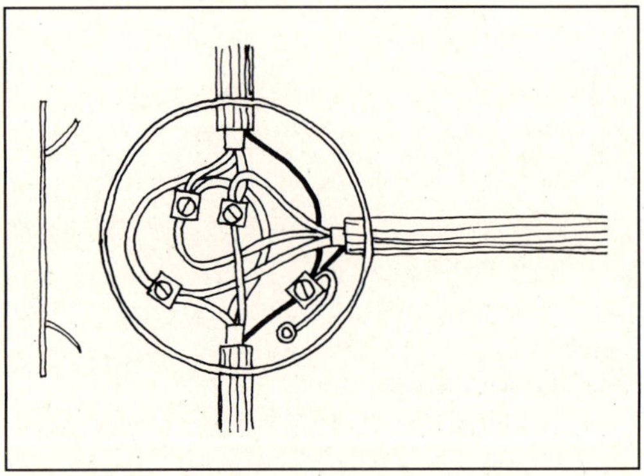

Auch Schalter und Verteilerdosen, wie hier abgebildet, müssen abgeschirmt werden.

Eine Panzerrohrverlegung kann, auf einen Raum beschränkt, jedoch nur die Elektrofeldwirkung reduzieren.

Wenn die Installation nur in einem Raum erfolgt, reicht es, mit der Verlegung der Panzerrohre an der Stelle zu beginnen, wo die Elektroleitung die erste Wand des betreffenden Raumes berührt. Das kann sowohl auf der Innen- wie aber auch auf der Außenseite sein.

Die Panzerrohrummantelung hat einen Außendurchmesser von 15 mm bei dreiadrigen Kabeln, bei Starkstromkabeln, wie sie z. B. für Elektroherde verwendet werden, von etwa 30 mm.

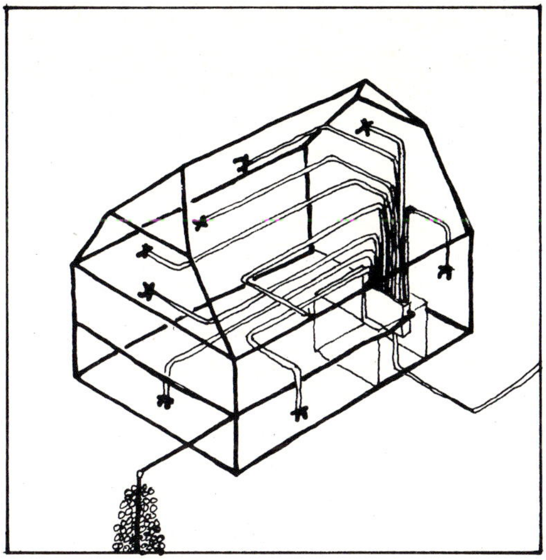

Dieses Installationsschema gilt für abgeschirmte Kabel und die Panzerrohrverlegung. Hier wurde eine nicht ringförmige Installation realisiert. Links unten ist die Fundamenterdung abgebildet.

Netzfreischalter

Ein Netzfreischalter setzt den jeweiligen Stromkreis nur bei Bedarf unter Spannung.

Bei konventionellen Elektroinstallationen stehen alle Kabel ständig unter Spannung, auch dann, wenn der angeschlossene Verbrauchskörper nicht eingeschaltet ist.

So bewirken konventionelle Leitungen ständig elektrische und magnetische Feldwirkungen.

Der Netzfreischalter arbeitet mit einem biologisch ungefährlichen 4-Volt-Gleichstrom.

Er wird entweder unmittelbar hinter den einzelnen Stromkreisautomaten am Sicherungskasten oder an den Verteilerstellen montiert.

Generell ist die Wirkung eines Netzfreischalters mit dem Abstellen des Stroms am Sicherungskasten identisch.

So spricht für den Netzfreischalter im Prinzip nur die Bequemlichkeit, da das Schalten auf Spannung und Unterbrechung hier automatisch geschieht.

Zudem kann, bei entsprechender Zusatzinstallation, mit dem Netzfreischalter bereits jeder Stromkreis reguliert werden, der mit einer Verteilerbuchse beginnt und nicht unbedingt einzeln am Sicherungskasten mit einem Automaten oder einer Sicherung versehen ist.

Bei der Installation des Schalters ist darauf zu achten, daß nicht Stromkreise davon betroffen werden, die Kühlschrank, Gefriertruhe, Radiowecker oder andere ständige Strombenutzer versorgen.

Eine Netzfreischaltung empfiehlt sich auch bei abgeschirmten Kabeln, um so die magnetische Feldwirkung zeitlich begrenzen zu können.

Mit einer baubiologischen Elektroinstallation können wir die meisten Ursachen für elektrische und, zeitlich eingegrenzt, auch für magnetische Feldwirkungen beheben.

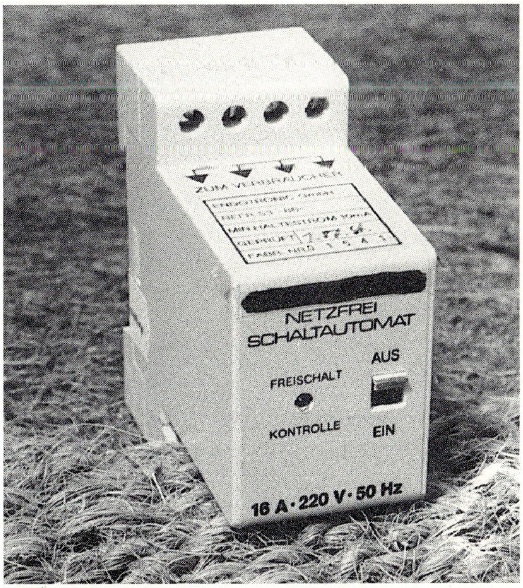

Die Wirkungen beider Felder werden neben der Elektroinstallation jedoch auch durch die verbauten Materialien im Raum beeinflußt, wie wir das sowohl im Bewertungsteil als auch bei der Beurteilung des Elektroklimas feststellen konnten.

Durch entsprechenden Austausch bzw. Aufbau von nicht leitenden Materialien, die so zu elektrostatischen Aufladungen neigten, konnten wir ebenfalls eine spürbare Verbesserung erzielen.

Erdung von Stahlbetonkonstruktionen

So dürften sich bei entsprechend konstruierten Pufferzonen Induktionswirkungen bei Stahlbetondecken nur noch recht gemäßigt auswirken.

Wenn das ganze Haus sogar mit einer baubiologischen Elektroinstallation umgerüstet wurde, dürfte mit allen beschriebenen Maßnahmen auch die Stahlbetonkonstruktion in dieser Hinsicht saniert sein.

Wenn sich die baubiologischen Bemühungen jedoch nur auf eine Wohnung bezogen und das Umfeld weiterhin unter Spannung steht, empfiehlt sich als sehr weitreichende Maßnahme, das Eisengittergerüst der Stahlbetonkonstruktion zu erden.

Hierzu müßte eine Öffnung in der Stahlbetonkonstruktion hergestellt werden, die die obere und untere Eisenarmierung freilegt.

An diesen Eisenstäben wird je ein ummantelter Kupferdraht befestigt, der an die Fundamenterdung des Hauses angeschlossen wird.

Abschirmung von elektrischen Kraftfeldern

Wenn außerhalb der Wohnung elektrische Spannungsfelder bestehen, die Wohnungswände berühren, z. B. durch die Durchführung der Steigleitung oder Haus- oder Etagenzählerkästen, so können diese abgeschirmt werden.

Das ist auch bei Lage in der Nähe von Starkstromleitungen bzw. Hochspannungsleitungen möglich, wenn nur Teile des Hauses von den Kraftfeldern beeinträchtigt werden.

Durch Verwendung ableitender Materialien wie Drahtgitter, Eisenblock sowie Kupfer- oder Aluminiumfolien können abschirmende Wirkungen erzielt werden.

Wichtig bei allen Ausführungen ist jedoch die Erdung. Wenn diese Metallkonstruktionen nicht an die Fundamenterdung angeschlossen werden, erzielen wir das Gegenteil der Wirkung; es käme zu Induktionsfeldwirkungen.

Wenn eine Steigleitung, die an der Außenwand entlangläuft, abzuschirmen ist, so reicht z. B. das Aufkleben von Kupfer- oder Aluminiumfolie, die beidseitig etwa 20 cm den Strang überlappt. Wenn Heizkörper oder Metallgegenstände der Sanitärräume mit einer Fundamenterdung versehen sind, reicht als Erdung der Abschirmung ein Anschluß an diese Gegenstände aus.

Ausbauten

Dach

Das Dach ist nicht nur dafür da, um Regen und Schnee abzuhalten, sondern es ist mit die wichtigste Klimazone eines Hauses. Zudem ist das Dach bzw. seine Ausführung entscheidend für den Anteil kosmischer Strahlungen im Haus.

Um unseren Anforderungen gerecht zu werden, sind in erster Linie besonders atmungsaktive und strahlendurchlässige Materialien und Konstruktionen zu verwenden, die das Dach in seiner Funktionalität unterstützen und fördern.

So ist beim Dach zuerst einmal die Eindeckungsart auf ihre Qualität hin zu prüfen. Bei sogenannten Betondachpfannen verzeichnen wir einen Verlust der biologischen Einstrahlung von 77%, während bei Tonpfannen der Verlust nur bei 28% liegt.

Bei den absolut atmungsinaktiven Kunststoffdachpfannen verzeichnen wir sogar einen Verlust von 95%.

Bei Asbestfaserdachpfannen ist dringend das Entfernen der gesamten Dachdeckung angeraten (siehe auch Seite 53 und 56).

Die früher empfohlene Sanierungsmöglichkeit mit einer Wasserglasimprägnierung ist hier kaum praktikabel, da alle Dachpfannen rundum mit der Wasserglasversiegelung versehen werden müßten.

Zwischen den Dachpfannen und den Holzsparren ist meist eine Dampfsperrenschicht angeordnet.

Besteht diese Dampfsperre aus Kunststoffolie, so sollte sie unbedingt ersetzt werden, da durch den Kunststoff die Atmungsfähigkeit des gesamten Dachraumes unterbunden wird.

Diese Kunststoffhaut kann hier durch gewachstes Ölpapier ersetzt werden. Auf diesem Ölpapier lagert sich die Feuchtigkeit ab, die durch die Hinterlüftung der Dachpfannen austrocknen kann.

Bei allen Holzteilen des Dachstuhls ist zu prüfen, ob ein Schädlingsbefall vorliegt. Vor allem bei Weichhölzern, wie Kiefer oder Fichte, können Holzwurm oder Holzbockkäfer ihr Unwesen treiben.

Als erste Prüfung sind Fraß- oder Ausflugslöcher ausfindig zu machen, sonst hilft auch ein Abklopfen der Balken, um über mögliche Innenschäden Auskunft zu erhalten.

Um bei den Fraßlöchern festzustellen, ob hier ein akuter Befall vorliegt, sollte der Boden rund um den betreffenden Balken gründlich gefegt werden, um in den darauf folgenden Tagen nach frischen Fraßmehlhäufchen Ausschau halten zu können.

Liegt kein Schädlingsbefall vor, ist ein vorbeugender Schutz sinnvoll, vor allem dann, wenn der Dachstuhl ausgebaut und genutzt werden soll.

An baubiologischen Schutzmitteln stehen uns hierfür Imprägnierungen aus Borsalz und Beizen aus Rindenimprägnierfarben zur Verfügung.

Eine Borsalzimprägnierung schützt vorbeugend gegen Pilz- und Insektenbefall.

Diese farblose Imprägnierung besteht aus reinem Borsalz, das im Verhältnis 1 zu 1 mit heißem Wasser verdünnt wird.

Sie kann durch Spritzen, Streichen oder Tauchen bei ca. 50 bis 60 °C verarbeitet werden.

Borsalz wirkt jedoch nur bei absoluter Trockenheit imprägnierend. Durch Witterungseinflüsse verliert es sofort seine Wirkung.

Rindenimprägnierfarben bestehen aus den natürlichen Giftstoffen der Rinde bzw. der Bastschicht, die einen Baum vor dem Schädlingsbefall schützen. Sie werden mit Bor- und Sodasalzen aufbereitet. Durch diese Extraktion der Baumwirkstoffe kann ein vorbeugender Schutz gegen Pilz- und Insektenbefall erzielt werden.

Rindenimprägnierfarben haben auf das zu behandelnde Holz die Wirkung einer Beize und werden auch wie Beizen (Seite 157) aufgetragen.

Stellen wir bei unserer Prüfung jedoch einen Schädlingsbefall fest, ist unbedingt ein Fachmann hinzuzuziehen, der die Ausmaße des Befalls und die Beeinträchtigung der statischen Dachkonstruktion feststellen kann.

Doch gerade auf dem Gebiet der sogenannten Holzschädlingsbekämpfung gilt es besonders kritisch zu sein. Wenn auch Hersteller von allen möglichen Präparaten sehr überzeugend glaubhaft machen wollen, daß nur ihre Chemiekeulen zu einem dauernden Erfolg führen, gibt es hierzu durchaus baubiologische Alternativen.

Abbeilen. Wenn der Schädlingsbefall sich nur auf die für Käfer, Würmer und Maden meist lukrativeren Splintstellen im Außenbereich des Balkens beschränkt, kann die befallene Holzschicht mit dem Beil entfernt werden.

Dieses Abbeilen kann jedoch nur ein Fachmann vornehmen, der auch beurteilen muß, ob der verbleibende Querschnitt des Balkens für seine tragende Funktion noch ausreicht oder ob entsprechende Zusatzkonstruktionen notwendig werden.

Heißluftverfahren. Dieses Verfahren basiert auf der einfachen Erkenntnis, daß ab einer bestimmten Temperatur die Holzschädlinge abgetötet werden. Dabei spielt es keine Rolle, in welchem Entwicklungsstadium sich diese befinden.

Hierbei muß der gesamte Balken bis zu seinem Kern hin auf eine relativ hohe Temperatur gebracht werden.

Hierfür muß zunächst der gesamte Dachstuhl luftdicht abgesperrt werden, um dann mittels spezieller Heizgeräte und Zuleitungen solange heiße Luft in den Dachboden zu führen, bis auch wirklich alle Balken in ihrem Kern die

erforderliche Abtötungstemperatur erreicht haben.

Auch diese Methode kann nur von Fachfirmen durchgeführt werden. Anschließend empfiehlt sich dann eine Borsalzimprägnierung, wie eben beschrieben.

Austausch. Sollte ein Balken mit den beschriebenen Maßnahmen nicht mehr zu retten sein, empfiehlt sich auf jeden Fall der Austausch. Irgendwelche chemischen Mixturen können zwar dann hier durchaus den Schädlingsbefall abrupt beenden, jedoch wird damit die verminderte Tragfähigkeit der Konstruktion nicht behoben und die Wirkung der Bekämpfungsmittel haben wir Bewohner noch jahrelang zu ertragen.

Für den Neueinbau des entfernten Balkens sollte dann jedoch am besten Eiche gewählt werden. Wenn Eiche auch im Vergleich zu den Weichhölzern wesentlich teurer ist, so kann dieses Holz sich meist selbst schützen. Durch den hohen Anteil von Gerbsäure ist Eiche für nahezu alle Schädlinge äußerst unattraktiv.

Sonst bietet sich auch Lärche an. Bei diesem Holz bildet der sehr hohe Harzanteil einen natürlichen Eigenschutz.

Essiginjektion. Wenn nur wenige, kleine Wurmfraßlöcher vorgefunden werden, schafft mitunter Essig eine Lösung in Eigenhilfe. Der Essig wird mittels einer Spritze in jedes Fraßloch injiziert.

Nach der Essiginjektion ist jedoch über einige Wochen eine Beobachtung auf mögliche neue Fraßmehlbildungen erforderlich.

Wenn sich die Holzschädlinge von der Essigmethode unbeeindruckt zeigen, dann hilft nur eine der eben beschriebenen Maßnahmen.

Dämmen des Dachstuhls

Wenn auch ein ungedämmtes Tonziegeldach einen Austausch von Luft und Strahlungen am besten gewährleistet, so geht das doch zu Lasten unseres Energieaufwandes.

In der Reihenfolge steht die Dämmung des Dachbodens vorne an. Als Dämmstoff eignen sich Backkork, Kokosfaser und Zellulose.

Bei Rohböden und einfachen Holzböden ist eine Dämmschicht von etwa 10 cm empfehlenswert.

Bei Holzdielenböden kann bei entsprechend ausreichendem Luftraum unter den Dielen eine Dämmschüttung eingebracht werden. Hierfür eignen sich besonders Zellulosefasern.

Das Dämmaterial wird zwischen den Trägerbalken eingebracht, . . .

. . . gleichmäßig verteilt und verdichtet. Als Arbeitsgerät hierfür reicht schon ein Gartenrechen.

Als Dämmschüttung eignet sich auch Korkgranulat, das jedoch weniger Masse einbringt.

Sonst sind auch Kombinationen durch Dämmung des Dachfußbodens und der darunter befindlichen Decke möglich.

Türen zum Dachstuhl sollten zur Dachseite ebenso gedämmt werden, wie auf Seite 217 beschrieben, um so eine Wärmebrücke zu vermeiden, die die Qualität der gesamten Dämmung sonst in Frage stellt.

Eine Dämmung der Dachhaut ist bei ausreichender Bodendämmung nur notwendig, wenn der Dachraum genutzt wird oder durch entsprechende Anordnungen des Treppenzugangs der Dachstuhl eine Einheit mit dem Treppenhaus bildet.

Die im Bewertungsteil beschriebenen bedenklichen Dämmstoffe sind hier auf jeden Fall zu entfernen, vor allem wenn es sich um Mineralwolle, womöglich noch mit Aluminiumkaschierung handelt.

Zuerst ist die schon erwähnte gewachste Ölpapier- oder Naturkrepplage anzubringen. Diese dampfdiffusionsdurchlässige Papierschicht, die durch die Wachsbehandlung wasserabweisend ist, kann dampfförmiges Wasser aufnehmen und wieder abgeben und wirkt somit aktiv bei der Trockenhaltung der Dachkonstruktion mit. Sie ist quasi auch als eine Flugschneeschutzschicht anzusehen.

Nun sollte eine 4 cm starke Hinterlüftung vorgesehen werden, die eine Lüftungsöffnung an First und Traufe benötigt. Diese Öffnung sollte mindestens ein Fünfhundertstel der Dachflächengröße haben.

Die Hinterlüftung erhält man durch Annageln von unbehandelten Dachlatten an der Oberkante. Je nach Dämmstoff erfolgt nun der weitere Aufbau.

Bei losen Schüttungen, wie Korkgranulat oder Zellulosedämmstoff, ist auf die Dachlatten ein Jutegewebe aufzubringen.

Eine weitere Schicht Ölpapier wird auf den Köpfen der Sparren befestigt und stellt einen Rieselschutz dar.

Die beiden Schichten aus Jute und Ölpapier schaffen den Hohlraum für die Trockenschüttung.

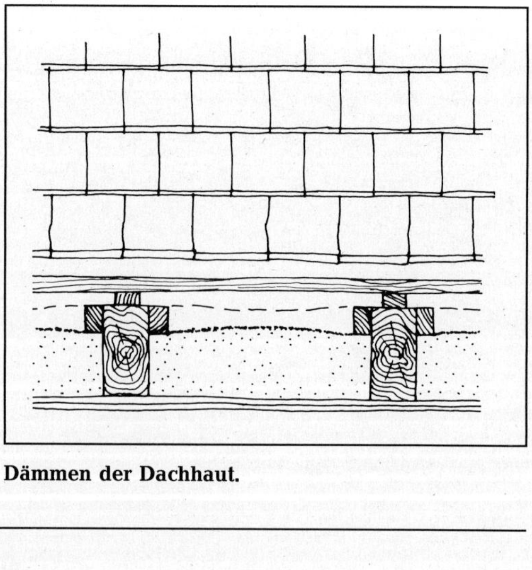

Dämmen der Dachhaut.

Die Dämmschüttung wird dann lagenweise, zur Dachrauminnenseite (Richtung Ölpapier als Rieselschutz) verdichtet, eingebracht.

Ist die vorhandene Sparrenhöhe nicht ausreichend, so muß sie mit einem Holzprofil erhöht werden.

Dämmplatten aus Kokosfaser oder Backkork sind zwar vom Material her teurer, jedoch leichter einzubauen.

Hier reicht als Vorkonstruktion die Dampfsperre. Anschließend werden die Platten, ähnlich wie auf Seite 92 beschrieben, zwischen die Sparren geklemmt. Dabei ist auf einen Abstand von ca. 4 cm zur Dampfsperre zu achten.

Dachausbau

Bei größeren Umbauarbeiten auf dem Dachboden sind die baurechtlichen Vorschriften zu beachten. Die Errichtung von Aufenthaltsräumen im Dachgeschoß ist generell genehmigungspflichtig. Für Aufenthaltsräume ist eine Mindesthöhe von 2,30 m für mehr als die Hälfte der genutzten Raumfläche erforderlich. Zudem sollte ein Statiker mit der Zustandsprüfung beauftragt werden.

Die biologische Qualität des Ausbaus hängt von der Wahl des richtigen Dämmstoffes, der richtigen Anordnung und der fachgerechten Ausführung, sowie vom möglichen Entfernen ungeeigneter Dachpfannen als auch von einer Beseitigung der Holzschutzmittelbelästigung ab.

Zuerst sind die natürliche Belichtung und ein möglicher Einbau von Fenstern zu prüfen. Hierbei sollte den gemauerten Giebelseiten der Vorzug gegeben werden. Bei Dachfenstern ist nur ein Einbau zwischen den Sparren möglich, wenn nicht zusätzliche Statikkonstruktionen errichtet werden. Den Einbau des Fensters sollte auf jeden Fall ein Zimmermann vornehmen, allein schon um einen dichten Anschluß an die Dachpfannen zu gewährleisten.

Generell dürfte beim Fenstereinbau in Dachstühlen unsere Forderung nach großzügigem Lichteinfall auf der Süd- und Westseite nur schwer zu erfüllen sein.

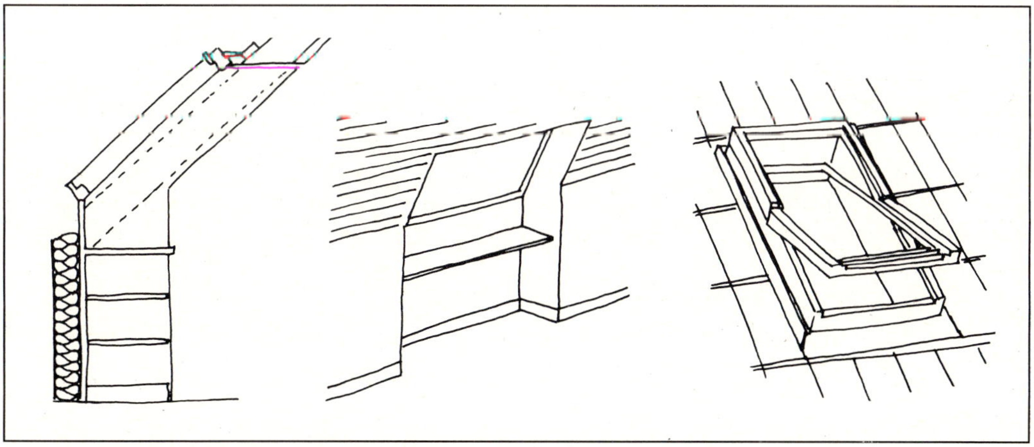

Dachfenster und Dacheinschnitte dürfen nicht zu einem architektonischen Stilbruch führen. Kleinere Dachfenster integrieren sich meist unauffällig, lassen dafür aber unsere Forderung nach optimalen Innenraumlichtverhältnissen meist unerfüllt.

Dies ist zum einen bedingt durch Statikprobleme, zum anderen aber auch durch die ästhetische Forderung, das Aussehen des Daches nicht zu entfremden.

Bevor mit einer Innenverkleidung begonnen wird, ist eine zusätzliche Dämmung des Fußbodens und der Dachhaut erforderlich, wie auch das Einbringen von Speichermasse, um dem sogenannten stickigen »Barackenklima« zu Leibe zu rücken.

Waren die bisher beschriebenen Dämmungen unter dem Aspekt erfolgt, daß das Dach nur als Klimapufferzone genutzt wird, so sind nun Maßnahmen für den Trittschall wie auch für eine ausreichende Dämmung der relativ dünnen Außenflächen notwendig.

Empfehlenswert ist eine zusätzliche Dämmstoffschicht von 14 cm, die etwa 10 l Heizölersparnis pro Quadratmeter nachträglich gedämmter Dachbodenfläche erbringt.

Zu prüfen ist, ob die Deckenkonstruktion statt der losen Schüttung das Einbringen von Masse erlaubt, die zum einen die Schalldämmung übernehmen kann und zum anderen die sommerliche Strahlungswärme speichert.

Dafür eignet sich in erster Linie Lehm, der dann auf einem Rieselschutz (Ölpappe) zwischen die Holzträgerbalken in den Blindboden gefüllt und verdichtet wird.

Auf das Raumklima wirkt sich eine solche Speicherfähigkeit in zweierlei Hinsicht aus:

Amplitudendämpfung, das heißt die im Innenraum entstehenden Temperaturspitzen sind bei wärmespeichernder Bauweise beträchtlich niedriger als bei einer Leichtbauweise.

Phasenverschiebung, das heißt die Spitze der Innenraumtemperatur liegt wesentlich später als die Zeit der größten Sonneneinstrahlung. Die optimale Verschiebung liegt bei zwölf Stunden.

Sollte der Einbau von speicherfähigen Baumaterialien in der Decke nicht möglich sein, müssen wir mit der Speichermasse die Wände oder Dachschrägen ausrüsten.

Der Fußboden muß dann aber dennoch eine schwimmende Konstruktion erhalten, um so zumindest gegen Trittschall gedämmt zu sein (siehe Seite 178 und 198).

Die von der Herstellung etwas einfacheren Konstruktionen sind dann Wände aus Lehmsteinen (siehe Seite 105), die parallel zur Firstrichtung errichtet werden.

Wenn die Raumverhältnisse das nicht zulassen, bliebe als alternierende Möglichkeit, sogenannte Lehmwickel zwischen den Sparren zu befestigen.

Als Haltekonstruktion werden an jeder Sparrenseite zwei Latten angebracht, die zusammen eine Führungsschiene bilden.

In diese Führungsschiene werden dann die Lehmwickel eingeschoben.

Diese werden hergestellt aus dünnen Dachlatten, um die schichtweise Stroh und Lehm (ohne Sandzugabe) gewickelt wird. Die Dicke der Wickel richtet sich nach dem zur Verfügung stehenden Abstand zu unserer Dampfsperre. Zwischen der Sperre und der einzubringenden Lehmmasse ist auf jeden Fall ein Abstand von 4 cm erforderlich.

Als letzte Schicht des Wickels wird noch einmal satt Lehm aufgetragen. Dann müssen die Lehmwickel austrocknen.

Sobald die Wickel völlig trocken sind, können sie in die Führungsschiene eingeschoben werden. Etwaige Hohlräume zum zuvor eingelegten Wickel füllen wir mit einer Mischung aus Lehm und Stroh aus.

Anschließend können sie mit einem Lehm- oder Kalkputz verputzt werden (siehe Seite 110 bis 112).

Konnte bereits in den Bodenaufbau die nötige Masse eingebracht werden, ist zwar die zusätzliche Massivausbildung der Wände und Schrägen nicht verkehrt, jedoch nicht mehr unbedingt notwendig.

Wenn unter der Dachhaut eine Dämmung von etwa 8 bis 10 cm erfolgte, wie eingangs beschrieben, kann auf den Rieselschutz bzw. die Dämmplatte direkt ein Trockenputz oder eine Holzverschalung montiert werden.

Bei Trockenputzversionen ist hier jedoch eine Weichfaserplatte der Gipskartonversion vorzuziehen, da sie eine zusätzliche Dämmfunktion übernimmt und zudem eine warme, sofort streichfähige Oberfläche schafft.

Jedoch lassen sich je nach räumlicher Gegebenheit und entsprechend zu erreichenden Dämmwerten auch dazu alternierende Dämmkonstruktionen einbringen.

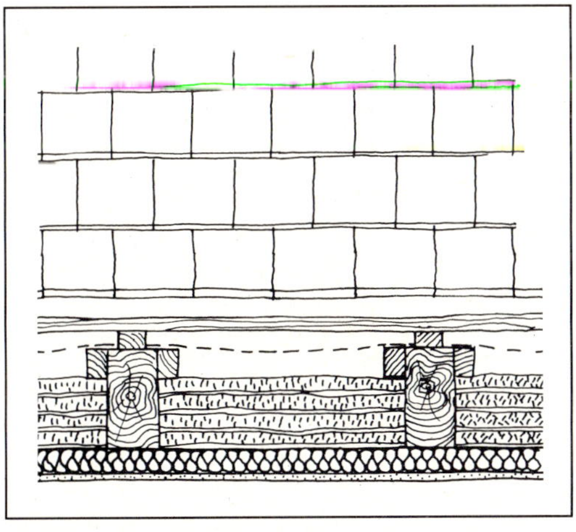

So ist eine Kokosrollfilzdämmung mit einer davor montierten, magnesitgebundenen Holzwolleleichtbauplatte als Kalkputzträger möglich.

Hier bilden Backkorkplatten die Dämmung. Mit einer davor errichteten flachen Lehmsteinschicht wird Masse eingebracht.
Korkplatten und die eingebrannten Lehmsteine werden zwischen den Sparren eingebracht und durch eine Holzverschalung gehalten.

Bevor mit dem Ausbau begonnen wird, sollte die Planung für die Installation der Haustechnik abgeschlossen sein. Wenn schon bei der allgemeinen Hausinstallation die Forderung nach sparsamer Leitungsverlegung laut wurde, so trifft dies beim Dachausbau erst recht zu.

Hatten wir bisher noch immer massive Wandkonstruktionen, so sind diese im Dachstuhl meist auf die Giebelwände begrenzt. Kaminwände und Lüftungsschächte sind für zusätzliche Leitungsaufnahmen ungeeignet.

Hier können Leitungen meist nur unter dem Fußboden und in den Abseiten der Dachschrägen bzw. in den Sparrenfeldern im Bereich der Wärmedämmung verlegt werden.

Sind Raumaufteilungen durch Trennwände (Seite 104 bis 110) vorgesehen, so sind durch die zusätzliche Einbringung von Masse in den Boden hier die statischen Anforderungen besonders sorgfältig zu prüfen.

Keller

Der Keller ist neben dem Dach die zweite klimatische Pufferzone, die von der Funktion her einen Zwischentemperaturbereich zwischen Erdreich und Wohnräumen schaffen soll.

Die Kellerdecke sollte jedoch isoliert werden, um so nicht zu starke Dämmschichten in die Bodenkonstruktion des Erdgeschosses einbringen zu müssen.

Der Keller steht mit 6% in der Skala der Wärmeverlustquellen an letzter Stelle, dennoch machen sich die meisten Kellerdecken durch Fußkälte bemerkbar.

Die einfachste Dämmkonstruktion besteht aus etwa 5 cm dicken Korkplatten, die aufgeklebt oder besser aufgeschraubt werden.

Bei entsprechender Gestaltung für den Kellerausbau können auch Holz- oder Weichfaserplatten auf Lattenkonstruktionen angebracht werden, deren Hohlraum noch zusätzlich mit Zellulosewolle vollgeblasen werden kann.

Gipskartonplatten sind nur bei absolut trockenen Kellern sinnvoll.

Kritisch kann je nach Lage des Hauses der Radongehalt sein. Bei zu hohen Werten, ab etwa 15 Becquerel pro m^3, sollte eine der beschriebenen Gegenmaßnahmen ergriffen werden (siehe Seite 72).

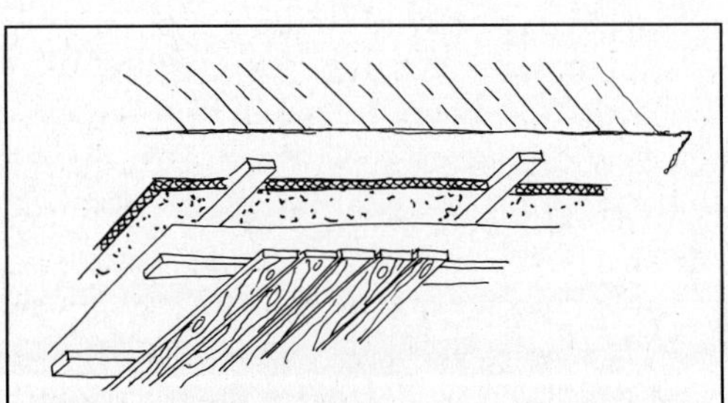

Auf diese Dämmkonstruktion kann zusätzlich noch eine Holzverkleidung montiert werden, die aber, wie hier erkennbar, hinterlüftet werden muß.

Eine ebenso wichtige Untersuchung sollte dem Feuchtegehalt und den Feuchteschäden im Keller gelten.

Liegen Feuchteschäden oder gar eine Durchnässung des Mauerwerkes vor, ist dafür ein Fachmann heranzuziehen, da die meisten Sanierungsarbeiten hier mit einem Freilegen der Fundamente verbunden sind.

Wenn zwischen den Betonwänden des Kellers und einer allgemein zu hohen Luftfeuchtigkeit ein Zusammenhang vermutet wird, können wir uns mit Hilfe eines »Salztestes« Gewißheit verschaffen.

Hierfür legen wir einfaches Tafelsalz als mindestens 3 cm dicke Schicht auf einer etwa 1 m^2 großen Fläche an einer zentralen Stelle im Keller aus.

Nimmt die Luftfeuchtigkeit innerhalb einer Woche spürbar ab und sind auch die Kellerbetonwände trocken, liegt die Ursache der hohen Raumfeuchte an dieser Betonkonstruktion.

Um eine atmungsfähige Pufferzone zu erhalten, sollte dann vor den Betonwänden eine Lehmsteinschicht (siehe Seite 105) aufgemauert werden. Auch der Boden kann mit Lehmziegeln, im Lehmmörtel verlegt, ausgestattet werden.

Dauernde Abhilfe schaffen wir mit dieser Lehmkonstruktion jedoch nur dann, wenn eine ausreichende Dauerlüftung des Kellers gegeben ist.

Ist das nicht der Fall, sollten Lüftungsschächte oder Kellerfenster installiert werden. Dabei dürfen die Lüftungsöffnungen jedoch nicht zu einer Verkehrsstraße hin gelegt werden, da sonst zwar der Keller trocken, dafür aber mit allen möglichen Schwermetallen belastet ist.

Vorratskeller

Ein Kellerraum kann sehr gut als biologischer Vorratsraum genutzt werden.

Die Bedingungen für einen solchen Vorratsraum sind eine ausreichende Dauerbelüftung und für die Lagerhaltung von Obst und Gemüse eine relative Luftfeuchtigkeit von 70 bis 80%. Diese relative Luftfeuchtigkeit muß jedoch konstant sein, denn bei zu trockener Raumluft vertrocknet das Vorratsgut.

Die Temperatur sollte je nach Jahreszeit zwischen 4 und 10 °C liegen.

Als Grundfläche für einen Vier-Personen-Haushalt brauchen wir etwa 6 bis 10 m^2. Die günstigste Lage im Kellergeschoß ist an der Längsseite in Ost-West-Richtung, um mögliche Erwärmungen zu vermeiden. Es sollten möglichst keine Heizungsrohre in dem Raum verlegt sein.

Ist der Standort nun gefunden, so ist zu überlegen, ob die dort vorhandene Bodenplatte veredelt werden soll, wenn nicht der natürliche Boden schon sichtbar ist. Ein Entfernen der Bodenplatte ist bei relativ geringem Radongehalt zwar optimal, jedoch sind dann sehr sorgfältig sowohl die statischen Auswirkungen wie auch die möglichen Höhenstände des Grundwasserspiegels zu prüfen.

Wenn auch das gewachsene Erdreich den idealen Boden für die Vorratshaltung bietet, können wir aber auch einen Lehmboden einbringen, wie auf Seite 198 beschrieben, der sich, vergleichbar dem Erdreich, mit einem zufriedenstellenden Wasserdampfaufnahmevermögen auszeichnet und im Normalfall eine natürliche Feuchteregulierung bietet.

Der Lehm sollte möglichst frei von organischen Substanzen sein. Um das festzustellen, formen wir den Lehm zu einer Kugel, behält er die Form ist er verwendbar.

Liegt als Kellerboden nur gestampftes Erdreich vor, sollte eine Schicht von etwa 3 bis 4 cm Lehm ebenso eingebracht werden.

Der Lehm wird dann eingestampft, wobei ein Holzgitter aus unbehandelten Dachlatten im Abstand von 80 × 80 cm eingelassen wird, um sogenannte Sollbruchstellen zu definieren, die bei der Trocknung entstehen können.

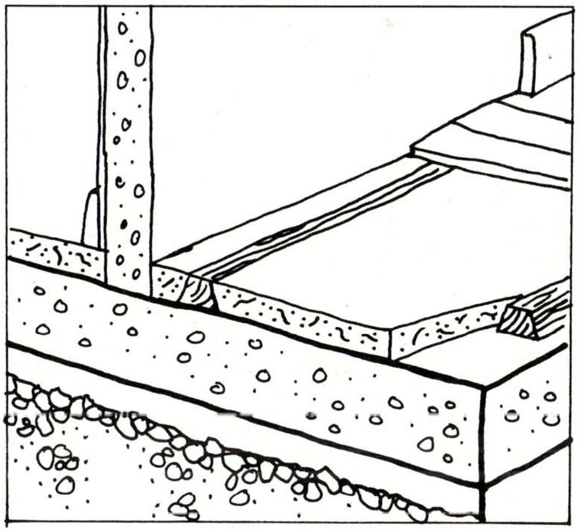

Die Oberfläche wird mit einem Molkeprodukt, z. B. Magerquark bestrichen, um sie abriebfester zu gestalten. Natürlich kann auch eine Leinölgrundierung (Seite 152) vorgenommen werden, die wirkungsvoller, aber auch teurer ist.

Bei der Oberflächenbeschichtung mit Magerquark empfiehlt es sich, im Bereich der späteren Lauffläche eine Brettlage auf den Dachlatten zu befestigen.

Unter der Decke sind Weichfaserplatten oder magnesitgebundene Holzwolleleichtbauplatten anzubringen.

Der Vorratsraum sollte gut belüftbare Kellerfenster aufweisen. Zur Überwachung des Raumklimas empfiehlt es sich, ein Hygrometer und ein Thermometer aufzustellen.

Kellerausbau

Ein Keller kann bei entsprechend ausreichender Lüftung, Trockenheit und ertragbaren Lichtverhältnissen auch Freiraum für Freizeitaktivitäten bieten.

Bei der Planung eines Ausbaus sind neben der Raumaufteilung die Lichtgestaltung und die Verbesserung der Luft- und Wärmesituation zu überlegen.

Als dauernde Aufenthaltsräume sind Kellerräume jedoch in jeglicher Hinsicht ungeeignet. Betonwände und -decken entziehen jedem Körper aufgrund ihrer hohen Rohdichte Wärme. Die Oberfläche fühlt sich kalt an und man hat das Gefühl, die Wand strahle Kälte ab. Aus diesem Grund sollten Betonoberflächen beim Kellerausbau unbedingt veredelt werden.

Die einfachste Methode ist das Aufbringen einer streichfähigen Weichfaserplatte (siehe Seite 98).

Alternativ dazu kann aber auch eine Wandverkleidung auf Holzlattenkonstruktion (siehe Seite 116) mit etwa 3 × 5 cm dicken Latten im Abstand von etwa 50 cm montiert werden.

Bei einer Kelleraußenwand ist eine ausreichende Hinterlüftung zu berücksichtigen (vergleiche Seite 118).

In Kellerräumen müssen entgegen der Anleitung von Seite 101 die eingelegten Korkplatten über die gesamte Fläche mit gewachstem Ölpapier überzogen werden. Nun wird die senkrechte Lattung mit 2 bis 5 cm dicken Hölzern aufgeschraubt, die dann mit Profilhölzern, Trockenputz- oder Weichfaserplatten beplankt werden kann.

Kellerböden sollten wärmegedämmt werden. Hier empfiehlt sich bei entsprechenden Höhenverhältnissen das Aufbringen einer 10 cm hohen Lagerholzkonstruktion, in die Korkgranulat oder Zellulosewolle auf Ölpapier eingebracht und mit Dielenboden belegt werden kann. Für Gänge reicht ein ins Sandbett verlegtes Rundholzpflaster, welches nicht nur für warme Füße sorgt, sondern auch noch ansprechend aussieht.

Diese geschilderten Maßnahmen gelten nur bei trockenen Kellerböden, bei feuchten Kellerböden wird die Nutzung wieder äußerst fragwürdig.

Als Feuchteisolierung im Kellerbereich, z. B. für Waschküche oder kurzfristig genutzte Werk- und Abstellräume könnte ein Asphalt-Estrich eingebracht werden. Aufgrund des nicht unbedenklichen Materials (siehe Seite 202), sollte die Schicht dieses Verbundestrichs jedoch nur 2 cm betragen.

Als baubiologische Feuchteisolierungen eignen sich die Ziegelestrichplatten (Seite 201), die für den weiteren Aufbau jedoch mit Wasserglas imprägniert werden sollten. Diese Imprägnierung ist daher erforderlich, da die Kapillaren des Ziegels Nässe hochsteigen lassen.

Als weiterer Aufbau können dann Weichfaserplatten als Unterkonstruktion verlegt werden.

Geeignete Bodenbeläge für Kellerräume sind in erster Linie Linoleum und Korkfliesen. Bei nicht zu hoher Bodenfeuchtigkeit eignen sich auch Holzpflaster und unter normalen Raumbedingungen auch Holzdielen und Parkett.

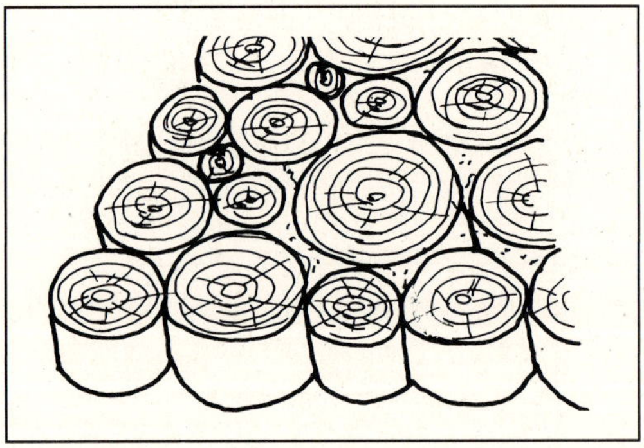

Holzpflaster

Holzaußenbehandlung

Der beste Schutz für Hölzer im Außenbereich ist der »konstruktive« Holzschutz. Dabei wird der Holzschutz in erster Linie durch die Konstruktion und Ausführung hergestellt.

So sollten alle Holzteile im Außenbereich mit sogenannten Tropfkanten, Wasserschenkeln und Regenschienen versehen sein, damit das Wasser rasch abfließen kann. Ebenso müssen feucht gewordene Hölzer schnell austrocknen können, dafür sind die Hinterlüftungskonstruktionen wichtig.

Durch den Erhalt der Holzfaserschicht (vergleiche Schindeln Seite 92), kann Holz einen eigenen Nässeschutz bilden.

Kritisch sind immer die Hirnholzflächen. Bei einfachen Holzteilen, wie Zaunpfähle oder auch Gartenmöbel, sollten sie abgeschrägt und mit mehrmaligem Leinölanstrich versehen werden.

Sonst schützt eine darauf mit Faserausbildung befestigte Holzplatte vor der Durchfeuchtung.

Holzbauteile am Haus sollten außerhalb des Spritzwasserbereichs liegen, dafür brauchen wir einen Mindestabstand von 30 cm zwischen der Oberkante des Erdbodens und der Unterkante des Holzteils. Balkenkonstruktionen sollten aus diesem Grund auf Massivsockeln errichtet werden. Zudem sollten alle Verbindungsteile für Hölzer, wenn sie aus Metall bestehen, nichtrostend sein.

Holzschutzanstriche

Ein Großteil der Holzbehandlungsmittel, die wir bei der allgemeinen Holzoberflächenbehandlung einsetzen (siehe Seite 152 bis 158), eignen sich auch für den schützenden Außenanstrich.

Generell sind diese Produkte leicht brennbar oder sogar leicht entflammbar. Bei der Verarbeitung sollten Zündquellen, wie offenes Feuer oder brennende Gegenstände, wie z. B. Zigaretten, ferngehalten werden.

Aber schon ein mit Anstrichmitteln getränkter Lappen kann sich in der prallen Sonne selbst entzünden.

Daher ist generell die Anweisung der Hersteller zu befolgen, die genaue Auskunft über den Grad der Entflammbarkeit gibt und auf eine gute Belüftung zu achten.

Bei allen Anstrichmitteln muß immer eine Farbpigmentierung beigemischt werden, um so einen Schutz vor ultravioletter Strahlung zu erhalten, die sonst das Holz ausbleichen würde.

Die Pigmentierung richtet sich auch nach der Lage, so reichen bei Nord- und Ostlagen schon 5% bis 6% Pigmentieranteil aus, während bei Süd- und Westseiten eine Pigmentierung bis zu 15% sinnvoll ist.

Waren die Hölzer bereits vorbehandelt, so müssen verschließende Altanstriche rückhaltlos entfernt werden (siehe ab Seite 146). Zudem muß die Fläche sauber, trocken und staubfrei sein.

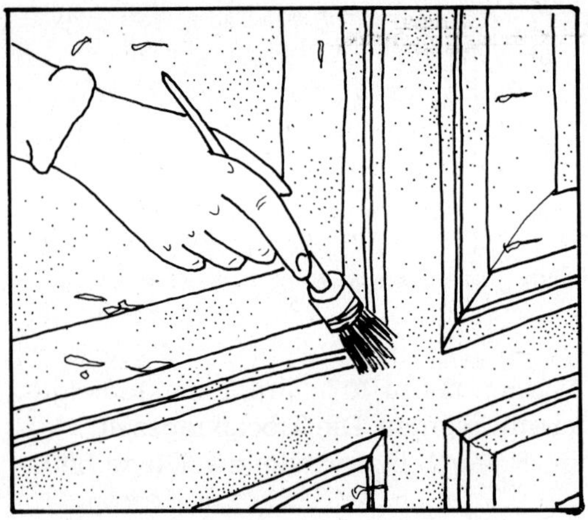

Naturharzöl-Imprägnierungen (Seite 154) sind gut für den Außenbereich geeignet; sie schaffen einen hellen, schichtbildenden, offenporigen Anstrich.

Dieser Anstrich wird dadurch wasserabweisend, ohne jedoch die Fähigkeit der Wasserdampfdiffusion zu verlieren.

Der Erstanstrich wird mit 20% Wasser verdünnt und ein- bis zweimal naß in naß aufgetragen. Nach 24 Stunden Trocknungszeit erfolgt dann der Schlußanstrich. Diesem Anstrich muß eine Farbpigmentierung von 5% bis 10% beigemischt werden. Die Trocknungszeit des Schlußanstriches beträgt etwa zehn Stunden. Der Verbrauch liegt bei etwa 0,1 l pro m^2 für alle drei Anstriche zusammen.

Leinölanstriche (Seite 152) sind ebenso für den Außenbereich geeignet, weisen gute Eindringtiefen vor und schaffen eine helle, holzbelebende Oberfläche.

Leinölanstriche sind leicht entflammbar und daher mit der gebotenen Vorsicht zu verarbeiten. Mit Leinöl getränkte Lappen müssen vor Sonnen- und Hitzeeinwirkung ferngehalten werden.

Auch hier müssen Abtönpaste oder Farbpigmente hinzugefügt werden. Anteil zwischen 5% und 15%. Der Verbrauch liegt bei 0,2 l bei dreimaligem Anstrich (zwei Vor- und ein Schlußanstrich).

Holzlasuren (Seite 156) erreichen durch den hohen Festkörpergehalt einen wirkungsvollen Wetterschutz. Holzlasuren besitzen ein hohes Eindringvermögen und bewirken eine hochelastische Schutzfilmbildung.

Der Anteil der Farbpigmentierung beträgt hier zwischen 7% und 15%, so daß diese Holzlasuren sich besonders eignen, wenn eine Farbgestaltung des Holzes gewünscht wird. Der Verbrauch liegt bei etwa 0,1 l pro m^2.

Ölfarben (Seite 153) sind lösungsmittelfrei, wetterfest und elastisch. Sie eignen sich besonders zum deckenden Lackieren von Hölzern, wobei sie eine wasserabweisende Schicht bilden, ohne die Wasserdampfdiffusionsfähigkeit zu beeinträchtigen.

Zur Schutzimprägnierung gegen Verrottung stehen uns auch reine Außenbehandlungen zur Verfügung.

Pottaschenlauge. Hierbei wird das Holz mit heißer Lauge abgewaschen, die auch leicht gefärbt werden kann (z. B. mit Zitronenschalen).

Zur Herstellung von Aschenlauge wird Holzasche im Mischungsverhältnis 1 Teil Asche zu 2 Teilen Wasser eine halbe Stunde lang gekocht und nach dem Erkalten durch ein Tuch gesiebt.

Statt der Holzasche kann auch Kaliumkarbonat genommen werden.

Die gesiebte und damit klare Lauge wird erneut erhitzt, um dann mit einer Temperatur von etwa 70 °C aufgetragen zu werden.

Eine wirkungsvolle Imprägnierung erreichen wir nur bei ausreichender

Temperatur der Aschenlauge. Spätestens wenn die Temperatur auf 50 °C sinkt, muß die Aschenlauge erneut erhitzt werden. Der Anstrich erfolgt durch ein sattes Auftragen mit dem Pinsel in zwei Schichten.

Sodalauge. Diese Lauge ist im Prinzip eine Abwandlung der Aschenlauge. Statt der Holzasche wird hier Soda verwendet. Für die Verarbeitung ändert sich dadurch nichts.

Da Laugen ätzen, sollten bei der Arbeit Gummihandschuhe, Schutzbrille und eventuell noch eine Atemmaske getragen werden.

Holzpech eignet sich zur Imprägnierung bei Holz im Erdreich, wie Zäune, Holzpfähle, Pergolen oder Grasdachumrandungen.

Eine Holzpechimprägnierung besteht aus pflanzlichen Rohstoffen, sowie Zusätzen aus Buchenholzdestillat und Kräuterextrakten. Sie wirkt daher vorbeugend gegen Holzverrottung. Sie ist geruchsstark mit ihrem typischen, rauchigen Geruch des Holzdestillats.

Eine Holzpechimprägnierung wird zunächst als Grundanstrich mit 20%iger Balsamterpentinölverdünnung in der »Naß-in-Naß-Technik« aufgetragen.

Nach dem Trocknen erfolgt etwa zwei Tage später der Zwischenanstrich, diesmal mit einer nur 10%igen Verdünnung mit Balsamterpentinöl. Diesem Anstrich können bis zu 10% Farbpigmente beigemengt werden. Die Trocknungszeit dürfte auch hier wieder zwei Tage betragen. Dann kann der nun unverdünnte Schlußanstrich erfolgen.

Der Verbrauch liegt bei 0,1 l pro m^2.

Generell sollten bei der Holzaußenbehandlung zu helle Anstriche, die das Sonnenlicht reflektieren, vermieden werden. Bei reflektierenden Anstrichen kann sich die Holzoberfläche nicht ausreichend erwärmen und einmal eingedrungenes Wasser so über längere Zeit im Holz verbleiben und auf Dauer Fäulnis hervorrufen.

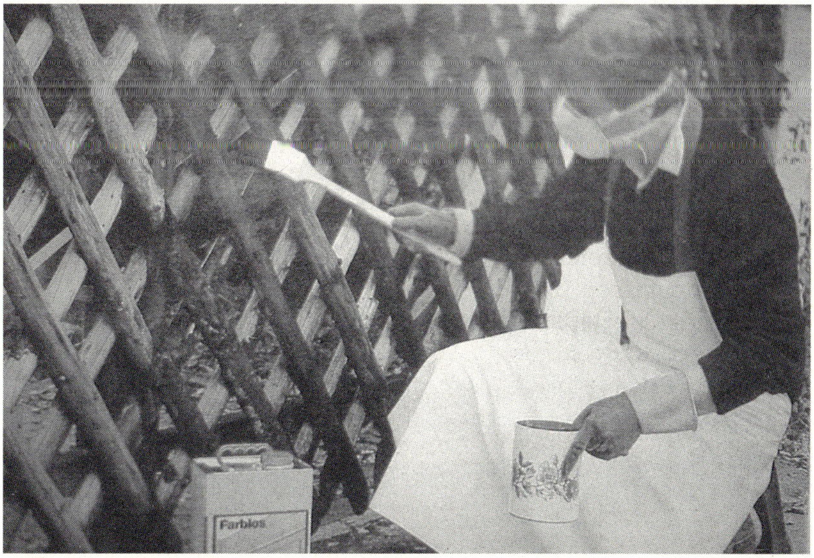

Das Tragen einer Atemmaske empfiehlt sich bei Arbeiten mit Laugen, aber auch bei lösungsmittelhaltigen Anstrichen (vergleiche Seite 120).

Inneneinrichtung

Mit Abschluß der erfolgreichen Renovierung nach den Kriterien der Baubiologie sollten wir uns nun noch der »Wohnbiologie« annehmen.

Mit unserer Renovierung haben wir es zwar mehr oder weniger geschafft, Dekken, Wände und Böden zu entgiften und atmungsaktiv zu machen, wie auch Störzonen und -felder durch haustechnische Leitungen und Materialien auf ein erträgliches Maß zu reduzieren.

Wir werden insgesamt ein sehr positives und gestalterisch ansprechendes Wohnumfeld geschaffen haben, in dessen Wohnklima und Atmosphäre wir uns rundum wohlfühlen werden.

Schon allein dadurch dürften wir Einrichtungsgegenstände, die sich durch die Unechtheit ihres Materials auszeichnen, rein subjektiv als störend empfinden, ohne hier bereits unsere Bewertungskriterien für die chemischen Inhaltsstoffe im Hinterkopf zu haben. So ist meines Erachtens die Wohnbiologie die logische Folgerung aller baubiologischen Bemühungen und umgekehrt auch so eng mit dieser verknüpft, daß Abgrenzungen weder möglich sind, noch einen Sinn ergeben würden.

So gelten für die Einrichtungsmaterialien und -oberflächen die gleichen Anforderungen, die wir an das Material der uns umschließenden Flächen gestellt haben:

- Atmungsaktivität durch die Fähigkeit, Wasserdampf aufzunehmen und ausgleichend an die Raumluft abzugeben (Hygrokapazität),
- toxische Unbedenklichkeit durch das Fehlen jeglicher giftiger Substanzen
- und die fehlende Neigung zur elektrostatischen Aufladung

sollten unsere Maximen bei der Einrichtung sein.

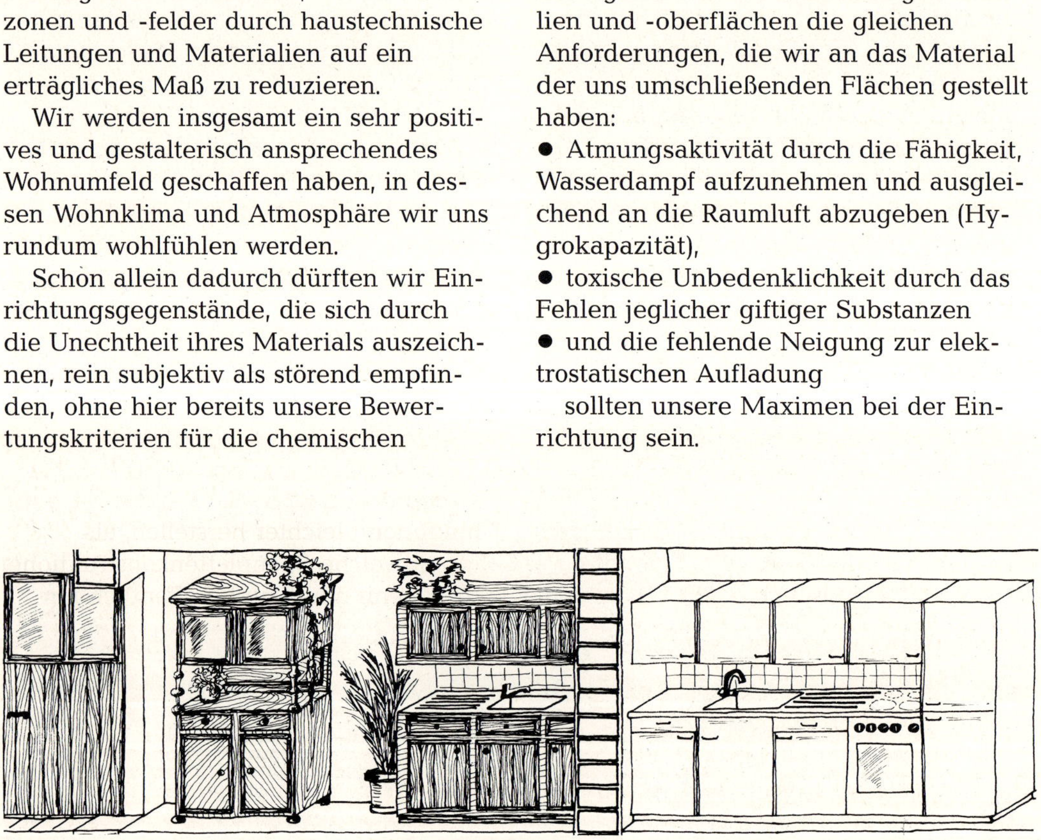

Möbel

Auch hier gilt die Empfehlung der Verwendung von ausschließlich natürlichen Materialien.

Für ihre Oberflächenbehandlung sollten nur biologische Mittel verwendet werden, um so die Harmonie zum Material zu erhalten und die Qualität des Wohnklimas zu gewährleisten.

Wenn diese Mittel mit ätherischen Ölen versetzt auch noch einen angenehmen Geruch verbreiten, fördert das unser subjektives Wohlbefinden.

Die Oberflächen sollten frei von Spiegelung und Blendung sein, damit das natürliche und künstliche Licht nicht reflektiert wird. Bei einer Färbung ist die stoffeigene Tönung, Maserung und Struktur zu erhalten, darf also nicht verdeckt werden.

Die wohl beste Oberflächenbeschichtung für Möbel dürfte die Bienenwachsbehandlung sein. Mit terpentinöllöslichen Farben — und hier vor allem Erdfarben — können wir auch eine Tönung erzielen, die den Charakter der Oberfläche nicht entfremdet.

Zur Wachsbehandlung, wie auf Seite 150 beschrieben, verwenden wir ein mittelhartes Wachs, das mit einem nichtfasernden Stoff aufgetragen oder mit einer mittelharten Bürste hauchdünn und fest in Richtung der Fasern eingerieben wird, bis es gleichmäßig verteilt alle Poren füllt.

Nach etwa zwei Tagen Trocknungszeit werden die gewachsten Flächen, die noch relativ stumpf sind, mit einem trokkenen Stoffballen abgerieben und dann so lange poliert, bis kein Widerstand mehr zu spüren ist und eine gleichmäßig glatte Oberfläche entsteht.

Alternierend lassen sich solche Oberflächen aber auch ölen oder beizen, wie ab Seite 152 nachzulesen.

Nach unseren Kriterien sollten Möbel prinzipiell aus Massivholz bestehen. Mit dieser materialechten Konstruktion sind unsere wohnbiologischen Kriterien erfüllt, darüber hinaus erzielen wir durch die Qualität des Massivholzes eine enorm hohe Belastbarkeit und die nur geringe Altersabnutzung garantiert eine langlebige Funktionsfähigkeit.

Zwar ist mir durchaus bewußt, daß Massivholzkonstruktionen durch die aufwendigere Verarbeitung auch einen höheren Preis haben, doch im Vergleich zu den gasenden, dampfenden oder aufladenden Imitationsmöbeln sollten lieber einige, wenige Möbelstücke mit »Charakter« der üppigen Möblierung mit zumindest qualitativ minderwertigen Materialien vorgezogen werden.

Zudem lassen sich im Selbstbau Massivbaumöbel durch die Vielfalt der Verbindungen leichter herstellen, als irgendwelche Spanplattenkonstruktionen (wo, wenn überhaupt, hoffentlich nur E1-Platten verwendet werden, wie auf Seite 36 empfohlen).

Bei Massivhölzern sollte dann auch konsequent darauf geachtet werden, daß alle Bezugsstoffe für Stühle, Sessel und Polstermöbel aus Naturfasern, wie Baumwolle oder Leinen bestehen.

Innenraumgestaltung

Die Innenraumausstattung sollte in ihrer Form den physiologischen und ergonomischen Ansprüchen entsprechen.

Doch neben der praktischen und sachlichen Funktionalität sollte sie auch eine geistig-seelische Dimension aufweisen, die sich aus Proportion, Symbolik, Farbgestaltung und Materialbedeutung zusammensetzt, deren Wahrnehmung und Empfindung individuell unterschiedlich ist (siehe hierzu auch Seite 78 bis 80).

Flankierend zu unseren biologischen Renovierungsmaßnahmen läßt sich die Luftfeuchte eines Raumes durch die Einrichtung stark beeinflussen, sofern sie aus hygroskopischen Materialien besteht.

Bei Holz, aber auch bei Naturfasern wie Wolle oder Baumwolle, wird Wasserdampf gespeichert und im Gleichgewicht mit den Temperatur- und Feuchtigkeitsverhältnissen der Raumluft abgegeben. Hierdurch stabilisiert sich die Raumluftfeuchte, was sich wiederum positiv auf die Staubbildung und das elektrostatische Verhalten auswirkt.

Umgekehrt können falsche Standorte von Einrichtungsgegenständen das Feuchtklima negativ beeinflussen.

Zur Vermeidung von Feuchtigkeitsschäden im Rauminneren sollte es keine Außenwandflächen geben, die nicht mit einem Luftzug in Berührung kommen können. Daher sollten keine Bilder und erst recht keine Möbel mit geschlossenem Sockel direkt an eine Außenwand gestellt werden.

Bei Einbauschränken ist zudem innerhalb des Schrankes auf eine gute Luftzirkulation zu achten, damit Kleidung und Wäsche nicht muffig oder feucht werden. Diese Ventilation läßt sich schon durch Lüftungsschlitze im Sockel und an der Decke erreichen.

Bei der Innenraum-Gestaltung sollte unabhängig irgendwelcher Farbtheorien die Wahl entsprechend dem persönlichen Farbtypus getroffen werden.

Farben und Tapeten sollten öfters erneuert werden, besonders in Kinderzimmern. Dies hat vor allem hygienische Gründe, da unsere Wandbeschichtung ja als Filter vor dem atmungsaktiven Wandaufbau die Schadstoffe absorbiert.

Fensterscheiben sollten möglichst die ultravioletten Strahlen einlassen; auf keinen Fall würden getönte Fensterscheiben oder gar Sonnenschutzglas und -folie unsere Bemühungen in dieser Richtung fördern.

Abwechslungsreiche, strukturierte und natürliche, lebhafte Rauhoberflächen sind monotonen Flächen gewiß vorzuziehen. Hierfür, zudem auch stark atmungs- und filteraktiv, sind Schindel- und Holzverkleidungen geeignet. Wenn überhaupt hierfür ein Oberflächenschutz erforderlich ist, sollte er aus Bienenwachs, Naturharz- oder Ölpräparaten bestehen. Also Holzpflege und keine Holzvergiftung.

Sonst stehen uns Naturfasertapeten (Textil-, Pflanzen- und Rauhfasertapeten), Naturharz-Dispersionen, Struktur- und Feinputze aus Kalk, Lehm, Weichfaser oder Naturgips zur Verfügung. Eine farbliche Gestaltung mit Erd- und Mineralfarbpigmenten ist überall möglich.

Fußböden sollten trittelastisch, warm und strukturgriffig sein. Dafür stehen uns zur Verfügung: reine Naturwollteppiche (ohne Mottenschutzausrüstung und Kunststoffrücken) und Haarteppiche (z. B. Ziegenhaare), Kokos- und Sisalteppiche (mit oder ohne Naturlatexrücken), strapazierfähiger und pflegeleichter Linoleumbelag (ohne Wachsen und Bohnern) und Holzdielen und -parkette mit

natürlichem Oberflächenschutz, also ohne Versiegelung.

Gardinen sollten aus natürlichen Textilien bestehen, aus Wolle oder Leinen, nur nicht aus Synthetik.

Licht

Erst allmählich werden die vielfältigen Auswirkungen des Lichts im Bereich des Wohnumfeldes erforscht.

Wenn z. B. künstliches Licht unsere innere Uhr irritiert und so unseren Rhythmus durcheinanderbringt, dann gibt es so etwas wie Lichtstreß, der ähnlich dem physischen Streß biochemische Veränderungen hervorruft.

Das künstliche Licht gibt lediglich die sichtbaren Lichtquellen wieder. Für die menschliche Vitalität sind aber die energetischen Wellen im Ultraviolett- und Infrarotbereich des Sonnenlichts wichtig.

Daher ist es sinnvoll, bei der Art des Kunstlichtes Beleuchtungen zu wählen, die in ihrem Lichtspektrum dem Sonnenlicht nachempfunden sind.

So wurde eine sogenannte Vollspektrumlampe entwickelt, die weitgehend dem natürlichen Tageslicht angepaßt ist. Die aus Quarzglasgemisch hergestellte Leuchtstoffröhre hat zudem noch einen Energieeinspareffekt von etwa 50% und eine längere Lebensdauer.

Aufenthaltsräume

Schon sehr oft gesagt, hier nun ein letztes Mal wiederholt: unser Hauptaugenmerk sollten wir bei allen unseren Untersuchungen, Renovierungs- und Sanierungsarbeiten auf die Räume richten, in denen wir uns am meisten aufhalten.

Und gerade in diesen Tages- und Nachtaufenthaltsräumen sollte unsere Kompromißbereitschaft in bezug auf nichtbiologisches Material und Ausstattung nicht zu weit gehen.

Am Beispiel des Schlafzimmers, wohl für die meisten der Raum mit der längsten Aufenthaltsdauer, möchte ich daher die Optimalforderungen stichpunktartig auflisten.

In Schlafräumen als Regenerierungsort ist eine völlig ungestörte Atmosphäre zu schaffen, zumal unser Organismus im Ruhezustand besonders empfindlich ist.

Schon die Bauform sollte durch eine harmonische Architektur Ruhe und Regeneration ausstrahlen. Die Raumform sollte dafür eher quadratisch (ruhig) als rechteckig (aktivierend) sein. Pro Person brauchen wir hier mindestens eine Raumgröße von 10 m^2 pro Person. Die Raumhöhe sollte durchgehend mindestens 2,50 m betragen.

Die Dämmkonstruktionen der Umschließungsflächen, inklusive Fenster und Türen, sollten sowohl einen Lärmschutz von außen wie auch von innen sicherstellen.

Durch die schwimmende Bodenausführung sollte bei Häusern an verkehrsreichen Straßen auch ein Vibrationsschutz gegeben sein.

Die Baustoffe und Baukonstruktionen sollten hier besonders diffusionsfähig (für die Atmungsaktivität), hygroskopisch (für die Regulierung der Raumluftfeuchte) und sorptionsfähig (für die Filterung und Neutralisierung von Luftschadstoffen) sein. Durchschnittlich sollte die relative Luftfeuchte ca. 50% betragen.

Die Heizung sollte viel Strahlungswärme und wenig Konvektion abgeben, um dadurch warme Raumoberflächen bei geringer Lufttemperatur zu erhalten.

Es soll eine angenehme Temperatur herrschen, ohne Temperaturreize und -gefälle.

Eine gute Lüftung muß den Frischluftbedarf sicherstellen, der in der Nacht bei 30 m^3 pro Person und Stunde liegt. Dabei darf es jedoch nicht zur Zugluftbildung kommen. Die Lüftung schafft auch ein ausgewogenes Verhältnis zwischen positiven und negativen Sauerstoffionen (ca. 1000 Ionenpaare pro m^3 Luft).

Auch fugendurchlässige Fenster, in Kombination mit atmungsaktiven Wänden, fördern den ständigen Luftaustausch ohne Zugerscheinungen.

Die Ostlage des Schlafplatzes (mit dem Kopf zum Osten oder Norden) ist am gesündesten. Dieser Platz sollte frei von geobiologischen Störfaktoren sein.

Unsere Hautatmung dient der Entgiftung, die nicht durch die Matratze oder das Bettzeug unterbunden werden darf.

Eine biologisch vollwertige Matratze sollte drei Forderungen erfüllen: genügende Aufnahme der Körpertranspiration (pro Nacht ca. 1 l), guter Liegekomfort und gute Wärmehaltung.

Die Wahl der Materialien richtet sich natürlich nach den Schlafansprüchen und den klimatischen Verhältnissen, doch möchte ich in der Skizze den möglichen Aufbau eines »Bio-Bettes« demonstrieren.

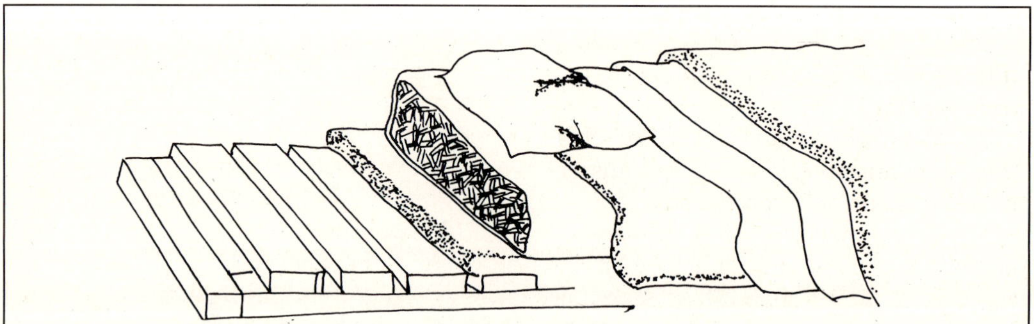

Ein Bettrahmen soll nur aus Holz bestehen. Für die Strohmatratze brauchen wir sowohl eine Unter- wie eine Auflage, damit sich das Stroh nicht durch den Bezugsstoff drücken kann. Dieser Bettaufbau hat ein gutes Aufnahmevermögen für die Körpertranspiration, eine gute Wärmehaltung und ist als hartes Lager sehr gesund.

Angenehme Licht-, Beleuchtungs- und Farbverhältnisse sollen die Raumfunktionalität als Ruhezone unterstreichen. Wenn auch für Schlafräume in Nord- und Ostlage kleinere Fenster als auf der Südseite sinnvoll sind, so sollte die Fenstergröße doch mindestens ein Zehntel der Raumgrundfläche betragen.

Der Schlafplatz muß frei sein von elektrischen und magnetischen Feldern, um so Elektrostreß zu vermeiden.

Ein Mindestabstand von 1,50 m zwischen Elektrokabeln, Steckdosen, Radiowecker oder Lampen und Bett ist dringend angeraten. Zu stärkeren Spannungen (Elektroöfen oder Fernseher) ist der Abstand noch größer zu halten. Daß keine elektrischen Heizkissen oder Heizdecken aus diesem Grund verwendet werden sollten, dürfte klar sein.

Ungeeignet sind Schlafstellen im Bereich starker geobiologischer Störfelder. Dazu zählen aber auch Warmwasser-Fußbodenheizungen, Solar-Anlagen mit fließendem Wasser oder Öltanks.

Ebenso im Bereich starker elektrischer und magnetischer Störfelder. Dazu zählen z. B. Strahlheizkörper, Dachständer, Antennen. Ebenso wenn im Umfeld Radarsender, Trafostationen und elektrische Bahnlinien (auch Straßenbahn und U-Bahn) vorhanden sind.

Für die anderen Aufenthaltsräume gilt, je nach Funktion nur leicht verändert, fast dasselbe.

Ein Wohnzimmer sollte zur Süd- bis Westseite ausgerichtet sein, mit ausreichend dimensionierten Fenstern.

Dauernde Sitz- oder Lieblingsplätze sollten frei von geobiologischen Störfaktoren sein. Generell empfiehlt sich eine Möblierung aus massivem, unbehandeltem Holz mit gewünschter farblicher Beschichtung. Oberflächen von Schrankwänden sollten Strukturen aufweisen, die lebendig wirkende Impulse erzeugen, die Kreativität und Erholung fördern.

Bei Küchen und Eßzimmern ist eine schadstofffreie Innenraumluft Voraussetzung für gesundes Essen. Dafür sorgen gut atmende und filternde Wandaufbauten, wie auch eine ausreichende Dauerlüftung.

Für Küchenschränke gilt daher dasselbe, was bereits für den übrigen Wohnbereich gesagt wurde: Holz möglichst massiv und unbehandelt.

Die hölzerne Arbeitplatte sollte mit Naturharzlack, am besten einem Fußbodenlack, oder mit Kalkseife behandelt werden.

Wenn wir die Einrichtung nun auf unsere baubiologischen Renoviermaßnahmen abgestimmt haben, können wir sicher sein, daß wir für unser Wohnklima und damit für unser Wohnverhalten das Optimale geleistet haben.

Sowohl in bezug auf die nunmehr gegebene Stoff- und Luftverträglichkeit als auch in bezug auf die allgemeine Wohnphysiologie und -psychologie.

Der in der Einleitung zitierte Spruch von der Wechselwirkung zwischen dem Material und den Bewohnern ist somit auch für uns Realität geworden.

Adressenverzeichnis

Nachfolgend aufgeführte Institute und Verbände nehmen Analysen und Bewertungen von Schadstoffen vor oder können Auskunft geben, wer im Bereich des jeweiligen Wohnortes Analysen durchführen kann.

Geordnet nach Postleitzahlen:

Landesanstalt für Lebensmittel, Arzneimittel und gerichtliche Chemie
Invalidenstr. 60
1000 Berlin 2

Bundesgesundheitsamt
Postfach
1000 Berlin 33

Umweltbundesamt
Bismarckplatz 1
1000 Berlin 33

Ökotechnic
Hasenheide
1000 Berlin 61

Institut für Arbeitsmedizin
der Universität Hamburg
Adolf-Schönfelder-Str. 5
2000 Hamburg 76

Institut für Toxikologie
der Universität Kiel
Prof. Otmar Wassermann
Hospitalstr. 4 — 6
2300 Kiel

Bremer Umweltinstitut
Colmarer Str. 22 A
2800 Bremen

Universität Oldenburg
Fachbereich Chemie
Dr. Werner Butte
2900 Oldenburg

Institut für ökologische Forschung
und Bildung
Immengarten 31
3000 Hannover 1

Bundesverband
Gesundes Bauen und Wohnen
Postfach 1820
3300 Braunschweig

Wartig-Chemieberatung
Ketzerbachstr. 27
3551 Lahntal-Sterzhausen

IFUA — Institut für Umweltanalyse e.V.
Eckendorfer Str. 10
4800 Bielefeld 1

Katalyse Umweltgruppe Köln e.V.
Engelbertstr. 41
5000 Köln 1

Interessengemeinschaft
der Holzmittelgeschädigten
Unterstaat 14
5250 Engelskirchen

BBU — Bundesverband Umweltschutz
Friedrich-Ebert-Allee 120
5300 Bonn 1

BUND — Bund für Umwelt- und Naturschutz
Bundesgeschäftsstelle
Reuterstr. 214
5300 Bonn 1

IFEU — Institut für Energie- und Umweltforschung
Im Sand 5
6900 Heidelberg

Landesanstalt für Umweltschutz
Postfach 210 752
7500 Karlsruhe

Öko-Institut
Hindenburgstr. 20
7800 Freiburg

Ingenieurbüro Baubiologie und Bioklimatik
Giselastr. 29
8000 München

Institut für ökologische Chemie der Gesellschaft für Strahlen- und Umweltforschung
Ingolstädter Landstr. 1
8042 Neuherberg

Internationales Institut für Baubiologie
Heilig-Geist-Str.
8200 Rosenheim

Institut für Baubiologie und Ökologie
Holzkam 25
8201 Neubeuern

Institut für ökologische Chemie e.V.
Hilbringer Str. 2
8500 Nürnberg 125

Prüfungen in der Wohnung mit den auf Seite 58—60 vorgestellten Geräten können meist Architekten und Bauingenieure mit einer baubiologischen Zusatzausbildung vornehmen. Bei der Suche behilflich ist: BAB — Bund Architektur und Baubiologie
Kreuzbergweg 22
5300 Bonn 1

Bei der Suche nach einem Wünschelrutengänger ist behilflich:
Dipl.-Phys. R. Schneider
Postfach, 8980 Wertheim

Adressen in Nachbarlandern:

Österreichisches Institut für Baubiologie
Landstraßer Hauptstr. 67
A-1030 Wien

Oekos Beratungsgemeinschaft für angewandte Ökologie
Mainaustr. 32
CH-8008 Zürich

Eidgenössische Forschungsanstalt
CH-8820 Wändensvil

Schweizerisches Institut für Baubiologie
Sekretariat
Rösslistr. 23
CH-9230 Flawil

Labor für Umwelt und toxikologische Chemie der Universität Amsterdam
Prof. Kees Olie
Niewe Achtergracht 166
NL-Amsterdam

Verzeichnis der verwendeten Literatur

Böse, K. H.: Mit Naturfarben streichen. Köln 1986

Eisenschink, A.: Der Heizratgeber. München 1981

Energie- und Umweltzentrum: Dämmstoffe im Vergleich. Springe 1985

Gartner; Winkelbaur: Gesundes Wohnen. Wien 1984

Goetz, R.: Leben ohne Chemie. Schaafheim 1985

Höfler; Kandel: Baukosten-Sparfibel. Bonn 1983

Hieronymi, P.: Auch Neubauten müssen saniert werden. (In Tagungsband des Intern. Inst. für Baubiologie) Rosenheim 1987

Institut für Baubiologie: Biologisch Bauen. Rosenheim 1986

Katalyse Umweltgruppe: Das ökologische Heimwerkerbuch. Reinbek 1985

Koch, E.: Umweltschutz zu Hause. München 1984

König, H.: Wege zum Gesunden Bauen. Freiburg 1985

Kolb, B.: Handbuch für Natürliches Bauen. München 1983

Kükelhaus, H.: Unmenschliche Architektur. Köln 1973

Laage, G.: Selbstbau-Fibel. Bonn 1985

Lahl, U. (Hrsg.): PVC-Hearing. (In Dokumentation der Stadt Bielefeld) Bielefeld 1986

Lotz; Ulmer: Einführung in die Bau- und Wohnökologie. Schönaich 1986

Mackwitz; Köszeyi: Zeitbombe Chemie. Wien 1983

Nebel, H.: Sanieren und Modernisieren von Gebäuden. Wermelskirchen 1985

Pistulka, W.: Hinweise zum gesunden Schlafbereich. Wien 1983

Rau; Braune: Der Altbau. Leinfelden-Echterdingen 1987

Rose, W. D.: Elektro Streß. München 1987

Rose; Kur: Wohngifte. Frankfurt 1986

Schneider, A.: Frage und Antwort. Neubeuern 1985

Schneider, A.: Das Haus — Ursache allergischer Erkrankungen. Neubeuern 1984

Schneider, R. — diverse Schriften, Wertheim

Schuh, U. (Hrsg): Energiesparbuch für das Eigenheim. Bonn 1980

Schweitzer, P.: Einführung in die Geobiologie und ihre radiästhesistischen Methoden (in IBR-Lehrwerk) Rosenheim 1986

Strahlenschutzkommissionsbericht anläßlich der 50. Sitzung. Bundesminister des Innern. Bonn 1983

Wer zu einzelnen handwerklichen Do-it-Yourself-Arbeiten tiefergehende Arbeitsanweisungen sucht, sind die Titel aus der Verlagsgesellschaft Rudolf Müller GmbH, Köln, empfohlen. Mit diesen Anleitungen werden sowohl fundamentale, handwerkliche Kenntnisse erklärt als auch Tricks und Kniffe, um die Arbeiten erfolgreich selbst ausführen zu können.

Stichwortverzeichnis

C

D

E

F